普通高等教育“十四五”规划教材

环境功能材料

殷立峰　代云容　编著

中国环境出版集团·北京

图书在版编目（CIP）数据

环境功能材料 / 殷立峰，代云容编著. -- 北京 : 中国环境出版集团，2025.11. --（普通高等教育“十四五”规划教材）. - ISBN 978-7-5111-6459-9

Ⅰ. TB39

中国国家版本馆 CIP 数据核字第 20253PA386 号

责任编辑　宋慧敏
封面设计　宋　瑞

出版发行　中国环境出版集团
（100062　北京市东城区广渠门内大街 16 号）
网　　址：http：//www.cesp.com.cn
电子邮箱：bjgl@cesp.com.cn
联系电话：010-67112765（编辑管理部）
发行热线：010-67125803，010-67113405（传真）

印　　刷　北京鑫益晖印刷有限公司
经　　销　各地新华书店
版　　次　2025 年 11 月第 1 版
印　　次　2025 年 11 月第 1 次印刷
开　　本　787×1092　1/16
印　　张　12.25
字　　数　248 千字
定　　价　45.00 元

前　言

21 世纪以来，如何实现人类社会与环境的和谐共生已成为紧迫课题。工业化、城镇化加速带来环境污染、资源枯竭和生态退化等问题，使全球可持续发展面临严峻挑战。在此背景下，环境功能材料作为连接环境保护与材料创新的关键桥梁，正引领着一场绿色革命。

环境问题复杂且紧迫，传统末端治理手段难以从根本上解决问题。环境功能材料为污染防控提供了新思路，有助于在污染产生前进行源头控制，实现从“被动治理”到“主动防控”的转变。环境功能材料通常具有独特的能量转化机制，如光能、电能、热能、化学能及表面能等驱动方式，为环境保护注入了活力与希望。

环境功能材料的蓬勃发展体现了多学科深度融合的特点。光能驱动材料（如光催化材料）可利用太阳能高效分解有机污染物；电能驱动材料（如电催化材料）则在高盐废水处理中展现了良好的应用前景；热能、化学能及表面能驱动材料在各自领域均发挥着重要作用。这种跨学科研究拓宽了材料科学的边界，为环境问题提供了灵活的解决方案。展望未来，环境功能材料的发展将更加多元化、智能化。随着科技的不断发展，更多绿色、清洁、低成本、环境友好的新材料将被开发出来，为环境保护提供有力支持。大数据与人工智能技术的融入，将使材料的设计、制备与应用更加精准高效，推动环境治理向智能化、精准化方向发展。面对全球气候变化和生物多样性保护的挑战，新材料将在碳减排、生态修复等领域发挥重要作用，为实现全球可持续发展目标贡献力量。

本书系统地介绍了环境功能材料的基本概念、分类、性能特点及其在环境保护中的应用。从基础理论入手，简要介绍了材料学的基础知识，向非材料学专业的读者作了入门介绍。后续各章分别阐述了以环境功能材料为媒介，实现光能、电能、热能、化学能及表面能等能量转化过程的基本原理，通过具体案例分析，展示了各类环境功能材料在空气净化、水处理、固废资源化等领域的最新研究成果与应用实践。本书不仅涵盖了传统材料的创新应用，还深入探讨了纳米材料、新型碳材料、金属有机框架材料等前沿领域的最新进展，旨在为读者呈现一个全面、深入、前沿的知识体系。本书可以作为环境科学与工程专业本科生及研究生教材，也可以作为相关专业的科学与工程人员的参考用书。

全书共分 7 章，第 1 章、第 7 章由代云容编写，其余各章由殷立峰编写，研究生陈祥、郭涛、王昊、梁雅琪、彭思源、胥明旺、李子蕊、张紫慧、林源忠、郭文卿、隆京越等参加了资料的收集及整理工作，全书由殷立峰统稿。本书在编写过程中，引用了一些参考文献中的图、表、数据等，在此向相关作者表示感谢。中国环境出版集团编辑在出版过程中付出了辛勤劳动，在此表示感谢。

本书的出版受到北京市自然科学基金项目（F251038）、国家自然科学基金项目（22576019，52370052）、国家重点研发计划项目（2024YFB4006500）、国家自然科学基金地区联合基金项目（U2340219）的资助。

由于编者水平有限，书中不当及疏漏之处在所难免，恳请有关专家和广大读者批评指正。

殷立峰 代云容

目　录

第 1 章　环境功能材料基础

1.1　引言

环境功能材料是一类在环境污染防治及生态修复过程中发挥关键作用的高性能材料。面对全球范围内长期累积的环境污染挑战，研发种类丰富、功能多样的环境功能材料已成为该领域应用研究的核心议题之一。依据污染物种类的不同，环境功能材料可细化为大气污染控制材料、水污染控制材料、固体污染控制材料以及应对其他特定污染形态的材料。按化学组成，环境功能材料可分为金属材料、非金属氧化物材料、有机高分子材料及碳材料。这一分类体系深刻揭示了材料结构的多样性，为材料设计与优化提供了坚实的理论基础。

为了更深入地理解材料与环境应用之间的构效关系，本书创新性地从能源驱动视角进行分类阐述，阐述的材料包括光能驱动材料、电能驱动材料、热能驱动材料、化学能驱动材料及表面能驱动材料。此分类体系不仅凸显了环境功能材料在能量转化与利用方面的独特性，也为读者提供了从能量流动与物质转化角度审视环境问题的理论分析思路。

1.2　环境学基础知识

20 世纪中叶以来，环境污染与生态破坏问题日益凸显，成为制约可持续发展的重大障碍。1972 年，联合国在斯德哥尔摩召开的人类环境会议标志着全球环境意识的觉醒，《人类环境宣言》强调了人类与环境之间的相互作用关系。1992 年里约热内卢大会上通过了《里约宣言》和《21 世纪议程》，并将可持续发展作为国际社会未来长期发展的战略。2015 年，联合国发布了《变革我们的世界：2030 年可持续发展议程》，提出了 17 项主要战略目标及具体行动，以实现经济、社会和环境三方面平衡的可持续发展。2022 年联合国环境规划署发布的《绿动联合国》报告显示，联合国系统在减少温室气体排放和人均垃圾产生量方面取得了显著进展。虽然人类已开始把减轻地球环境负荷作为共同努力目标，但改善环境的工作仍然任重道远。

1.2.1 环境学研究的范围与层次

环境学是一门融合技术实践与人文关怀的交叉学科，核心在于理解并协调人与自然之间的关系。环境学要求精准监测、科学评估与有效治理，涉及对复杂环境系统的理解、对创新技术的研发及对环境伦理与政策的考虑，以实现环保与可持续发展的融合。在问题识别评估中，剖析根源，运用多学科知识揭示污染物转化机制，注重生态系统与人文社会系统的协同融合。在技术方面，推动科技创新，研发高效环保手段，为环保工作提供支撑，为政策制定者提供依据，寻求平衡。总之，环境学研究是复杂的系统工程，需通过持续创新促进人类社会可持续发展。

1.2.2 环境污染控制技术

环境污染控制技术不仅致力于减少污染物的排放，还注重污染物的治理与资源化利用，环境功能材料正是这一进程中不可或缺的创新驱动力。

首先，源头控制是环境污染控制的首要原则。通过采用清洁生产技术、优化生产工艺流程及推广绿色能源等方式，从源头上减少或消除污染物的产生，是预防环境污染的根本途径。在这一过程中，环境功能材料（如催化剂、吸附剂等）发挥着重要作用，能够加速有害物质的转化、分解或吸附，从而降低排放物中的污染物浓度。其次，末端治理技术仍然是当前环境污染控制的重要组成部分。针对已经产生的污染物，采用物理方法、化学方法或生物方法等进行治理，以达到排放标准或实现资源化利用。环境功能材料在此环节的应用尤为广泛，如高性能吸附材料能高效去除水体中的重金属离子、有机污染物等；膜分离材料通过孔径筛分与表面作用实现污染物的选择性分离。最后，环境功能材料促进了污染控制技术的创新与升级。例如，纳米技术的发展使环境功能材料在微观尺度上展现出更加优异的性能，为高效污染治理提供了新的可能。同时，智能材料（如形状记忆材料）和环境响应性材料（如 pH 响应材料）等新型环境功能材料能够根据环境条件的变化自动调节性能，实现污染物的精准控制与高效处理，为环境污染控制带来了革命性的变化。

1.3 材料基础知识

材料是支撑人类文明的基石。在科技飞速发展的今天，新材料与信息技术、生物技术并驾齐驱，成为推动社会进步的关键力量。材料种类繁多，依其物理、化学特性或用途，可细分为金属材料、无机非金属材料、高分子材料及复合材料等；依其功能，可划分为结构性材料与功能性材料等。

1.3.1　材料发展历程

在人类文明进程中，材料发展至关重要。从远古人类使用天然材料制作简单工具，到如今新型材料涌现，材料科学见证了文明的发展历程。在远古时期，人类依赖自然恩赐，用石刀、石斧等提高生存和生产能力。火的发现带来了变革，烧制陶器开启人造无机非金属材料时代。青铜和铁器的出现，标志着金属材料时代来临，推动了社会各方面发展。在近现代，人类掌握合成材料技术，高分子材料种类和应用领域得以丰富，满足多样化需求，为新材料研发提供可能。当下，电子材料、超导材料、纳米材料等新型材料被广泛用于多个领域，推动产业发展，为解决能源、环境等的全球性问题提供新思路和方法。材料的发展史是一部人类文明的进步史，材料的每一次变革都伴随着人类社会的飞跃。

1.3.2　材料的物质结构基础

探讨环境功能材料时，需深入理解物质聚集状态与结构。剖析原子排列规律是理解材料性能的关键。固态物质可以分为晶体与非晶体：多数晶体原子排列有序，呈各向异性；非晶体原子排列无序，呈各向同性。原子排列则影响着材料的宏观结构与性能。

1.3.2.1　晶体学基础

构成晶体结构的原子、分子或离子在三维空间内严格地周期性重复排列，这一特性赋予了晶体长程有序的结构基础。晶体在熔化过程中具有明确的、固定的熔点，而非晶体缺乏这一明确界限。同时，晶体表现出各向异性，其物理性质随着方向变化而异，而非晶体呈现出各向同性，即物理性质与方向无关。鉴于实际晶体中质点排列的多样性与复杂性，采用理想晶体模型进行简化处理。在该模型中，实际晶体中的每一个质点均被抽象为空间中规则排列的几何点，这些点被称为“阵点”。阵点不仅遵循严格的周期性排列规则，而且每个阵点均处于完全相同的周围环境中，这样的三维空间排列体系即构成了“空间点阵”，简称“点阵”。为了进一步描述空间点阵的结构特征，引入了“空间格子”的概念。通过平行直线连接阵点形成的几何框架称为空间格子，空间格子不仅直观地展示了晶体内部质点的排列规律，也为深入探究晶体结构与性能之间的关系提供了工具（如图 1-1 所示）。

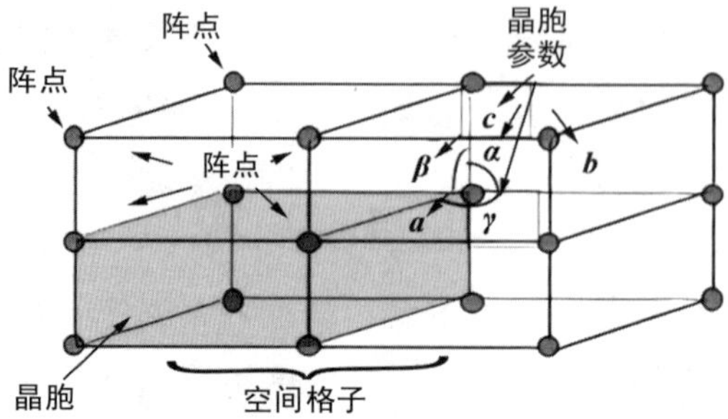

图 1-1 阵点、点阵、空间格子、晶胞与晶胞参数示意图

选取点阵中一个具有代表性的最小平行六面体单元作为基本构建块，即晶胞。通过对晶胞的重复堆砌，可完整地再现空间点阵的结构。值得注意的是，从不同角度或方式截取点阵周边，可得到形态各异的晶胞。选择晶胞时需遵循以下原则：晶胞应最大化地体现点阵的对称性；内部棱边与顶角相等，数目应最大化；若存在直角，则直角数目也应最多；在满足上述条件的前提下，晶胞体积应尽可能小。为精确描述晶胞的几何形态与尺寸，采用 6 个关键参数：平行六面体中交汇于一点的三条棱边长度 a、b、c（统称为点阵常数），以及棱边之间的夹角α、β、γ，共同构成了点阵的完整描述体系。然而，更为便捷的方法是采用 3 个点阵矢量 $\boldsymbol{a}$、$\boldsymbol{b}$、$\boldsymbol{c}$ 来定义晶胞，这 3 个矢量不仅精准地界定了晶胞的几何形态与尺寸，还全面地确定了整个空间点阵架构。基于这些点阵参数之间的内在关联与制约，所有空间点阵可被系统地归为七大类型，即七大晶系，具体分类如表 1-1 所示。

表 1-1 七大晶系的内在关联与案例

晶系	棱边长度及夹角关系	举例
三斜	$a\neq b\neq c$，$\alpha\neq\beta\neq\gamma\neq90°$	$K_2Cr_2O_7$，$CuSO_4\cdot5H_2O$
单斜	$a\neq b\neq c$，$\alpha=\gamma=90°\neq\beta$	β-S，$CaSO_4\cdot H_2O$
正交	$a\neq b\neq c$，$\alpha=\beta=\gamma=90°$	α-S，Fe_3C
六方	$a_1=a_2=a_3\neq c$，$\alpha=\beta=90°$，$\gamma=120°$	Zn，Cd，Mg，NiAs
菱方	$a=b=c$，$\alpha=\beta=\gamma\neq90°$	As，Sb，Bi
四方	$a=b\neq c$，$\alpha=\beta=\gamma=90°$	β-Sn，TiO_2
立方	$a=b=c$，$\alpha=\beta=\gamma=90°$	Fe，Cr，Cu，Ag，Au

1.3.2.2 金属的晶体结构

绝大多数金属在固态下以晶体形式存在，其结构由原子间键合类型及强度决定。常见的金属晶体结构主要包括面心立方（face-centered cubic，FCC）、体心立方（body-centered cubic，BCC）和密排六方（hexagonal close-packed，HCP）3 种。这些结构的晶胞特点及晶体学属性如图 1-2 所示。

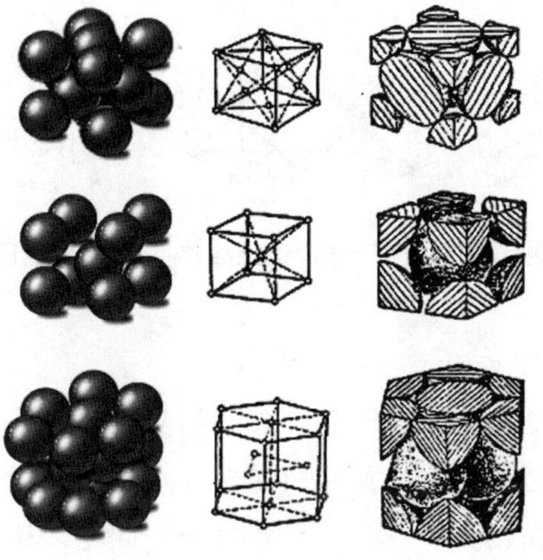

图 1-2 金属常见面心立方（FCC）、体心立方（BCC）和密排六方（HCP）结构

合金指由两种或多种金属元素及（或）非金属元素，通过熔炼、烧结等工艺融合而成的具有金属特性的复合材料。合金化作为提升金属材料性能的主要途径，其核心在于合金元素的引入及其作用机制。深究合金元素对金属性能的影响，首先要明确合金相的形成及其组成形态。合金相是合金内具有一致聚集状态、晶体结构和性质的均匀部分，通常分为固溶体与中间相。固溶体指溶剂组元中晶体点阵溶入其他组元原子形成的均匀混合体。中间相指异类原子以固定比例结合形成的固相。

1.3.2.3 离子晶体结构

离子晶体是由正离子、负离子通过静电作用（离子键）结合形成的晶体。典型的离子晶体源于第ⅠA 族碱金属元素与第ⅦA 族卤素元素之间形成的化合物晶体，并以正负离子为基本构筑单元，如 Na^+与 Cl^-通过离子键构成的 NaCl 晶体。离子键的形成依赖正负离子间的库仑静电吸引力，同时需要平衡近距离的电子云排斥效应以维持晶体的稳定态。这种静电吸引力与排斥力的平衡是离子晶体结构稳定的关键。

1.3.2.4 共价晶体结构

无机非金属材料、聚合物以及由第Ⅳ族、第Ⅴ族、第Ⅵ族元素形成的部分晶体的原子间主要通过共价键连接，因此通常被归类为共价晶体。共价晶体的配位数遵循 $8-N$ 规则（适用于Ⅳ～Ⅶ族元素形成的 AB 型化合物）。这意味着共价结构中每个原子所能形成的共价键数量有限且确定。如由碳原子构成的金刚石，其每个碳原子均通过共价键与 4 个等距的近邻碳原子连接，属于面心立方（FCC）的变体，立方体内还嵌入了 4 个原子，使整个晶胞内包含 8 个碳原子（如图 1-3 所示）。

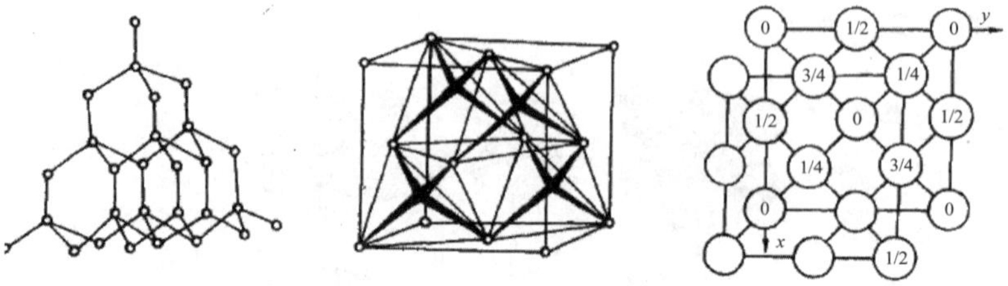

图 1-3　金刚石的共价键结构、晶胞结构和原子在底面上的投影

1.3.2.5　聚合物的晶态结构

聚合物的聚集态结构是由大分子链在高分子间复杂相互作用力驱动下交织构筑而成的。该体系可划分为晶态与非晶态，其性质显著区别于小分子化合物的聚集模式。多数半结晶聚合物中晶相与非晶相交织共存，形态复杂。此外，聚集态结构的构建不仅依赖大分子链的内在属性，还强烈地受制于外部环境参数。这种独特性归因于大分子体系的本质，如结晶过程的分子尺度效应、结晶速率的固有迟缓及结晶形态的不完全性，这些特性共同塑造了高分子晶态结构相较于小分子体系更为复杂且多变的物理、化学性质，图 1-4 展示了聚合物晶体结晶成核的复杂过程和形态变化。

图 1-4　聚合物晶体结晶成核机理的分子动力学结构模拟

1.3.2.6　非晶态结构

非晶态结构内部原子、离子或分子的排列长程无序，与晶体的高度有序性形成鲜明对照。非晶态物质类别丰富，包括玻璃、凝胶、非晶态金属合金、非晶态半导体、无定形碳以及特定聚合物等。非晶态合金（如金属玻璃）的形成，普遍归因于过冷液态的急速冷却过程，该过程中冷却速率与液体黏度的协同作用至关重要：极快的冷却速率能够有效抑制结晶倾向，促使原子在三维空间内维持非周期性排列，并在接近玻璃化转变温度时凝固成非晶态。金属、陶瓷与聚合物在此转化机制上差异明显。值得强调的是，晶体与非晶体之间并非存在绝对的界限，二者在特定条件下可相互转化。部分非晶态材料（如金属玻璃）可通过退火处理诱导晶化，反之，某些合金在快速冷却条件下能获得非晶态。

1.3.3　材料研究方法

材料研究方法是指在材料科学领域中，对材料进行研究和分析的一系列科学方法和技术。通过科学的研究方法，可以深入了解材料的性能、结构和特性，为材料的设计、开发和应用提供科学依据和技术支持。

1.3.3.1　电子显微分析

电子显微镜以短波电子束为光源，可以通过电子透镜系统实现高分辨率聚焦成像（如图 1-5 所示）。自 20 世纪 30 年代起，透射电子显微镜（transmission electron microscope，TEM）、扫描电子显微镜（scanning electron microscope，SEM）及电子探针 X 射线显微镜分析仪等分析仪器相继问世并得到持续优化，凭借其在形貌、成分及结构等微观尺度信息探测方面的卓越能力，推动了材料科学的发展。TEM 适用于观察内部结构（一般分辨率＜0.1 nm），SEM 适用于表面形貌分析（分辨率＞1 nm），两者功能互补、不可或缺。

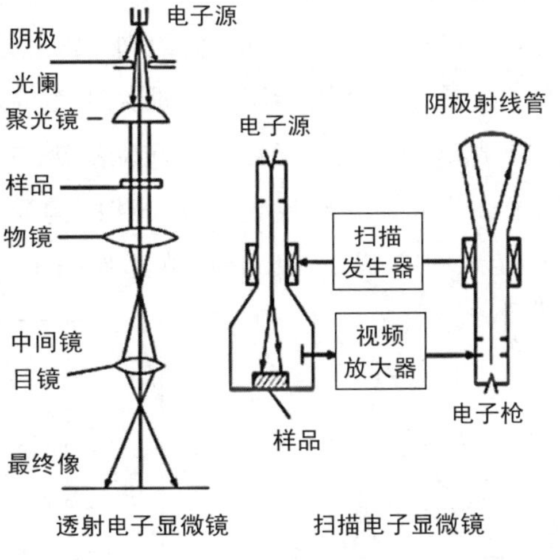

图 1-5　透射电子显微镜和扫描电子显微镜工作原理

1.3.3.2　X 射线分析

X 射线衍射（X-ray diffraction，XRD）是分析晶体结构的常用技术，被广泛应用于科研与工业生产（如图 1-6 所示），主要包括粉末衍射仪（广泛应用于物相分析，以快速检测、简便操作及高效数据处理著称）、四圆衍射仪（针对单晶结构，用于晶体结构的精准测定）以及微区与表层衍射仪等特种应用设备。衍射线的位置与强度分别由晶胞几何特性及内部原子排布决定，每种晶体均展现独特的衍射图谱，且不同晶体间的图谱互不干扰，据此可以精确识别物质中的晶体成分。

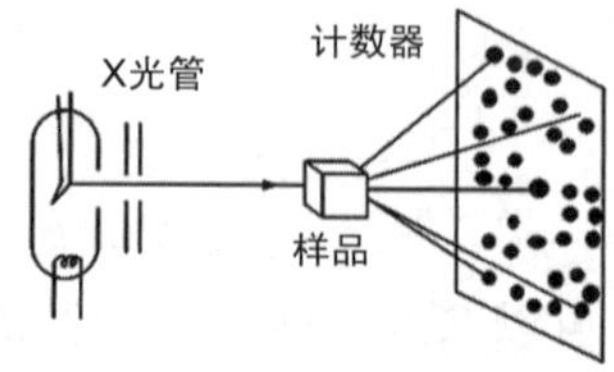

图 1-6　X 射线衍射工作原理

1.3.3.3　热分析

热分析方法作为依据热学原理探究物质物理性能或成分的综合性技术，遵循国际热分析与量热协会（ICTAC）的定义，即在程序控制温度条件下，系统测量物质物理性质随温度变化的技术。物质在温度变化过程中的微观结构演变与宏观物理化学性质的转变密切相关，这一特性为物质鉴定及新材料研发提供了关键的热性能数据与结构解析。

1.3.3.4　光谱分析

光谱分析技术通过探测样品对电磁辐射的吸收特性或发射特性，实现材料组成与结构分析。吸收光谱涉及紫外-可见（UV-Vis）光谱、红外（IR）光谱等不同光谱波段。UV-Vis 光谱聚焦于分子价电子能级跃迁，适用于鉴别物质结构差异，对微量化合物及添加剂、杂质的检测尤为有效。IR 光谱则反映分子振动与转动能级的变化。此外，拉曼（Raman）光谱属于散射光谱，原子吸收光谱属于吸收光谱，共同构成了光谱分析技术的多元化应用基础。典型的 UV-Vis 光谱、IR 光谱、Raman 光谱如图 1-7 所示。

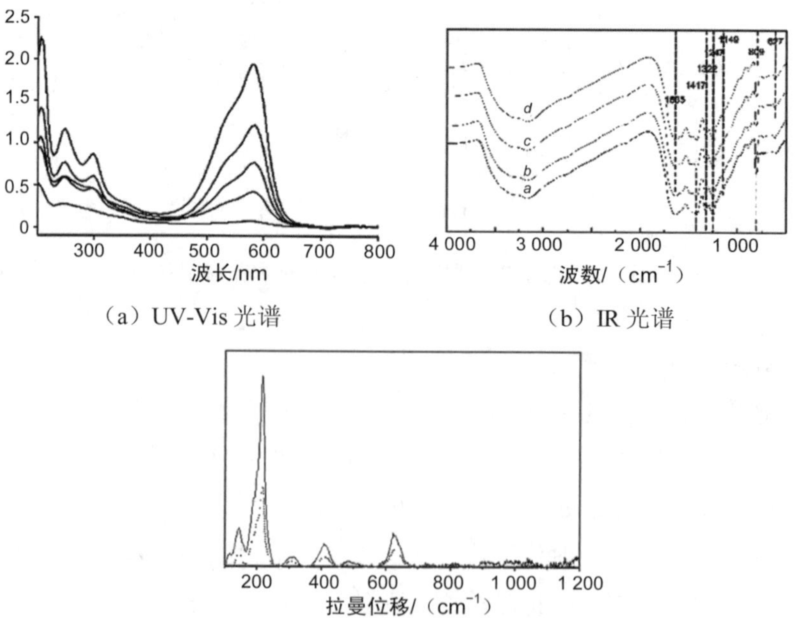

（a）UV-Vis 光谱　（b）IR 光谱　（c）Raman 光谱

图 1-7　典型的 UV-Vis 光谱、IR 光谱、Raman 光谱

1.3.3.5　计算机理论计算

材料理论计算方法的理论基础主要包括量子力学和统计力学等。量子力学能够计算材料的能带结构、电子密度分布及点缺陷等关键信息，为精确预测材料中原子和分子的相互作用提供了可能。统计力学则基于材料的微观结构，推导材料的热力学性质和动力学过程，为大尺度模拟和预测提供了理论支撑。材料理论计算方法基于量子力学和统计力学，结合先进计算平台，为材料设计与性能预测提供了理论支持。

1.4　环境学与材料学的交叉与融合

环境学的核心是理解环境系统运作机制，评估人类活动对环境的影响，并探索高效的环境保护与修复策略。在此背景下，环境学对材料学提出了迫切的需求与严峻的挑战。环境学中的环境科学原理、生态系统理论及环境化学等核心理论，为材料设计提供了宏观的环境视角与严格的约束条件。材料学作为专门研究材料组成、结构、性能及其相互关系的学科，为应对环境挑战提供了坚实的技术支持与创新动力。通过深入探究材料的微观结构与宏观性能之间的内在联系，科学家能够设计出既能有效去除或转化环境污染物，又能在可持续发展领域发挥关键作用的新型材料。这两个学科在交叉融合的过程中，理论体系相互渗透、相互补充，共同孕育了新的跨学科理论增长点。

思考题

概念题

1．环境功能材料的定义是什么？

2．什么是材料的晶体结构？并简述晶胞的概念。

3．简述环境功能材料的分类体系。

判断题

1．环境功能材料只能用于大气污染控制。（　　）

2．非晶体物质在任何条件下都不能转化为晶体。（　　）

3．合金的性能完全取决于其组成元素的种类和比例。（　　）

选择题

1．以下哪项不属于环境功能材料的分类？（　　）

A. 大气污染控制材料　　　　B. 水污染控制材料

C. 固体污染控制材料 D. 生物医用材料

2. 以下哪种材料不属于有机高分子材料？（ ）

A. 聚乙烯 B. 聚氯乙烯

C. 陶瓷 D. 聚丙烯

3. 以下哪种方法不属于材料研究方法？（ ）

A. 显微结构分析 B. X 射线分析

C. 化学成分分析 D. 细胞培养法

简答题

1. 简述环境功能材料在环境污染治理中的重要性。
2. 阐述 X 射线衍射分析在材料学研究中的应用。
3. 简述材料理论计算方法在材料学研究中的作用。

论述题

1. 论述环境功能材料在推动可持续发展中的作用，并结合具体实例进行分析。
2. 结合当前科技发展趋势，探讨环境功能材料未来的研究方向和创新点。

第 2 章　光能驱动环境功能材料

2.1　光能及光能驱动材料

2.1.1　光与电磁波

电磁波的本质是在空间中以波动形式连续传播的电磁场。1864 年，英国科学家麦克斯韦在总结前人的电磁现象研究的基础上，建立了完整的电磁波理论。他清晰地证明了电磁波的存在，并推导出电磁波与光具有同样的传播速度，而频率则是电磁波的重要特性。依据频率的高低将这些电磁波按顺序排列即为电磁波谱（如图 2-1 所示）。电磁辐射从高频到低频依次为γ射线、X射线、紫外线、可见光、红外线、微波、毫米波和无线电波。

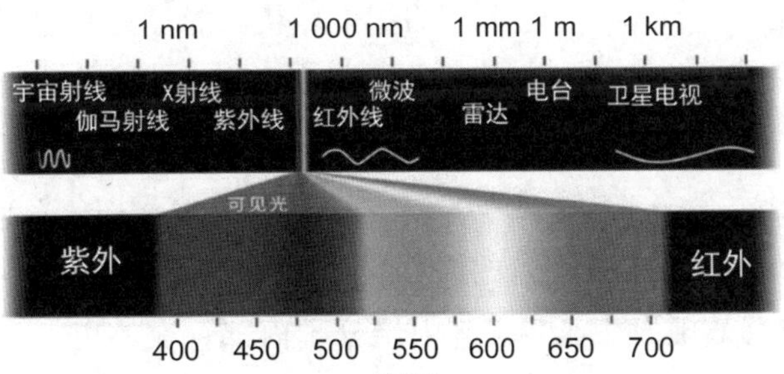

图 2-1　电磁波谱分布示意图

自然界中来自各类辐射源的电磁波谱极其丰富，环境功能材料研究中重点关注的主要是紫外线、可见光、红外线和微波等，其特征参量是波长 λ、频率 v 和光子能量 E。三者的关系是：

$$v = c/\lambda \tag{2-1}$$

$$E = hv = hc/\lambda \tag{2-2}$$

式中：λ——波长，m；

c——光速，其在真空中的近似值为 3×10^8 m/s；

v——频率，Hz；

E——光子能量，J；

h——普朗克常数，$6.626\ 070\ 15\times10^{-34}$ J·s。

通常被简化为：

$$E = 1\ 240/\lambda \tag{2-3}$$

式中：λ——波长，nm；

E——光子能量，eV。

太阳内部发生由氢核聚变为氦核的核聚变反应，释放巨大能量（约 3.8×10^{26} W），其中被地球接收的部分约为 1.7×10^{17} W。太阳的辐射能量可以用太阳常数表示，即平均日地距离上，在地球大气层外测得的太阳辐射照度值。自 1900 年有测试数据以来，其测量值一直稳定在 1 361 W/m^2 左右。经大气的吸收和散射后，达到地球表面的值约为该值的 2/3（AM1.5 条件）。太阳辐射主要集中在可见光部分（0.4～0.76 μm），而波长大于可见光的红外线（＞0.76 μm）和小于可见光的紫外线（＜0.4 μm）部分则较少。波长小于 0.295 μm 和大于 2.5 μm 的太阳辐射因地球大气层中臭氧、水蒸气和其他物质分子的强烈吸收，不能到达地面。

2.1.2 光能的产生及转化途径

原子受到高能粒子（如光子、电子）的撞击，获得能量后其电子能级就会从低能级向高能级跃迁，并同时吸收能量。当激发电子从高能级向低能级跃迁时就会发射光子，将能量释放出来。光是原子能级跃迁时辐射的电磁波，具有波粒二象性。光反应涉及的波长为 100～1 000 nm（紫外光到近红外光之间），且参与活化的光子数与光的强度成正比，材料对光能的吸收取决于吸收光的波长。由 Grotthuss-Draper 定律可知，只有被分子所吸收的光，才能有效地发生光反应。由于分子内部存在的电子运动和分子振动能级差较大，形成的光谱不是连续的，因而造成了不同材料对不同波长的光的吸收性能迥异。

有效转化被吸收的光是光能利用的关键途径。光能可以转化为电能、热能、化学能、其他形式辐射能和机械能等。光电转化多用于太阳能光伏发电和染料敏化电池。太阳能光伏发电主要利用半导体材料的光学特性和结构特性，半导体材料能够在光照下吸收特定波段光的能量来激发自由电子和空穴对，利用其定向扩散运动产生电动势和电能。光热转化是光吸收材料在吸收光能之后转化为热量的应用，比较常见的是太阳能热水器和光热蒸发海水脱盐。光能转化为化学能最普遍、最重要的应用是光合作用，是生命体一切能量的来源。荧光剂则是光能转化为其他形式辐射能最常见的材料，荧光的出现就是由单线态回到基态的跃迁释放光子而产生的。光能转化为机械能的应用则有太阳光帆和光声效应等。

2.1.3　光能驱动材料

根据光能转化途径的不同，光能驱动材料可分为光电材料、光热材料、光催化材料、光压驱动及磷光材料等。

2.1.3.1　光电材料

硅技术一直是供应光伏电源模块的主导技术。其中，非晶硅薄膜是一种比较受欢迎的光伏材料，有非晶碳化硅（α-SiC）、非晶硅锗（α-SiGe）、微晶硅（μc-Si）和非晶氮化硅（α-SiN）等种类，非晶硅一般可以实现 18%～20%的电池效率。与非晶硅相比，商用多晶硅太阳能电池的光电转换效率最高可达 26.1%。此外，通过调整单晶硅中 Si 和 H 的比例、优化晶胞结构或掺杂杂质的方法，能够进一步提高光电转换效率。

2.1.3.2　光热材料

基于不同的光热转换机理，人们开发了具有高效光热转换能力的不同材料，如金属基光热材料、半导体光热材料、碳基光热材料、有机聚合物光热材料、复合光热材料等。由于对电磁辐射具有良好的吸收性能，金属基光热材料成为光热材料的首选，Au、Ag 和 Pd 等被广泛研究并应用于光热转换。除贵金属外，低成本的 Cu 和 Al 也同样具有良好的光热性能。

金属氧化物和硫系化合物半导体也是重要的光热纳米材料，由于其具有合成简单、成本低、吸收光谱可调、近红外区吸光系数大等优点，近年来得到了广泛的应用。与金属基光热材料和半导体光热材料相比，碳基光热材料更便宜、更丰富，并且在宽光谱范围内具有优良的光吸收效率和优异的光热转换效率。具有独特结构的材料，如不同石墨烯（graphene，Gr）基材料、炭黑、碳纤维、碳泡沫、碳海绵等，也是高效光热应用所需要的。此外，采用不同种类、不同维度纳米多孔材料制备复合光热材料，可实现对材料表面微结构的调控，从而提高光吸收能力、提升材料的光热转换性能，这也是目前光热转换材料研究热点之一。

2.1.3.3　光催化材料

可以将吸收的光转化为化学能的半导体材料称为光催化材料。一般地，金属氧化物（TiO_2、ZnO、Fe_2O_3 等）、硫化物（CdS、ZnS、MoS_2 等）、碳基材料、覆晶薄膜、金属有机框架材料等半导体材料都可以作为光催化剂。但是纯半导体材料往往光能利用率低、催化性能差。根据其自身特点及实际反应需要，常用金属或非金属掺杂、负载贵金属、制造缺陷等修饰手段来调整材料的带隙结构和能带性质，从而提高催化活性。另外，还可以使用两种不同的半导体材料构筑复合异质结催化体系来增强载流子分离程度，进一步提高催化性能。

高效光催化材料需满足如下条件：适当的导带（conduction band，CB）和价带（valence band，VB）位置以提供适宜的氧化和还原能力；高效的电子空穴分离能力以降低电子-空穴对的复合概率；较宽的可见光响应特性以提高对太阳光能的吸收能力。因为波长小于 400 nm 的紫外光的能量只占太阳光能的 4%～6%，如何利用可见光乃至红外光能量，是决定光催化材料能否大规模应用的最重要的先决条件。目前，应用最为广泛的锐钛矿 TiO_2 光催化材料只能对紫外光响应，虽然通过掺杂改性，其吸收边得以红移，但效果还是不太理想。

2.1.3.4 光压驱动及磷光材料

当飞速前进的光子撞在物体表面时，光子的部分能量便会传递给物体，转化为物体前进的动量。这种光子对物体表面产生的压力称为光压。在光照强度一定的情况下，当光垂直入射并被物体完全反射时，物体表面所承受的光压最大，此时所产生的动量也最大。光压驱动的经典案例是太阳帆，其主要组分为聚酰亚胺薄膜。在太空中，太阳帆所产生的微小推动力能够几乎没有损耗地积累，并不断积少成多，为航天器提供十分可观的推动速度。

磷光材料在电磁辐射或离子射线激发下能发出磷光，其原理涉及量子力学中通过自旋禁戒跃迁实现的缓慢发光过程。常见的磷光材料包括硫化物、氧化物、重金属配合物等。磷光材料的应用场景广泛，如生物成像、防伪标识、信息加密、照明与显示等领域。在生物成像领域，磷光材料可用于细胞标记和组织成像；在防伪领域，利用其独特的磷光特性验证产品真伪；在照明与显示领域，磷光材料的多色发光和超长余辉特性为新型照明设备和显示屏提供了可能。

2.2 光芬顿与光芬顿材料

芬顿反应是一种传统的高级氧化反应（advanced oxidation processes，AOPs），能利用二价铁离子（Fe^{2+}）和双氧水（H_2O_2）之间的链反应催化生成具有较强氧化能力的羟基自由基（·OH），从而降解污染物。尽管传统的芬顿技术在降解难降解污染物方面有一定的优势，但是其存在处理成本高、反应 pH 要求苛刻、铁泥二次污染等问题。因此，研究人员在芬顿体系中引入了紫外光（UV）或可见光，由此产生了光芬顿技术。

光芬顿技术被很多研究者视作最有发展前景的芬顿类氧化技术之一。光芬顿技术是将光催化氧化技术和芬顿技术联用，通过两种技术的联用产生更多的·OH，进而增强对有机污染物的降解去除效果、减少反应时间、拓宽反应 pH 范围。

2.2.1　光芬顿材料

2.2.1.1　光芬顿试剂的发现

1894 年，Fenton H. J. H.（芬顿）发现，在酸性条件下，亚铁离子盐可以催化 H_2O_2 氧化酒石酸，自此以后，H_2O_2 和 Fe^{2+}的混合溶液就称为芬顿试剂[1]。1999 年，有研究者将铁离子在 Nafion 膜上固定化，证实了太阳光照射下的光芬顿工艺是一种高效、廉价的废水处理工艺[2]。2001 年，科学家研究了 Fe^{3+}-配体性质对改性光芬顿工艺有效性的影响，并利用改良的光芬顿（UV/草酸铁/H_2O_2）工艺降解活性红 235[3]。2005 年，相关学者研究了染料在可见光（$\lambda>450$ nm）下的芬顿反应对有机物的影响，提出了茜素紫染料的自敏化反应机理[4]。2013 年，用乙二胺-*N,N'*-二琥珀酸（EDDS）进行光芬顿改性，使光芬顿反应在 pH 为中性条件下进行，降低了反应成本[5]。

2.2.1.2　光芬顿材料的种类

根据催化剂在被处理溶液中的存在形态，芬顿反应可以分为均相芬顿体系和非均相芬顿体系两种。在这两种体系的基础上引入光辐射，即为均相光芬顿体系和非均相光芬顿体系（均相光芬顿试剂并非“材料”，但为便于对照理解，在此一并介绍）。

（1）均相光芬顿体系

均相光芬顿体系一般以光助 Fe^{2+}/Fe^{3+}-H_2O_2 均相反应体系和光助［Fe^{3+}-L］/H_2O_2 均相反应体系为代表。Fe^{2+}是 Fe^{2+}/Fe^{3+}-H_2O_2 均相反应体系中所用的光芬顿试剂之一。传统的均相芬顿反应体系存在 Fe^{2+}/Fe^{3+}循环受阻和成本高的问题。研究人员发现，通过向反应体系添加某些能与铁离子络合的物质，可以形成铁离子配位络合物，增强铁离子对可见光波段的吸收效果，提高光芬顿体系降解能力。总的来说，虽然均相光芬顿体系具有很强的氧化能力，但也存在对 pH 要求苛刻、耗费金属、成本高等缺点。引入载体将铁离子固定化，不仅可以有效克服 pH 限制、产生铁泥等缺陷，还可以实现催化剂的回收，从而催生了非均相光催化材料。

（2）非均相光芬顿体系

非均相光芬顿体系的关键是非均相光芬顿材料，即固相催化剂。比较典型的是铁基材料。铁基固相催化剂的研究主要集中在催化剂载体和铁基活性成分两个方面。根据催化剂中铁基活性成分的不同，可分为铁氧矿物、零价铁（zero-valent iron，ZVI）、铁基多元金属氧化物等三类非均相光芬顿材料。

铁基非均相光芬顿催化剂表面可以存在多种铁离子形态的催化活性物质，如［$Fe(OH)_2$］$^+$、［$Fe(H_2O)$］$^{2+}$、［$Fe(H_2O)_6$］$^{3+}$、［$Fe_2(HO)_2$］$^{4+}$、铁离子聚合物、Fe_2O_3、α-FeOOH 等，这些铁氧化物通常以铁氧矿物形式存在于自然界，如赤铁矿（α-Fe_2O_3）、磁铁矿（α-Fe_3O_4）、针铁矿（α-FeOOH）、纤铁矿［FeO(OH)］等。铁氧矿物成本低，制备也很简

单，对水体毒性很小，是环境友好型的天然绿色材料。有研究发现，α-Fe_2O_3、α-FeOOH、FeO、α-Fe_3O_4在太阳光/H_2O_2作用下对水体中的细菌病原体具有较好的消杀作用[6]。Bi、Ti、Al 等金属的氧化物对 UV/可见光波段光源敏感，会产生光化学反应，通过将铁元素掺杂到这类金属氧化物中并进行固定化，可以同时发挥光催化和芬顿催化反应的效果，并协同增强这种铁基多元金属氧化物的光芬顿降解反应的效果。在 UV/H_2O_2条件下使用 Fe/meso-Al_2O_3降解 200 mg/L 的苯酚废水，去除率高达 98%[7]。

根据固定活性成分载体的不同，非均相光芬顿材料还可分为无机载体催化剂和有机载体催化剂两大类。无机载体催化剂包括铁基黏土固相催化剂、铁基 Al_2O_3 固相催化剂、铁基沸石固相催化剂和铁基活性炭固相催化剂等。黏土是一种含水铝硅酸盐产物，除物理吸附性好、比表面积大、稳定性高、自然界中分布广泛、价格便宜外，还具有阳离子交换的能力，因此常被用作载体。有研究使用黏土-Fe 非均相催化剂来处理印染废水中的蒽醌染料活性蓝 4（reactive blue 4，RB4），在最佳条件下反应 140 min 后，RB4 的脱色率就可以达到 99%[8]。除黏土外，Al_2O_3 也是一种十分常见的载体，其具有比表面积大、吸附性能好等优点。有报道将 Fe^{2+}负载在 Al_2O_3 上，制成负载型非均相催化剂，对直接红 23（direct red 23，DR23）和活性橙 4（reactive orange 4，RO4）进行降解，发现在 Al_2O_3 上分别负载 25%和 15%的 $FeSO_4$时，对 DR23 和 RO4 的降解效果最好[9]。有机载体催化剂包括铁基离子交换膜固相催化剂和铁基离子交换树脂固相催化剂等材料。有研究发现，在 pH=5.5 的条件下，通过将 Fe^{3+}固定在 Nafion 膜上制得 Nafion-Fe 催化剂，有光存在时对橙黄Ⅱ的降解率可以达到 96%[10]。离子交换树脂是带有官能团、具有网状结构和不溶性的高分子化合物。采用强酸性离子交换树脂作为载体，在 UV 照射下降解水杨酸能够取得很好的降解效果[11]。

2.2.2 光芬顿反应机理与影响因素

2.2.2.1 光芬顿反应机理

芬顿反应的核心反应是 Fe^{2+}氧化为 Fe^{3+}，同时 H_2O_2 分解产生·OH 这一过程。为了保持芬顿反应的持续进行，传统芬顿技术需要通入过量的 H_2O_2，以保证 Fe^{2+}通过循环再生机制能一直存在于反应中。如果停止 H_2O_2 的供给，芬顿反应会在系统中积聚 Fe^{3+}，当所有 Fe^{2+}被消耗时，反应将停止。因此，传统的芬顿技术需要消耗大量的 H_2O_2。

光芬顿反应引入光辐射，H_2O_2 在光辐射条件下自身就可以分解产生·OH[式（2-4）]，进而提高有机污染物的降解速率。Fe^{3+}在光照作用下络合生成 $Fe(OH)_2^+$并参与 $Fe(OH)_2^+/Fe^{2+}$循环反应，不仅产生·OH，也可使 Fe^{2+}再生，如式（2-5）所示。新生成的 Fe^{2+}与 H_2O_2 再次反应，生成·OH 和 Fe^{3+}，这样就可以在节约 H_2O_2 的条件下，使 Fe^{2+}/Fe^{3+}循环得以继续。

$$H_2O_2 + h\nu \longrightarrow 2\cdot OH \tag{2-4}$$

$$Fe(OH)_2^{+} + h\nu \longrightarrow Fe^{2+} + 2\cdot OH \tag{2-5}$$

$\cdot OH$ 可氧化废水中有机物产生的有机自由基。这些自由基可以形成二聚体或与 Fe^{2+} 和 Fe^{3+}反应，如式（2-6）、式（2-7）、式（2-8）所示。

$$2R\cdot \longrightarrow RR \tag{2-6}$$

$$R\cdot + Fe^{2+} \longrightarrow R^{-} + Fe^{3+} \tag{2-7}$$

$$R + Fe^{3+} \longrightarrow R^{+} + Fe^{2+} \tag{2-8}$$

2.2.2.2　光芬顿过程的关键控制因素

光芬顿反应是传统芬顿反应与光照辐射的复合反应。因此，其反应过程的控制因素相对于传统芬顿反应也有所不同。

①pH 会显著影响光芬顿过程中 Fe 的氧化态、溶解度和 H_2O_2 的形态。在碱性条件下，弱离子化的 H_2O_2 会导致 H^+引发 H_2O_2 分解为 O_2 和 H_2O，Fe^{3+}会生成沉淀，但非均相光芬顿材料可以适当拓宽光芬顿反应的 pH 范围。

②H_2O_2 是光芬顿过程中$\cdot OH$ 的主要来源，H_2O_2 的浓度在决定降解过程的整体效率中发挥至关重要的作用，H_2O_2 的不稳定性会影响浓度控制精度。一般情况下，污染物的降解速率会随 H_2O_2 浓度的增加而加快，但是有实验表明，过多的 H_2O_2 会对整个光芬顿过程造成负面影响，主要是$\cdot OH$ 的复合、H_2O_2 对$\cdot OH$ 的清除以及$\cdot OH$ 直接氧化 Fe^{2+}所导致的。

③光芬顿体系可以利用人工紫外光或者太阳光。紫外光照射条件下会提供更充足的能量，在光芬顿体系中对污染物有更好的降解效果。但紫外光的使用需要外部电能，提高了处理成本。相对而言，太阳光芬顿工艺的能量输入成本基本可以忽略不计。缺点是太阳光中紫外光能量极少，因此在光能提供方面，太阳光会对光芬顿过程所需光能产生一定的限制。

④降解速率通常是随 Fe^{2+}浓度的增加而加快的。然而，有研究表明，当 Fe^{2+}浓度增加到一定水平时，再增加 Fe^{2+}浓度对光芬顿过程的影响是微乎其微的。同样地，Fe^{2+}的大量增加将导致未利用的铁盐数量增加，使废水中总溶解固体含量增加。

⑤通常较低的污染物初始浓度对光芬顿过程是有利的，但对于真正的工业废水，芬顿氧化进水需符合一定的条件，若不符合进水条件，则需采取相应的预处理措施。

2.2.2.3　光芬顿复合处理工艺

光芬顿复合处理工艺既可以作为单独处理技术应用，也可以与其他处理过程相结合以降低处理成本。

（1）声光芬顿法

使用超声波和紫外线以及芬顿试剂的组合处理称为声光芬顿（sono-photo-Fenton

processes，SP-FP）工艺，该工艺显著提升了系统中·OH 的产量。水的声分解会产生·OH 和氢自由基（即氢原子，H·）。但是由于·OH 重组反应，H^+和·OH 大量损失。紫外辐射可以转化由·OH 重组产生的 H_2O_2，进而增加·OH 的浓度。芬顿反应中产生的 Fe^{3+}与 H_2O_2 反应形成的中间体络合物经过超声波分解和光解，可被还原为 Fe^{2+}。SP-FP 工艺所需的亚铁盐量非常少，同时也能减少处理后水中的 Fe^{2+}量，不仅降低了处理成本，还减少了工艺处理后残存物质对环境的影响。有学者以天然斜发沸石（natural clinoptilolite，NC）为原料，制备等离子体改性斜发沸石（plasma-modified clinoptilolite，PMC）纳米棒，利用 US/$S_2O_8^{2-}$/PMC 在 SP-FP 体系下处理含非那吡啶（phenazopyridine，PhP）废水 20 min，发现 PhP 去除率可达 90.14%[12]。

（2）光电芬顿法

电化学过程、光化学过程与芬顿过程的结合称为光电芬顿（photoelectro-Fenton，PEF）过程，这种联用工艺的目的是在基于电芬顿体系处理溶液的同时进行紫外线照射以提高体系的氧化能力。紫外光的引入，不仅可以使 $Fe(OH)_2^+$通过光芬顿反应还原为 Fe^{2+}和·OH，还可以使 Fe^{3+}与生成的羧酸络合物光解，从而使 PEF 体系有更好的处理效果。

2.2.3 光芬顿材料在环境污染控制中的应用

2.2.3.1 光芬顿材料在印染废水污染物控制中的应用

近年来，研究人员使用光芬顿体系进行印染废水中污染物的处理，并比较 20 种不同染料在芬顿、紫外辐射/H_2O_2、光芬顿等体系中的降解与矿化，发现染料在光芬顿体系中的降解与矿化程度远高于前两者[13]。有学者采用水热法和浸渍法制备一系列原位 FeOOH 量子点改性的 Bi_2WO_6 纳米薄片，用作光芬顿反应中的催化剂来降解废水中的甲基蓝（methyl blue，MB）、罗丹明 B（rhodamine B，RhB）和四环素（tetracycline，TC）等有机污染物，降解效率分别为 98%（18 min）、99%（16 min）和 91%（50 min）[14]。光芬顿技术还可以拓宽进水 pH 范围。有学者制备 GO-Fe_2O_3 复合材料，用于可见光/H_2O_2 高效降解宽 pH 下（2～10）的 RhB 和 4-硝基苯酚（4-NP）的处理，该材料连续 7 次测试仍保持较高活性[15]。还有研究发现，以α-FeOOH 为催化剂的多相光芬顿体系在初始 pH 高达 9.0 时仍然可以实现对偶氮染料媒染黄的有效降解[16]。

2.2.3.2 光芬顿材料在医药废水污染物控制中的应用

医药废水中往往含有许多难降解有机物，成分复杂、有毒物质多。有研究发现，Z 型固体α-Fe_2O_3/g-C_3N_4 非均相光芬顿催化剂可以用来降解染料废水中的 RhB 和 TC，在 pH 为中性的工作条件下，降解率分别可以达到 96%（90 min）和 95%（150 min）[17]。介孔光芬顿催化剂 MnO@MnO_x 可以用来降解医药废水中的抗生素污染物左氧氟沙星（levofloxacin，LEV），有研究发现其对 LEV 的降解效果可以达到 98.1%（30 min）[18]。

有研究借助光芬顿法降解医药废水中的抗生素磺胺甲恶唑（sulfamethoxazole，SMX），发现 SMX 和废水化学需氧量（chemical oxygen demand，COD）的去除效率分别达到 98.06% 和 87.65%[19]。

2.2.3.3　光芬顿材料在石化废水污染控制中的应用

石化废水种类繁多、组成复杂、毒性大、抑制生物降解且污染物浓度高。采用 Fe^{2+} 还原氧化石墨烯（reduced graphene oxide，rGO）制备的两种不同铁氧化物晶型结构的 α-FeOOH 和磁性 Fe_3O_4 凝胶可用于油水分离或重金属吸附[20]。有学者通过 UV/Fe^{3+}/H_2O_2 光芬顿工艺对石化废水进行处理，COD 去除率高达 95%，酚类化合物的残留浓度从 213 mg/L 降低至 0.5 mg/L。同时，BTEX（苯、甲苯、乙苯和二甲苯）的浓度降低到低于定量限（limit of quantification，LOQ）[21]。

2.3　光热材料及光热脱盐

反渗透（reverse osmosis，RO）和多级闪蒸（multi-stage flash，MSF）工艺被认为是两种最先进的海水淡化技术，但都存在高能耗问题。利用光热转换实现海水淡化，是一种很有前途的解决清洁水短缺问题的方法。到目前为止，包括多孔碳材料、过渡金属或其化合物以及贵金属纳米颗粒在内的多种材料已被开发探索作为太阳能脱盐的光热材料。

2.3.1　光热材料的发展

在太阳能的众多转化与应用中，光热转换是最为直接的利用途径，已经被广泛应用于光热发电、光热储能、海水淡化、污水处理等领域。传统太阳能蒸馏效率通常小于 10%，光热材料则可提升至 60%以上。工业上，常通过光学聚光器提高太阳能集热器温度以产生大量蒸气、实现脱盐，但需要巨大投资并占用较大空间。新型的光热脱盐技术可通过光热转换材料将接收到的太阳光能直接、高效地转化为热能，对空气-水界面进行局部加热或对部分液体进行加热，引起水分蒸发，从而实现含盐水的脱盐。

光热脱盐效率与光热转换材料的性能密切相关。在光照条件下，光热转换材料通过自身的光热转换机制将光能转换为热能。良好的光热转换材料应具有从紫外光到近红外范围（250～2 500 nm）的宽光谱吸收能力。太阳能中约有 50%和 43%的能量分别分布在可见光和红外光区域，而红外光中又有近 70%的能量集中在近红外光区域。因此，增强光热转换材料对红外光（尤其是近红外光）的吸收对于提升其光热转换性能尤为重要。

2.3.2　光热反应机理

光热材料产生光热转换效应的原理不尽相同，主要与材料本身的电子结构或能带结构有关。总体来看，光热材料能够将光能转换成热能的机制主要包括表面等离子体共振（surface plasmon resonance，SPR）效应和局域表面等离子体共振（localized surface plasmon resonance，LSPR）效应、干涉吸收、光热电子激发、共轭效应及超共轭效应等。

2.3.2.1 等离子体共振效应及干涉吸收

金属表面接收到光辐射后，自由电子将随入射光发生振荡，产生 SPR 效应。在电子振荡的条件下，金属的表面电荷也会在入射光的激发下发生偏振效应；对于金属纳米粒子而言，该种电荷偏振将局限在粒子表面有限的空间范围内，产生 LSPR 效应。SPR 效应是金属基光热材料具有光热转换能力的主要原因之一。如图 2-2 所示，入射光在金属颗粒表面产生电场，在相同的频率作用下，电子的共谐振荡与激发的振荡电场产生共振，诱导产生 SPR 效应。金属粒子吸收外来辐射后，表面电子振荡增强，在没有形成光电效应的情况下则主要以热能形式释放。因为 SPR 效应的存在，金属基光热材料还可以用于增强其复合材料的光学吸收性能。

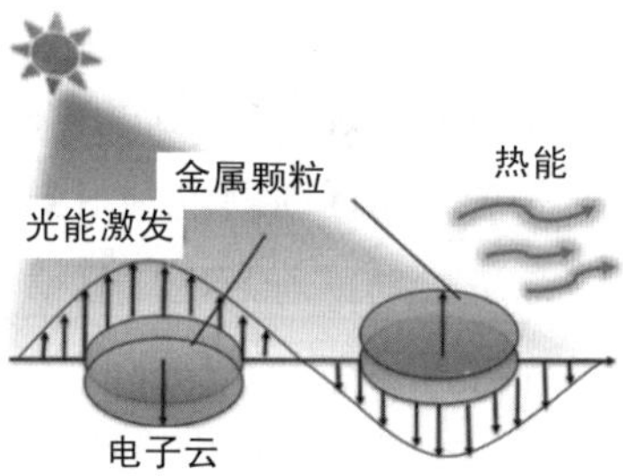

图 2-2 等离子体共振效应示意图

在金属纳米颗粒-金属薄膜的体系中，入射光会被强烈地限制在金属纳米颗粒与金属薄膜的间隙中而产生巨大的场增强效应，在两者的隔离层中会产生间隙模式的 SPR 效应。但间隙模式的 SPR 效应随着间隙距离的增加而变弱，介质层的干涉效应增强并占主导地位，此时体系的散射特性及吸收特性等光学性质会发生显著改变。

2.3.2.2 光热电子激发

与金属基材料不同，半导体材料则主要是通过光热电子激发过程中的能量跃迁将光能转换成热能（如图 2-3 所示）。过渡金属离子的 d 轨道通常没有填满电子，当过渡金属离子吸收光子的能量后，d 电子在低能级和能级较高的 d 轨道间发生 d-d 跃迁。因为普通半导体的近红外吸收归因于 d-d 电子转移而不是 SPR 效应，这类材料的光热稳定性远远优于金属基光热转换材料。普通半导体由于自由载流子浓度低而没有 LSPR 效应，但通过掺杂异价金属离子或形成氧化物形式，可以改善半导体的自由载流子浓度，使其具备 LSPR 效应，从而提高对近红外区域的光吸收能力。如图 2-3 所示，在金属氧化物类型的半导体中，当入射的太阳光能量大于半导体的带隙能量时，价带中的电子被激发，并跃迁至 CB，而在价带中留下空穴，形成电子-空穴对，然后这些电子-空穴对将移动到带边缘，并将剩余的能量转换成大量热能。

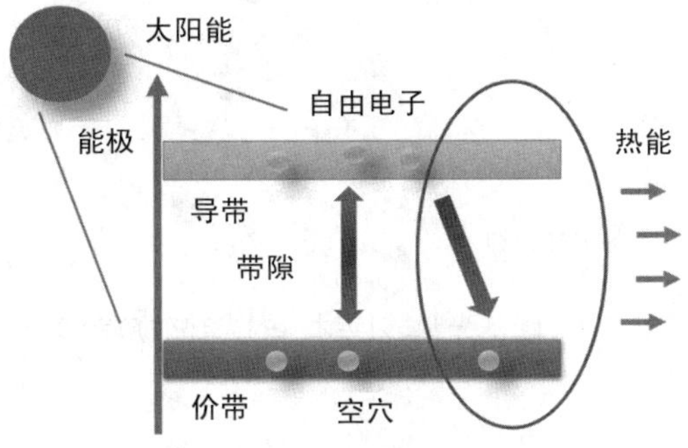

图 2-3　金属半导体氧化物的光热电子激发示意图

某些有机聚合物光热材料也可通过光热电子激发形式产生近红外光吸收。在接收到光照射后，其电子能量急剧增加，光热电子激发使该类聚合物具有进行光热转换的能力。有机聚合物光热材料在光能作用下由基态被激发到高能态，高能态的电子十分不稳定，通过能量耗散重新回到稳定基态。

2.3.2.3　共轭效应及超共轭效应

在共轭体系中，相邻 π 电子发生重叠或 π 键与 p 轨道电子相互作用，使体系中各键上的电子云密度平均化，因此邻近的单键及重键之间的区别部分消失，产生共轭效应（离域效应）。一般来说，除共轭作用较大的 π-π 体系、p-π 体系和 p-p 体系存在共轭效应外，σ 键与 π 键、σ 键与 p 键、σ 键与 σ 键之间也存在共轭效应，即超共轭效应，其本质是分子内的成键或非键电子轨道和反键电子轨道之间的相互作用。

碳基光热转换材料，如碳纳米管（carbon nano tubes，CNTs）、石墨烯（graphene，Gr）以及碳基复合材料等，其共轭结构在近红外光区有很强的光吸收能力。共轭效应可以引起电子流动，通过利用电子在分子轨道的跃迁吸收光能，这类碳材料将吸收的光能转换为热能，表现出光热效应。如图 2-4 所示，这类光热材料存在大共轭的 π 成键分子轨道和 π 反键分子轨道，此外还具有较小的轨道能量间隙。吸收光的能量后，成键分子轨道上的 π 电子跃迁至 π 反键分子轨道上，而后激发态的电子回落到基态的过程中以热量的形式释放。

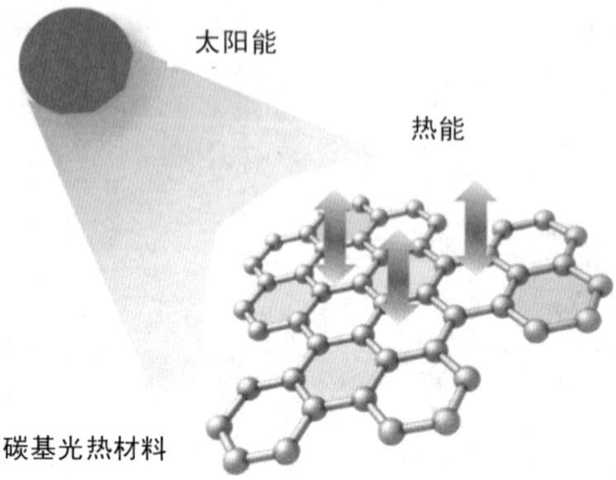

图 2-4 碳基光热转换材料的光热效应示意图

2.3.3 光热材料的种类

按材料的种类，可以将光热材料分为金属基光热材料、碳基光热材料、半导体光热材料、有机聚合物光热材料和复合光热材料等。

2.3.3.1 金属基光热材料

金属具有良好的延展性，导热能力强，可有效地吸收太阳光能并将其转化为热能。SPR 效应是决定金属类材料光学性质的重要因素，金属粒子在产生 SPR 效应和 LSPR 效应的波长范围具有强烈的光吸收能力。

目前研究较多的金属基光热材料主要为贵金属纳米材料，如 Au、Ag、Pd、Pt 等。金属基光热材料的形态、尺寸、金属负载量等是影响其光热转换性能的关键因素。有研究表明，金纳米颗粒（gold nanoparticles，AuNPs）是良好的光热材料，较易实现从可见光区域到近红外光区域吸收的连续可调。相比之下，银纳米颗粒（silver nanoparticles，AgNPs）基于更强的 SPR 效应，具有更高效和更宽谱的光吸收能力，能够产生比 AuNPs 强 10 倍的热量，成本也更低。

除贵金属外，一些普通金属基光热材料也具有良好的光热转换性能。Al 具有强烈的 SPR 效应，吸收波谱能够跨越大部分可见光谱并进入紫外光区域。将 Cu 表面制成花形的分层纳米结构，该材料在紫外光到近红外区域的宽光谱范围内表现出很高的全向光吸收效率[22]。在铜基板上制备银纳米粒子的光热超疏水表面，相较于纯铜表面，具有良好的防冰、除冰能力[23]。但金属基光热材料的光热转换性能受入射光照强度的影响很大，在增加入射光照强度使光热转换效率逐渐提高到最大值后，随着光照强度的继续增加，光热转换效率逐渐下降。

2.3.3.2 碳基光热材料

碳基光热材料从整体上可以分为两类，一类是传统的碳材料，另一类是新型纳米碳材料。木炭被认为是一种价廉易得的传统光热转换碳材料。有报道认为，经木材灼烧处理得到的木炭，在光照强度为 1 kW/m^2 和 3 kW/m^2 时，光热转换效率分别达到 72%和 81%[24]。还有研究发现，以木炭为主体的模拟蒸腾系统在 1 kW/m^2 光照强度下实现了高达 91.3%的光热转换效率。这是因为木炭可使光热能量聚集于表面，进而使整个系统更加高效活跃[25]。在此基础上，有学者研制出廉价的富氮多孔碳海绵，该材料具有更宽的光谱吸收范围，同时其内在结构利用海绵毛细管作用将液体吸附在加热界面的附近，使材料能够进行局部单独加热，实现原位光热蒸发[26]。

碳基纳米光热材料种类也十分丰富，带间能级跃迁和 π 结构使石墨化结构的纳米碳可作为高效的光子捕获器和分子加热器。有学者通过研究多壁碳纳米管（multi-walled carbon nanotubes，MWCNTs）制成的不同浓度纳米流体的光热稳定性，发现该纳米流体对太阳光中的大部分波长范围具有高吸收性[27]。Gr 膜材料具有抗反射特性，在 250～2 500 nm 波长范围内只有小于 4%的镜面反射和漫反射，几乎可以将全部入射的太阳光能转换为热能[28]。研究表明，氮掺杂可以减少 Gr 的热传导损失，改变润湿性，将光热转换效率从 67%提升到 80%以上[29]。

2.3.3.3 半导体光热材料

半导体光热材料大致可分为两类，一类是不含氧元素的半导体，此类光热材料中，以铜基材料最为常见。其中，硫属铜基化合物本身具有易形成空穴掺杂的结构，更易产生 SPR 效应，有利于提高材料的光热转换性能。各种空穴掺杂的硫属铜基化合物（如 $Cu_{2-x}S$ 和 $Cu_{2-x}Se$）中丰富的载流子可与电磁场发生相互作用，使这类半导体光热材料表现出强烈的近红外光吸收能力。此外，还有单层的 ZrNCl 纳米片，也具有较大弛豫能量和强烈键合振动，可以实现更强的电子-声子耦合。研究发现其在紫外光照射下可产生 5.25 W/g 的超高值热流，光热转换效率可达 72%[30]。

另一类是金属氧化物半导体，如黑色疏水性 TiO_2 薄膜能吸收波长大于 400 nm 的光，在 1 kW/m^2 光强的模拟太阳光下，其光热转换效率达到 70.9%，其可见光吸收能力归因于通过引入氧空位将 Ti^{4+}还原为 Ti^{3+}[31]。研究发现，当太阳光强度增加到 5.6 kW/m^2 时，还原 TiO_2 纳米管-Ti 金属网材料的光热转换效率达到 84.2%。超窄带隙和纳米尺寸特征可极大地改善材料的光吸收性能[32]，如 Ti_2O_3 纳米颗粒（Ti_2O_3 NPs）成功实现了近 100%的内部光热转换效率和约 92%的外部光热转换效率，平均光反射率小于 10%[33]。含氧空位的纳米氧化钨在近红外区域表现出很强的光吸收能力和 LSPR 效应[34]，在 808 nm 处表现出 59.6%的光热转换效率[35]。虽然氧空位的存在使光热材料具有较好的光吸收和转换能力，但氧空位容易因氧化反应而失去。研究表明，材料的红外吸收性能随着氧化程度增加而明显降低，并在氧化 3 h 后达到最低[36]。近年来，光热材料的空间维度因素对其光热性能的影响也受到重视。热辐射是当前二维光热材料中的主要热损失途径[37]。

与金属基光热材料相比，半导体光热材料种类多、成本低廉、制备简单、形貌可调、易于功能化、受材料形貌因素影响小、光热稳定性更高，是一类具有良好应用前景的光热材料。

2.3.3.4 有机聚合物光热材料

有机聚合物光热材料大多具有共轭体系，受光激发后，所产生的激发电子可以沿着共轭的 π 骨架自由迁移，在任何位点都可以将电子转移给能量受体，获得高效的能量传递。聚苯胺（polyaniline，PANI）、聚吡咯（polypyrrole，PPy）等有机聚合物拥有大的共轭体系，在近红外光区具有较高的吸光能力。PANI 的吸收峰容易受到强酸、过渡金属等掺杂剂的影响而发生明显红移。当 PANI 的亚胺基团转变成亚胺盐时，其最强吸收峰从 570 nm 移到了 780 nm 处，对红外光的吸收能力明显增强[38]。在 808 nm 激光照射下，PANI 的温度在 10 min 内超过 50℃[39]。相对而言，PPy 纳米颗粒（polypyrrole nanoparticles，PPyNPs）的光热转化效率仅有 50%左右，光热转换性能仍处于较低水平[40,41]。近年来，人们更加关注有机聚合物光热材料在近红外二区（1 000～1 700 nm）的光热转换性能。基于苯并二呋喃二酮的对苯撑乙烯衍生物的新型光热材料增加了 π-共轭长度，有效地降低了聚合物带隙，在 1 064 nm 波长的光源照射下表现出高的光热转换效率[42]。

有机聚合物光热材料具有光学性质特殊、结构多样、表面易修饰、易于生物降解、绿色环保等特点，在未来实际应用中潜力很大。但是有机聚合物光热材料的光热转换效率相对较低，且在长时间太阳光照射后容易发生光降解，这是此类材料实际应用中的主要障碍。

2.3.3.5 复合光热材料

将单一组分发展为多组分复合结构是提高材料光热转换性能的另一重要途径。目前，以碳基光热材料为基础，已涌现碳基/金属复合光热材料、碳基/有机聚合物复合光热材料和碳基/半导体复合光热材料等多种复合光热材料。以碳基光热材料为主的复合材料大致可以分为两类，一类以 CNTs 材料为核心，另一类以 Gr 材料为核心。研究表明，碳基光热材料与金属基光热材料的复合几乎不改变金属基光热材料 SPR 峰的位置，而且金属粒子的掺杂使碳基光热材料的电荷转移发生改变，在光热转换过程中两种材料发挥协同作用。碳纳米材料与有机聚合物的复合也可实现优势互补。以尼龙（nylon）作为基质，通过静电纺丝技术将炭黑纳米粒子包裹在基质内部作为吸光组分，光热转换效率在 83%左右[43]，这种复合材料可吸收超过 94%的太阳光，与纯炭黑约 95%的光吸收率相当[44]。同样是与有机聚合物光热材料复合，rGO 与聚氨酯（reduced graphene oxide-polyurethane，rGO-PU）复合材料在 10 kW/m^2 光强照射下的光热转换效率为 81%[45]，而 rGO 和聚苯乙烯复合材料（rGO-PS）在 1 kW/m^2 光强照射下的光热转换效率则达到了 83%。

将不同种类的碳基光热材料进行复合也是开发光热材料的研究热点。有学者将 rGO 和 MWCNTs 复合来改善材料的光热性能，在 1 kW/m^2 光照强度下的光热转换效率达到

80.4%[46]。利用 3D 打印技术制备 CNTs-氧化石墨烯（graphene oxide，GO）/GO-纳米原纤化纤维素，光热转换效率可达到 85.6%[47]。对半导体/有机聚合物、有机聚合物/有机聚合物、半导体/半导体复合光热材料也有较多报道。如有学者利用硫化铜与聚乙烯（polyethylene，PE）杂化形成单层 CuS-PE 膜，在 1 kW/m^2 光照强度下实现了 63.9%的光热转换效率[48]。相同光照条件下，利用 CuPOs 与聚二甲基硅氧烷（polydimethylsiloxane，PDMS）复合的 CuPOs-PDMS 膜的光热转换效率为 63.6%，与 CuS-PE 膜接近，但其升温能力得到大幅提高[49]。SiO_2/β-$FeSi_2+SiO_2/SiO_2$/Mo 多层复合膜材料则在 700℃的高温下实现了超过 72.3%的光热转换效率[50]。此外，SiO_2/Ag@TiO_2 复合材料在自然阳光下也表现出可持续光热效应[51]。

复合光热材料在很大程度上弥补了单一材料所存在的缺陷。但材料复合过程中对技术和设备等的要求更高，不同材料之间的复合稳定性也受到考验。复合是一种趋势和突破，但如何将各种性能优良的单一材料复合形成高效的光热材料更具挑战性。

2.3.3.6　其他光热材料

二维过渡金属碳/氮化物 MXene 是一种新型的光热材料，典型的 MXene 材料包括 Ti_2C、Ti_3C_2、Ti_3C_2Tx 等。MXene 具有很高的光热转换效率和蒸发效率，如 Ti_3C_2 的内部光热转换效率可接近 100%。MXene 的近红外光吸收和光热转换性能可归因于 LSPR 效应。有报道发现，在 1 kW/m^2 光强照射下，负载 10 mg MXene 的 PVDF-PS 膜可产生 84%的光热蒸发效率，是十分有前景的太阳能光热材料[52]。需要指出的是，MXene 的光吸收性能具有灵活的可调性。从灰色到黑色的颜色可调的铝-钛-氧（Al-Ti-O）纳米薄膜中，Al 组分可显著改变材料中的电介质的氧化层，使光吸收向红外范围拓展，该 Al-Ti-O 与 PVDF 形成的复合薄膜的光热蒸发效率可达 77.52%[53]。

2.3.4　光热材料在脱盐工艺中的应用

优质的光热材料具有宽吸收频谱范围、高光热转换效率、低成本、表面亲水性强、多微孔结构、良好的自浮性能、不依赖光源入射方向等特征。其在海水淡化和含盐水处理领域表现出良好的应用前景。在选取光热材料用于含盐水脱盐时，一般很少选用单一的材料，而是将两种或多种材料进行复合处理，以提高材料的导热性，增强材料的韧性和热稳定性。此外，在实际脱盐过程中，光热材料大多依附于性能优越的轻质载体材料，通常选择的载体材料应具有亲水性好、孔隙度高和质轻等特点。

根据脱盐过程中所采用的光热材料的形式，可将脱盐技术分为流体脱盐、膜覆盖脱盐及其他形式脱盐。

2.3.4.1　流体脱盐

流体脱盐通常是把颗粒状或粉体状的光热材料均匀地悬浮或分散在含盐水中，制备成流体的形式，用于吸收太阳光，进而加热含盐水并产生蒸气以实现脱盐。目前，流体脱盐中研究较多的是添加纳米级的金属或非金属光热材料，制备成纳米流体进行脱盐。纳米流体的颗粒浓度显著影响其光热转换效率和脱盐效果。纳米流体可以将热能集中到水-空气界面附近的小范围内，进行强烈的局部加热并产生大量蒸气。在 CNTs 流体的模拟蒸发实验中发现，流体浓度为 19.04×10^{-4}（体积分数）时可实现最高的蒸发效率（46.8%），且在 10 kW/m^2 的光强照射下蒸发速率最大为 8.5 $kg/(m^2\cdot h)$ [54]。如图 2-5 所示，在该过程中，CNTs 主要通过加热水-空气界面附近小范围内的局部纳米流体而不是提升大范围体积的流体温度来实现高蒸发速率。

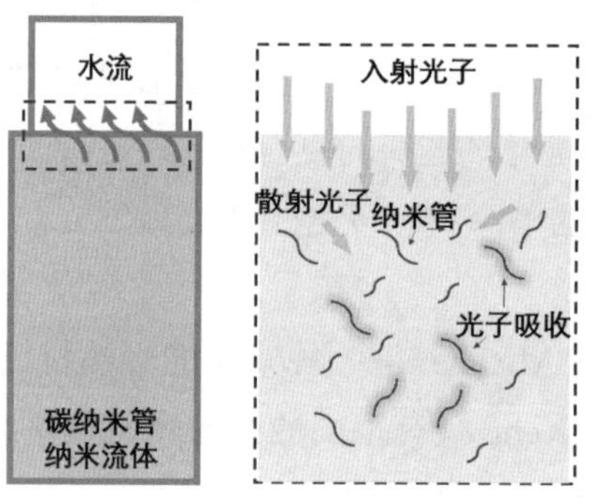

图 2-5　CNTs 用于流体脱盐示意图

目前，光热转换纳米流体的稳定性还没有可靠的定量评价方法。光热转换流体的形成使溶液整体加热更加均匀，在低浓度流体情况下也能实现脱盐，同时也不会使泵和管道等产生堵塞和结垢。但需要注意的是，流体材料更易导致水体的二次污染，而且大量水的热辐射导致的热损失易使光热转换效率降低。

2.3.4.2　膜覆盖脱盐

为了解决流体脱盐过程中热辐射散失严重及易引发二次污染的问题，研究者创新性地提出了一种膜覆盖脱盐方法。该技术的核心在于将光热材料设计为膜状结构，光热材料稳定漂浮于水面，捕获并转化高强度入射光为热能，从而驱动局部区域的水蒸发，实现脱盐目的。

膜状光热材料（特别是 Gr 及其改性或复合材料）因其卓越的光吸收性能成为研究焦点。实验表明，在标准模拟太阳光（1 kW/m^2）照射下，rGO 膜在纯水中展现出较大的蒸发速率，且其蒸发效率随还原程度的提升而增强。相比之下，氮掺杂 Gr 膜（NG 膜）表现出更大的蒸发速率[55]。

除 GO 基材料外，半导体及其复合膜光热材料也在脱盐领域展现出巨大潜力。例如，SnSe@NF 膜、CuPOs-PDMS 膜及 ATO@C 纳米材料负载的滤纸等均在模拟太阳光下实现了相较常规无膜体系更优的蒸发速率，且多次循环保持稳定[56]。特别地，CuS-PE 膜材料在 1 kW/m^2 光强下的蒸发速率高达 4.03 kg/（m^2·h），远超无膜条件下的蒸发速率。真空条件的引入更是进一步提升了系统的蒸发速率和脱盐效率，如 SWNT-MoS_2 薄膜在真空条件下的蒸发速率可达 15.6 kg/（m^2·h），且循环性能优异[57]。高效有机聚合物复合膜同样不容忽视。有学者开发的 HNG 材料在 1 kW/m^2 光照下的蒸发速率高达 3.2 kg/（m^2·h）[58]。此外，rGO/PVA 凝胶材料 CTH 也展现了良好的脱盐性能，进一步证明了聚合物水凝胶光热材料在脱盐领域的广阔应用前景。

2.3.4.3　其他形式脱盐

近年来，有学者提出了形式独特的脱盐体系。以聚乙烯（polyethylene，PE）和木炭组合成类似树木的蒸腾系统，在光照强度为 1 kW/m^2 条件下，该系统对盐度为 3.5%的海水达到了 1.38 kg/（m^2·h）的蒸发速率[25]。以具有同轴三层纤维膜结构材料制造的 3D 杯形太阳能蒸发器（如图 2-6 所示）在 25%的极高盐浓度下脱盐 120 h，水蒸发速率也没有明显的衰减[37]。

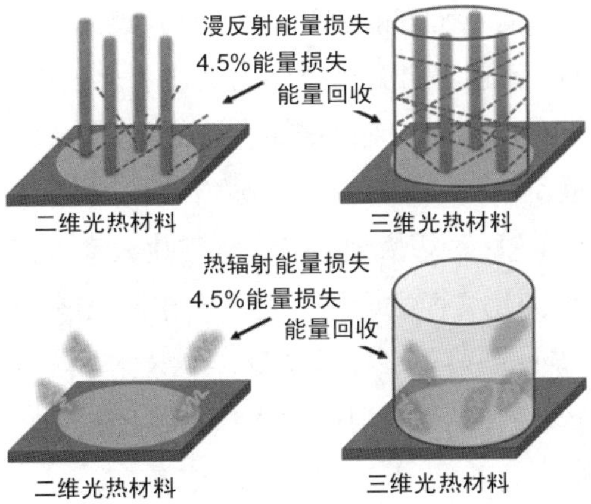

图 2-6　3D 杯形结构光热脱盐示意图

也有学者认为，通过破坏水分子的氢键来改变水的固有特性也可以提高蒸发速率和脱盐效率。在日光较为充足时，吸附银纳米颗粒的陶瓷棒（AuNP@CRs）的效率提高了 104.8%[59]。目前，光热材料在脱盐领域的应用大多处于实验室模拟阶段。将各种光热材料应用于脱盐领域时，由于材料需要长时间与含盐水接触，因此提高材料的耐盐性十分关键。

2.4　光催化氧化与光催化氧化材料

1972 年，日本东京大学教授 A. Fujishima 在《自然》（*Nature*）上发文，首次发现半导体在光的作用下可以分解 H_2O，开启了半导体光催化研究的先河。当光子的能量高于光催化剂的带隙能量（E_g）时，半导体材料吸收光子，激发电子从 VB 跃迁到 CB，而光生电子（e_{CB}^-）跃迁后会在 VB 中留下具有强氧化性的光生空穴（h_{VB}^+）。如果光生电子或光生空穴具有足够的氧化或还原能力，还会与反应体系中的水分子进一步反应，产生具有反应活性的自由基团，如·OH、超氧阴离子自由基（$O_2\cdot^-$）和单线态氧（$^1O_2$）等，从而对体系中的各类有机污染物进行有效的降解处理。近年来，半导体光催化材料及相关应用技术取得了较大的发展，然而光活化过程的量子产率极低，而且传统光催化剂只能吸收紫外光，对太阳能的利用有限，极大地限制了光催化技术的发展。

2.4.1 光催化反应

2.4.1.1 光催化的发展历程

19 世纪中期，Alexandre-Edmond Becquerel 发现光电现象，直至 20 世纪中叶，光电化学才得以确立。1956 年，有学者开始探究 TiO_2 的光化学性能。直至 A. Fujishima 利用 TiO_2 催化水分解，确立了光催化研究的里程碑。随后，TiO_2 在环境净化及灭菌中展现出多功能性。自 20 世纪 80 年代起，研究重点转向其光氧化能力。90 年代，研究者致力于提升光催化剂的吸光范围和电子/空穴对（e^-/h^+）分离效率。90 年代后期，TiO_2 广泛用于建筑材料抗菌。进入 21 世纪，可见光催化材料研究取得突破，通过掺杂 N 元素及其他杂质，TiO_2 光响应扩展至可见光区，极大地提升了光催化效率，推动了太阳能的有效利用。近年来，光催化材料在环境净化方面的应用一直是多相催化最活跃的应用领域之一。目前，对光催化材料的研究除传统的固溶体、异质结复合半导体、掺杂改性和光敏化之外，多元氧化物复合、石墨化合物改造和纳米材料的引入预示着光催化材料进入了一个崭新时代。

2.4.1.2 光催化材料的种类

光催化材料大致分为以下几个类型。

（1）金属氧化物光催化材料

含有 d 轨道的过渡金属氧化物 TiO_2、ZnO、WO_3 和 Fe_2O_3 是目前研究最多的金属氧化物光催化材料。其中，TiO_2 因其无毒、不溶于水、成本低、稳定性好、耐光腐蚀等优点，成为主要的光催化剂。但 TiO_2 的宽带隙决定了其仅能吸收紫外光，极大地限制了其实际应用范围。

ZnO 是一种 n 型半导体，其热力学稳定相为六方纤锌矿结构，每个阴离子在四面体的拐角处被 4 个阳离子包围，这种四面体配位是典型的 sp^3 共价键性质，但这种材料也可表现出一些离子键性质。由于其良好的光电性质、催化性质和光化学性质，以及低成本、无毒性优势，ZnO 是仅次于 TiO_2 的第二大光催化材料，ZnO 粉体的量子效率也显著高于 TiO_2 粉体，在一些情况下，ZnO 具有更高的催化效率，但是 ZnO 在酸性条件下不稳定。

WO_3也是一种n型半导体。WO_3在室温下最稳定的相是单斜相γ-WO_3，WO_3晶体结构的演变伴随着E_g从室温下的2.6～2.7 eV降低到750℃时的1.8 eV，相应的颜色由淡黄色变为红色。不同WO_3相的E_g值大小依次为单斜＞正交＞四方立方。WO_3在酸性条件下具有很高的稳定性，无光腐蚀性，并且具有合适的可见光吸收带隙（2.4～2.8 eV）。但是其在可见光区域的催化性能低，仅适合作为助催化剂。

α-Fe_2O_3同样是一种n型半导体，其禁带宽度约为2.1 eV，在pH＞3的大多数水溶液中表现出稳定性。被氧阴离子八面体包围的氧化铁具有复杂的能带结构，在3d能级轨道之间会发生电子转移。与WO_3类似，α-Fe_2O_3的CB位于H^+/H_2氧化还原电位以下，不足以将水还原。虽然Fe_2O_3是一种很好的吸收可见光的候选材料，有报道证实α-Fe_2O_3可用于降解一些有机化合物，如橙II、甲基橙、酚类和氯酚（chlorophenol，CPs）等。然而，Fe_2O_3的量子产率低，活性较为有限。

还有一些二元氧化物，如Nb_2O_5、V_2O_5、Sb_2O_3、Bi_2O_3、NiO、Ta_2O_5、ZrO_2、CeO_2、Ga_2O_3、CuO和Cu_2O，也已被证实是良好的光催化材料，但其中一些催化剂的带隙较宽，仅可以通过紫外线照射而被光激活。例如，具有5.0 eV和4.8 eV宽禁带的ZrO_2和Ga_2O_3分别在波长小于248 nm和小于260 nm的紫外光下才能被激发。

（2）硫化物光催化材料

除金属氧化物外，含硫化合物作为光催化材料也受到广泛关注。代表性的含硫化合物光催化剂是CdS，在可见光照射下具有较强的光解水活性，已被用于处理水介质中的染料和有机污染物的实验室试验；但这种材料在水介质中具有毒性，因为其会受到光腐蚀，将有毒金属离子（Cd^{2+}）释放到溶液中，这导致CdS难以在水污染治理场景中得到实际应用。在ZnS、Sb_2S_3、Bi_2S_3和MoS等金属硫化物中，大部分都有较窄的禁带，只有ZnS具有3.5 eV的宽禁带，同时ZnS安全无毒，在处理饮用水时具有优势。

（3）三元/四元化合物光催化材料

各种金属酸盐、硫氧化物、卤氧化物和氮氧化物可分为光催化三元半导体和四元半导体，这些半导体在紫外光或可见光下被激发，可以把水分解成O_2和H_2，也可以对有机污染物进行有效降解。

三元化合物光催化材料有铝酸盐、铁氧体、铌酸盐、钽酸盐、钛酸盐、钨酸盐和钒酸盐等。对于铝酸盐，具有面心立方尖晶石结构的$ZnAl_2O_4$和斜方晶系的$AgAlO_2$具有较宽的禁带，禁带宽度分别为4.11 eV和3.2 eV，在紫外光照射下可用于降解气态甲苯。对于铁氧体，研究人员研究了尖晶石结构的$ZnFe_2O_4$和钙钛矿结构的$BiFeO_3$对有机污染物的降解作用，发现在太阳光和紫外光照射下的光催化降解苯酚活性都比较高。铌酸盐、钽酸盐和钛酸盐大多具有层状钙钛矿结构，在可见光下表现出较高的催化活性。

四元化合物包括有特殊形式的氧化物、氮氧化物、硫氧化物和卤氧化物等，通式可

表示为 $ABi_2Nb_2O_9$（A 为 Ca、Sr、Ba 等），是具有钙钛矿结构的光催化剂。氮氧化物（如 LaTiON）和硫氧化物（如 $Sm_2Ti_2S_2O_5$）也能有效地吸收可见光，并表现出比其氧化物前驱体更高的光催化分解水和降解有机污染物的活性。

（4）碳氮化物光催化材料

碳氮化物是一类具有优异性能和巨大光催化应用潜力的材料。尤其是石墨相碳氮化合物（g-C_3N_4），其基于多个三嗪单元形成的层状结构，禁带为 2.7 eV，C 的 2p 轨道构成的 CB 位于–1.3 V vs. NHE（pH=7），而 N 的 2p 轨道构成的 VB 处于 1.4 V vs. NHE 的位置。因此，g-C_3N_4 足以实现水的分解与有机物的氧化，贵金属的负载则会进一步提高 g-C_3N_4 的光催化活性。

2.4.2 光催化反应与光催化材料的构效关系

在半导体表面被俘获的电子和空穴分别与表面吸附的电子受体和给体进行电荷转移的表面反应，形成的表面复合空穴和表面俘获电子进一步进行氧化还原反应，继而降解有机物。在光催化反应体系中，被表面俘获的电子容易与体系中的氧反应，使其还原，形成 $O_2\cdot^-$。$O_2\cdot^-$与水或 H^+反应，形成氧自由基（$O_2\cdot$）和 $HO_2\cdot^-$。之后，这些物种继续与氧和水反应，形成一系列的中间体和中间物，最后形成·OH；这些物种还可以与体系中的有机物发生一系列的复杂反应，形成活性氧自由基。表面俘获的空穴还可以直接与体系中的电子给体生成自由基，或者与水反应，使水中的羟基氧化，形成各种活性氧自由基，在光催化过程中产生的自由基具有非常强的氧化能力，可将较大的有机污染物分子结构逐渐分解，甚至矿化为 CO_2 和 H_2O。如图 2-7 所示。

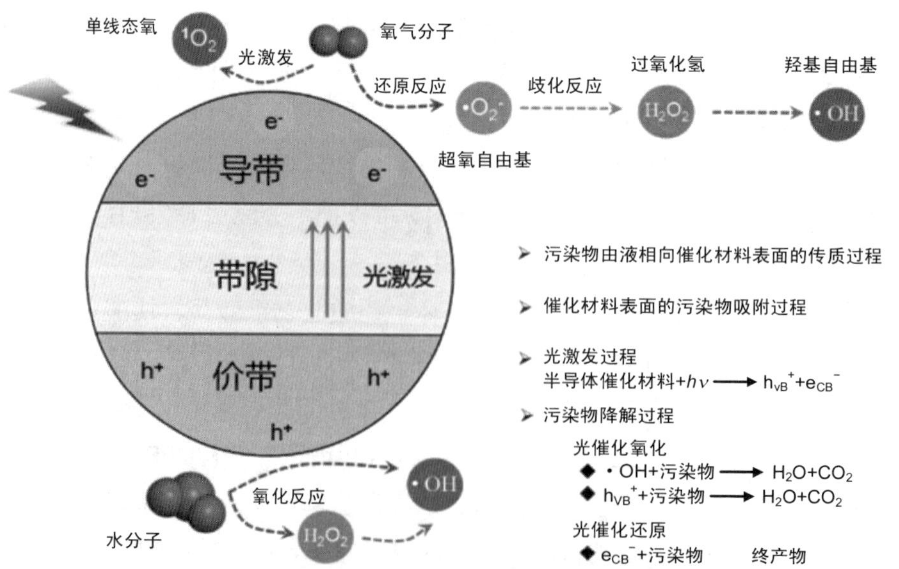

图 2-7 半导体在光催化水处理过程中的反应机理

2.4.2.1　光催化氧化还原机理

为了便于理解，以 TiO_2 为例进行机理的详细介绍。当大于 TiO_2 带隙的光照射时，TiO_2 吸收光子能量被激发，随后发生一系列光催化反应。初始阶段，光激发反应为：

$$TiO_2 + h\nu \longrightarrow e^- + h^+ \tag{2-9}$$

式中，光生自由电子 e^- 和空穴 h^+ 寿命很短，可发生电子和空穴复合或者分离过程。没有发生复合的空穴一般与表面吸附的 H_2O 或者 OH^- 反应，生成具有强氧化性的 $\cdot OH$：

$$H_2O + h^+ \longrightarrow \cdot OH + H^+ \tag{2-10}$$

$$OH^- + h^+ \longrightarrow \cdot OH \tag{2-11}$$

相应地，自由电子则易于与表面吸附的 O_2 发生反应：

$$O_2 + e^- \longrightarrow \cdot O_2^- \tag{2-12}$$

$$\cdot O_2^- + H_2O \longrightarrow \cdot OOH + OH^- \tag{2-13}$$

产生的 $\cdot O_2^-$ 主要吸附在 TiO_2 表面的活性位点上，而 $\cdot OOH$ 很不稳定，会发生如下反应：

$$2\cdot OOH \longrightarrow O_2 + H_2O_2 \tag{2-14}$$

$$\cdot OOH + H_2O + e^- \longrightarrow H_2O_2 + OH^- \tag{2-15}$$

$$H_2O_2 + e^- \longrightarrow \cdot OH + OH^- \tag{2-16}$$

Antonino Sclafani 等通过光电导率实验，进一步证实了以下反应过程：

$$H_2O_2 + \cdot O_2^- \longrightarrow \cdot OH + OH^- + O_2 \tag{2-17}$$

经过以上一系列反应过程，产生了各种具有强氧化或者还原能力的自由基，在这些自由基的参与下，有机物发生了各种断键的反应，最终被降解成 CO_2、H_2O 和无机酸等产物。

2.4.2.2　光催化氧化还原的关键影响因素

（1）光源和光强

所有光催化过程的必要条件是辐射源，即光源。常见的光源有低压汞灯、中压汞灯、高压汞灯、LED 灯等。对于带隙较窄的掺杂光催化剂，氙灯或太阳光也可以用作光源。低压汞灯在 254 nm 处有一个明显的峰值，最常用于紫外线消毒过程。与低压汞灯相比，中压汞灯具有更宽的紫外辐射谱线，高压汞灯在紫外光谱中表现出最大的总峰值密度。这些灯产生的光子大部分在 UV-A 和 UV-B 光谱区域，足以进行光催化激发。氙灯和太阳光提供的光子能量通常低于传统光催化剂的最佳吸收范围，因此其光子效率相对较低。

（2）pH 的影响

溶液 pH 的变化对光催化体系的影响较复杂。pH 影响催化剂表面电荷的种类及数量，从而影响有机物的吸附。pH 的变化影响催化剂表面羟基浓度和半导体带边电位的移动，pH 升高则 TiO_2 表面羟基浓度增大，可降低 h_{VB}^+/e_{CB}^- 复合速率，加快 $\cdot OH$ 的形成并使 e_{CB}^-

还原能力增强。以 TiO_2 为例，其在水中的等电点为 pH=6.2。当 pH 较低时，表面质子化的 TiO_2 带有正电荷，这对光电子向 TiO_2 表面转移是有利的；在中性条件下，水分子与 h_{VB}^+反应形成·OH 和质子。当 pH 较高时，因为 OH^-大量存在，TiO_2 表面带有负电荷，有利于 h_{VB}^+从颗粒内部到表面的转移。当溶液 pH 接近 TiO_2 等电点时，由于范德华力的作用，颗粒容易团聚形成大颗粒。因此，在应用 TiO_2 催化剂时，应使悬浮液 pH 远离等电点 pH。

（3）温度的影响

在光催化反应中，温度对光激发与电荷分离的影响不大。但随后发生的一系列氧化还原反应大多伴随放热效应或吸热效应。当氧气分压较高（＞101 325 Pa）且底物 S 浓度较低时，温度主要影响有机物的氧化效率；而当氧气分压较低（＜5 066.25 Pa）且底物 S 浓度较高时，温度则主要影响有机底物和氧原子在催化剂上的吸附性能。

（4）反应物初始浓度

许多研究认为，半导体表面的光催化降解速率遵循经典的 Langmuir-Hinshelwood 动力学模型。当反应物浓度较低时，符合一级动力学规律，降解速率与浓度成正比。当反应物浓度足够大时，反应速率将不再随浓度的变化而变化，表现为零级反应。如果反应物浓度介于两者之间，则反应级数介于 0 到 1。

（5）催化剂投加量和反应时间

以 TiO_2 为例，其投加量对各类待降解物而言，有一个最佳投放值。TiO_2 粉体对紫外光有一定的散射作用，投加量过多时会导致过度散射，从而浪费光能量并降低反应效率。TiO_2 投加量过少时，提供的反应表面较少，吸附在催化剂表面的反应液量较少，从而造成效率较低。选择最佳的 TiO_2 投加量，既可以获得最大的光催化效率，又可以节省资源。

2.4.2.3 材料对光催化氧化性能的影响

（1）材料光吸收能力的影响

到目前为止，人们已经研究了 TiO_2、WO_3、Ga_2O_3、Bi_2O_3、CdS、ZnS、ZnSe、Bi_2Mo_6、$NaNbO_3$、NbO_3、$AgGaO_2$、$BiPO_4$、$BiVO_4$ 等不同晶格类型对光催化氧化性能的影响。事实上，不同材料或晶型对光吸收能力的影响主要源于其带隙的变化。光吸收能力随带隙能的变化已被用来解释光催化活性的晶相依赖性。例如，TiO_2 存在锐钛矿、金红石、板钛矿和 TiO_2（B）4 种主要的晶型，晶格结构的差异使其电子能带结构发生变化，导致 TiO_2 多晶型的带隙不同。值得注意的是，载流子的光吸收和氧化还原能力都与原始半导体光催化剂的带隙有关，较小的带隙不仅提高了光吸收，而且拉低了 CB 最小值（CB_{Min}）的位置并抬高了 VB 最大值（VB_{Max}）的位置，从而降低了光生电子和空穴的分离能力。

（2）材料能带结构的影响

与材料因带隙不同产生的影响相比，控制电荷流动是调节光催化性能的一条更重要的途径。在半导体中，电荷转移和迁移通常通过随机路径进行，因此光生电子和空穴具有很高的复合概率。该问题可以通过促进电荷转移和减少电荷复合来解决。一般来说，半导体不同晶相的电子结构对电荷转移有很大的影响。如α-$AgGaO_2$在气相 2-丙醇光氧化制丙酮反应中表现出比β-$AgGaO_2$更高的活性，这是因为α-$AgGaO_2$中的光生空穴具有较小的有效质量，因而具有较强的迁移能力。

半导体光催化剂的电子结构不仅影响载流子的转移，而且对电子和空穴的分离也有重要影响。半导体在光激发下产生的载流子由带隙能量和入射光能决定，而半导体表面发生的光生载流子的分离由不同光催化材料的能带结构决定。一般来说，被吸附污染物的氧化还原电位与半导体 CB、VB 电位相比，电子受体的相关电位在热力学上高于半导体电位，而电子供体则要低于半导体电位，才能实现有效的载流子分离。

（3）材料表面特性的影响

电荷的产生和转移在光催化剂表面发生，且几乎所有的催化反应均在表面进行。在表面反应过程中，离子或分子等反应物吸附在催化剂表面，分别接受光生电子或空穴，再进行还原半反应或氧化半反应，最后生成的产物从表面解吸并扩散到环境中。因此，材料的表面特性（即反应物和产物与催化剂的吸附强弱）对催化效率起关键作用。

（4）材料形貌结构的影响

不同催化材料的晶粒尺寸、比表面积各异。一般来说，纳米催化材料的反应活性更高，这是因为尺寸的减小会使催化剂能级更加分散，有利于载流子分离，提高催化活性。纳米级催化材料激发后载流子扩散至表面的时间要比微米级的催化剂快 3 个数量级以上，缩短了反应时间。尺寸逐渐减小，原子级的暴露比例会增加，光吸收率增加，催化活性也会显著提高。此外，比表面积扩大，可以强化催化剂对反应物的吸附作用，同样也增加了材料的反应面积，暴露更多的反应位点，催化效率随之提高。

（5）其他影响

半导体的异质结是由两种不同的半导体相接触所形成的界面区域依次沉积在同一基座上形成的，这些材料具有不同的带隙能。按照材料的导电类型不同，异质结可分为同型异质结（n-n 异质结或 p-p 异质结）和异型异质结（p-n 异质结）（如图 2-8 所示）。

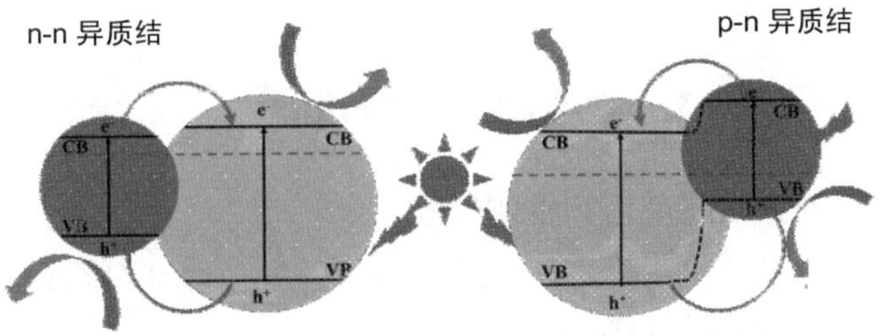

图 2-8　n-n 异质结和 p-n 异质结光催化作用机理示意图

目前研究较多的异质结光催化剂包括金属-半导体、半导体-半导体以及多种异质结复合材料等类型的纳米光催化剂。以 p-n 异质结为例，p 型半导体有电子和空穴两种可动载流子，其中空穴的数量远大于电子，但是由于 p 型半导体还有固定的负电荷，其数量刚好等于多余的空穴，因此单独的半导体是电中性的。n 型半导体中电子多于空穴，多余的电子由固定的正电荷中和。如果把这两块半导体结合在一起，由于 p 区空穴多于 n 区，而 n 区电子多于 p 区，在浓度差驱动下，n 区的电子向 p 区扩散，p 区的空穴向 n 区扩散。n 区电子离开后，留下固定的正电荷，同理 p 区留下固定的负电荷。这些电荷所在区域称为空间电荷区，空间电荷区的电荷产生从 n 区指向 p 区的电场，称为内建电场。内建电场抑制浓度差驱动的扩散运动，当抑制作用与扩散作用达到动态平衡时，p-n 异质结就形成了。当光子能量大于半导体禁带宽度的入射光照射 p-n 结面时，如果光子能够到达 p-n 结区，由本征吸收在结的两边产生电子空穴对。在光激发下，多数载流子浓度基本不变，而少数载流子浓度显著增加。由于 p-n 异质结内存在内建电场（从 n 区指向 p 区），两边的少数载流子向相反方向运动：p 区电子穿过 p-n 异质结进入 n 区，n 区空穴穿过 p-n 异质结进入 p 区，从而实现光子电荷的分离（如图 2-9 所示）。

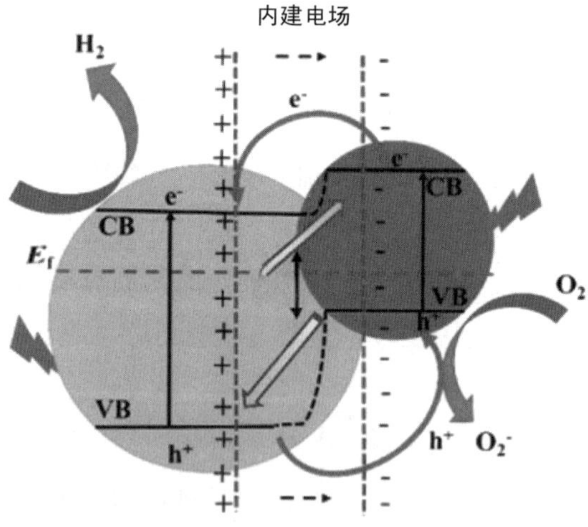

图 2-9 p-n 异质结内建电场示意图

2.4.3 光催化氧化在环境污染控制中的应用

2.4.3.1 光催化氧化对抗生素类污染物的去除

光催化剂对不同种类的抗生素均有良好的去除效果。如 TiO_2@g-C_3N_4 核壳催化剂对 TC 的去除速率达 2.2 mg/min，投加 1.0 g/L 复合催化剂可在 20 min 内将浓度为 20 mg/L 的 TC 完全去除[60]。有学者以膨润土和蛭石为光催化剂，在紫外光下降解 SMX 和甲氧苄啶，降解速率比传统催化剂分别增加了 11.4 倍和 46.4 倍[61]；有学者以 $WO_3 \cdot H_2O$ 修饰 TiO_2

构建的 II 型异质结，在模拟太阳光下照射 150 min 后对土霉素的去除率达 95.5%[62]。

2.4.3.2 光催化氧化对难降解有机污染物的去除

光催化氧化被认为是处理难降解有机污染物的有效途径之一。有学者在可见光照射下利用改性 TiO_2 光催化剂去除水中苯酚，循环 10 次后，水中高浓度苯酚几乎被完全去除[63]。有研究采用低温热聚合的方法制备块状 g-C_3N_4。发现在 LED 灯光照条件下，碳氮量子点/碳化氮（carbon nitrogen quantum dots/carbon nitrides，CNQDs/CNs）复合光催化体系对甲基橙、吖啶橙、苯胺、苯酚有很强的催化降解能力。通过 SiC 负载单原子 Pt 催化剂对全氟辛酸（perfluorooctanoic acid，PFOA）的降解实验，有人发现当单原子 Pt 的负载量达到 1.6%时，所制备的 SiC 负载单原子 Pt（Pt_1/SiC）的纳米复合材料对 C–F 具有较强的破坏能力[64]。

2.4.3.3 光催化氧化对农药污染物的去除

在 UVA（365 nm）照射下，以 TiO_2 光催化降解水溶液中的农药毒死蜱、氯氰菊酯和百菌清，COD 和 TOC 的去除率分别为 53.62%和 21.54%[65]。有学者以中试规模验证了太阳光照射下采用 TiO_2 光催化技术降解 6 种水溶性农药的可行性，发现赛杀腈（cymoxanil）、灭多虫（methomyl）、草氨酰（oxamyl）、乐果（dimethoate）、嘧霉胺（pyrimethanil）和二氯丙烯（telone）[66]等农药都几乎被完全矿化。

2.5 光催化还原与光催化还原材料

光催化反应中，半导体光催化材料既可以发生氧化反应，也可以发生还原反应。光催化还原反应能够有效去除水中多种含氧阴离子污染物。然而，现有光催化还原材料的反应效率较低，制约了其实际应用。为了提升光催化还原反应的效率，通常需要在反应体系中加入空穴牺牲剂来消耗光生空穴，从而避免光生空穴对还原反应的影响。

2.5.1 光催化还原过程与材料的构效关系

如前所述，当用能量大于或等于半导体催化剂的带隙能 E_g（即 $h\nu \geqslant E_g$）的光子照射半导体催化剂时，光子被吸收并产生大量的电子-空穴对，这些电子-空穴对在 CB 和 VB 之间分离为自由电子和空穴。当无机离子污染物吸附于半导体表面时，会得到电子，发生相应的还原反应。

2.5.1.1 光还原反应机理

（1）以光催化产 H_2 为例

作为未来能源，氢气具有广阔的市场前景。在光的辐照下，半导体光催化材料吸收光子，被激发产生光生电子-空穴对。电子由 VB 跃迁至 CB。这个体系产生的光生电子与空穴和水之间发生的氧化还原反应与电解水相似。一方面，光激发半导体后产生的光生电子和空穴能迁移到半导体表面，然后发生对应的析氢、析氧反应；另一方面，处于激发态的电子和空穴又能重新复合，然后再以光能、热能或者其他形式散发。析氢反应是该体系的主反应。

$$催化剂 + h\nu \longrightarrow e^- + h^+ \tag{2-18}$$

$$H_2O + h^+ \longrightarrow \cdot OH + H^+ \longrightarrow 1/2O_2 + 2H^+ \tag{2-19}$$

$$H^+ + e^- \longrightarrow H\cdot \longrightarrow 1/2H_2 \tag{2-20}$$

也有学者指出，可通过双电子转移机制一步反应直接生成 H_2。

$$2H^+ + 2e^- + M \longrightarrow H_2 \tag{2-21}$$

常用贵金属 Pt、氧化物 NiO 和 RuO_2 充当助催化剂，负载在半导体的表面上，既有助于光生 e^-/h^+的分离，又可以为氧化还原反应提供部分活性位点，助催化剂的存在对半导体材料的光催化反应性能起到明显的促进作用。以 TiO_2 光催化产氢为例（如图 2-10 所示），TiO_2 受到光激发后产生的 e^-/h^+迁移到半导体表面、发生氧化还原反应，同时电子被掺杂的 Pt 捕获，防止 e^-/h^+在分离的瞬间复合。然后溶液中的 H^+被还原，从而产生氢气。在氧化方面，空穴表面 Ti-OH 与吸附的水分子反应生成吸附的·OH，然后直接攻击甲醇分子，使之脱氢（如图 2-10 所示）。

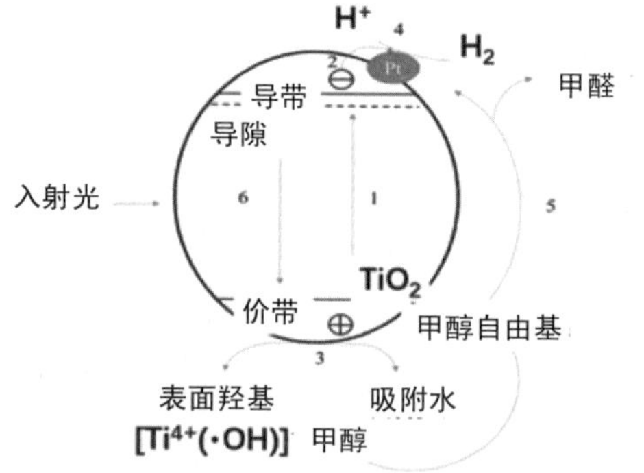

图 2-10 甲醇水溶液光催化析氢反应示意图

步骤 1：光生载流子产生 e^-/h^+。步骤 2：Pt 对 e^-的捕获。步骤 3：CH_3OH 氧化生成·OH。步骤 4：H^+在 Pt 表面获得电子，被还原为 H_2。步骤 5：e^-进入 TiO_2 的 CB 或 Pt，进一步将吸附的 $\cdot CH_2OH$ 还原为 HCHO。步骤 6：e^-/h^+复合，释放能量。

总反应式如下：

$$CH_3OH + h\nu\ (Pt@TiO_2) \longrightarrow CH_2O + H_2 \tag{2-22}$$

$$CH_2O + H_2O \longrightarrow CH_2(OH)_2 \tag{2-23}$$

以同样的方式进一步氧化，生成 HCOOH，最后生成 CO_2：

$$CH_2(OH)_2 + h\nu\ (Pt@TiO_2) \longrightarrow HCOOH + H_2 \tag{2-24}$$

$$HCOOH + h\nu\ (Pt@TiO_2) \longrightarrow CO_2 + H_2 \tag{2-25}$$

（2）以 CO_2 还原为例

绿色植物固定 CO_2 是自然界有机化合物合成的起点，是人类生存的基础，也是 CO_2 人工还原光合作用的参考模型。但 CO_2 对波长在 200～900 nm 的可见光和紫外光没有吸收能力，因此需要合适的光催化剂。1978 年，M. Halmann 开展了 CO_2 光还原的研究，并采用 p 型半导体作为光催化剂来还原 CO_2。大量研究表明，金属氧化物（TiO_2、ZnO、ZrO_2、WO_3、CdO）和金属硫化物（CdS、ZnS）等半导体材料均具有光催化 CO_2 还原活性。CO_2 还原包括两个基本过程：CO_2 吸附于光催化材料上的反应位点和 CO_2 与光生电子反应。光生电子具有很强的还原能力，根据还原电位的不同和电子转移的数量，CO_2 能被还原成 HCHO、HCOOH、CH_3OH 和 CH_4 等碳氢化合物（如图 2-11 和表 2-1 所示）。

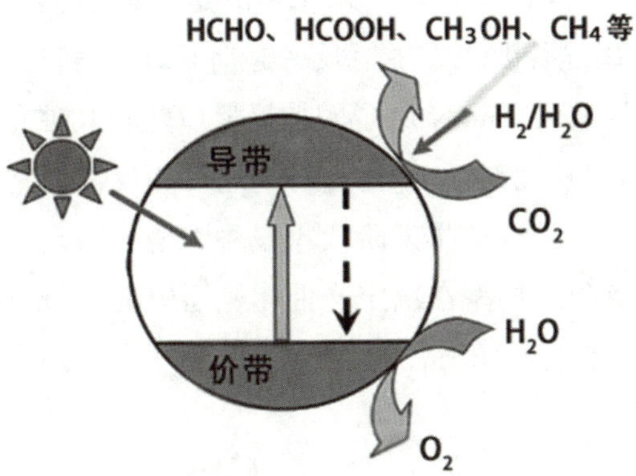

图 2-11　光催化还原 CO_2 为碳氢燃料示意图

表 2-1　在 pH=7.0 下 CO_2 光还原反应的 1 个、2 个、6 个和 8 个电子的标准还原电位

CO_2 还原主反应及副反应	E^0_{redox}/V vs. NHE
$2H^+ + 2e^- \longrightarrow H_2$	−0.41
$H_2O \longrightarrow 1/2O_2 + 2H^+ + 2e^-$	0.82
$CO_2 + e^- \longrightarrow CO_2^-$	−1.90
$CO_2 + H^+ + 1/2O_2 + 2e^- \longrightarrow HCO_3^-$	−0.49
$CO_2 + 2H^+ + 2e^- \longrightarrow CO + H_2O$	−0.53
$CO_2 + 4H^+ + 4e^- \longrightarrow HCHO + H_2O$	−0.48
$CO_2 + 6H^+ + 6e^- \longrightarrow CH_3OH + H_2O$	−0.38
$CO_2 + 8H^+ + 8e^- \longrightarrow CH_4 + 2H_2O$	−0.24

综上所述，只要合成的光催化剂的能带能响应光辐射波长，光催化剂就可以用来模拟植物的光合作用，将 CO_2 还原成碳氢化合物。

（3）以 N_2 还原（人工氮固定）为例

N 原子最外层有 5 个价电子，分别在其 2s 和 2p 轨道上，其中 3 个是不成对的。当两个 N 原子成键后，杂化轨道分为 4 个成键轨道（2 个 σ 轨道和 2 个 π 轨道）和 4 个反键轨道（2 个 σ*轨道和 2 个 π*轨道），最高占据分子轨道与最低未占据分子轨道之间具有很大的间隙（10.82 eV），并且有阻止电子转移的高电离能（15.58 eV），导致 N≡N 的键能高达 940.95 kJ/mol，在热力学上极其稳定[67]。要实现固氮反应，首先要打断 N≡N，因此，氮气的固定和转化一直是化工领域的难题。

一般来说，光催化 N_2 还原（即光固氮）过程主要涉及以下几个步骤：首先是 N_2 分子在光催化剂表面进行物理吸附；其次是光激发过程，在 CB 富集光生电子，使 N_2 被还原；最后是产物的解吸。此过程中第一步的加氢还原是固氮速率的决速步骤，需要相当多的能量来激活 N≡N。目前，固氮机理尚未完全清楚，其主要途径分为解离和结合两种。如图 2-12（a）所示，解离途径要求在加氢反应之前断开 N≡N，从而在基底表面形成两个孤立的 N 原子[67]。这两个孤立的 N 原子的加氢反应是相互独立的。这种解离途径需要大量的能量来打破 N≡N，从而激活 N_2。与解离途径相反，更常见的机理是结合途径。如图 2-12（b）所示，在结合途径的早期阶段不发生 N≡N 断裂，后续可衍生出 3 种不同的中间产物。因此，初始氮吸附构型在决定光催化氮还原反应（nitrogen reduction reaction，NRR）的途径中起着至关重要的作用。

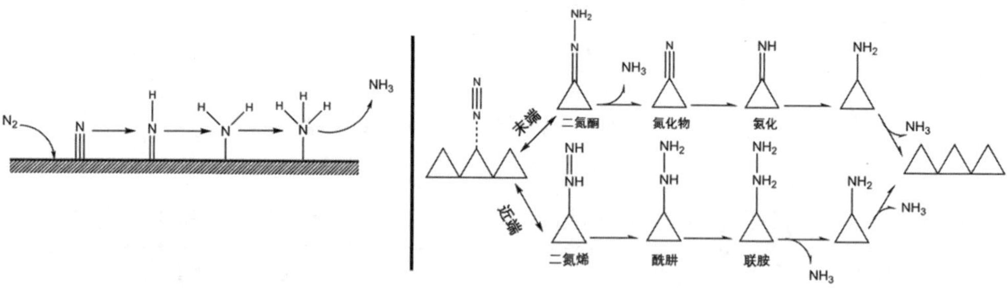

（a）解离途径　　　　（b）结合途径

图 2-12　催化剂表面上 N_2 还原合成氨的可能途径示意图

（4）以 NO_3^- 还原为例

在光催化过程中，NO_3^- 可以被光生电子或者光催化过程中产生的其他还原性物种还原为 NO_2^-、NH_3 和 N_2。整个表面催化还原反应可以分别用式（2-26）、式（2-27）和式（2-28）描述。以上多电荷转移反应明显并非基元反应，其实际过程和机理均十分复杂。

$$NO_3^- + 2H^+ + 2e_{CB}^- \longrightarrow NO_2^- + H_2O \tag{2-26}$$

$$NO_3^- + 10H^+ + 8e_{CB}^- \longrightarrow NH_4^+ + 3H_2O \tag{2-27}$$

$$2NO_3^- + 12H^+ + 10e_{CB}^- \longrightarrow N_2 + 6H_2O \tag{2-28}$$

2.5.1.2　材料特性对光催化还原性能的影响

除上述的材料光吸收能力、材料能带结构、材料表面特性、材料形貌结构等影响因素外，各材料不同的能带结构决定了其在光催化反应中的氧化还原性。如图 2-13 所示，材料 CB 位置的调控对其在光催化还原反应中的效能具有重要的意义[68]。

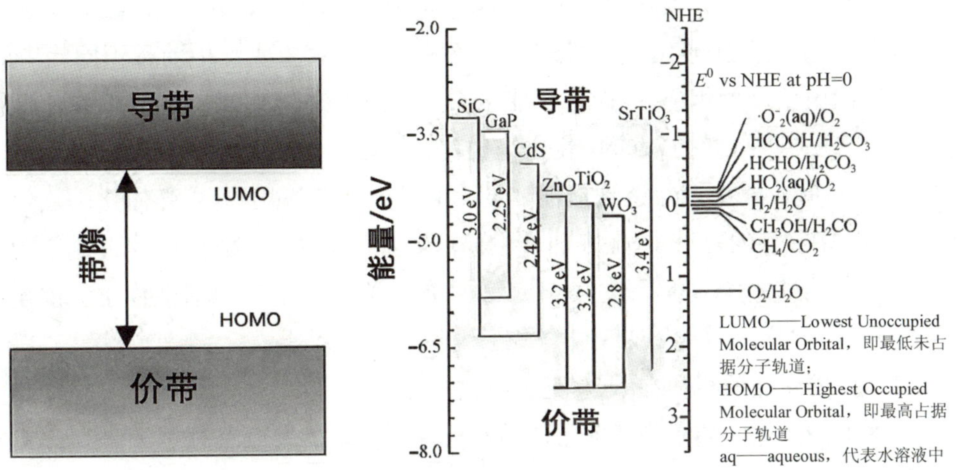

图 2-13　半导体光催化剂的带隙位置和水中不同物质的氧化还原电势（pH=7）

2.5.2　光催化还原材料在环境污染控制及能源领域的应用

2.5.2.1　光催化还原材料在光解水产 H_2 中的应用

在所有燃料中，单位质量的能量密度以 H_2 为最高（122 kJ/g），并且燃烧效率也最高（比汽油高 50%）。因此，氢能极有可能替代化石燃料以满足未来能源的需求。H_2O 是一种很稳定的化合物，将 H_2O 分解产生 H_2 不是一个自发进行的反应，把 H_2O 分解为 H_2 和 O_2，需要外界提供能量来保证反应的发生。只有当光生电子的能量高于 H_2O 的分解电位（1.23 eV）时，才能将 H_2O 分解并还原为 H_2。所以从理论上讲，所使用的半导体材料的禁带宽度至少大于 1.23 eV，而考虑过电势的影响，半导体的禁带宽度应大于 1.8 eV，因此辐射光的波长应在 680 nm 以下。同时，光激发半导体后产生的光生电子和空穴必须具备足够的氧化还原能力，即半导体的 VB 电位需要比 O_2/H_2O 更高，CB 电位比 H_2/H_2O 更低。

金属 Pt 的添加不仅提高了光催化产氢效率，还能在 CNQDs 和 CNs 表面形成局域等离子体共振效应，提高催化剂的光吸收能力[64]。无贵金属纳米结构的 Ni/CdS 光催化剂在可见光照射（λ＞420 nm）下，产氢速率高达 1 444.5 μmol/（g·h），是 CdS 球的 5.38 倍[69]。这为合理设计高效的复合光催化剂、实现将太阳能转化为化学燃料开辟了新的途径。但应注意，在进行此类研究中，为了证明贵金属的活性贡献，应该通过严格的量子产率和原子经济性来对这些半导体的性能进行对比。

2.5.2.2 光催化还原材料在 CO_2 还原中的应用

利用太阳能将 CO_2 光催化还原为有价值的化学品或可再生燃料正引起越来越多的关注。近年来，各种光催化材料（如 TiO_2、ZrO_2、TiO_2-ZrO_2、CuO-ZnO）和碳基光催化系统在 CO_2 光催化转化为燃料方面表现突出。研究表明，由两种不同相组成的 TiO_2 光催化剂比由单一相组成的 TiO_2 光催化剂对还原 CO_2 具有更高的光催化活性[70]。采用超声复合方法制备 CNQDs/CNs 复合光催化体系，当金属 Pt 添加量为 0.3%、CNQDs 负载量为 0.2%时，催化活性达到最佳。金属 Pt 的添加有利于提高光催化产氢效率，且 Pt 纳米颗粒可在 CNQDs 和 CNs 表面产生局域等离子体共振效应，强化催化剂的光吸收的选择性[71]。此外，有研究发现，Ag 负载 $CaTiO_3$ 光催化剂还原活性优于原催化剂的光催化 CO_2 还原活性[72]。

2.5.2.3 光催化还原材料在 NO_3^- 还原中的应用

污水中硝态氮的超标是目前市政污水处理厂面临的主要难题之一。由于 NO_3^- 的化学性质相对稳定，污水处理厂常因水质复杂或脱氮工艺不完善，导致硝态氮处理不完全，无法达到总氮处理标准。

有学者研究碳改性 TiO_2 纳米颗粒在不同反应条件下对海水中的 NO_3^- 的光催化还原，发现催化剂用量为 0.5 g/L、pH=3 时，NO_3^- 的光催化去除率最高[73]。有研究采用溶胶-凝胶法制备负载 1% Pd-1% Cu（质量分数）的 TiO_2 和 CNTs-TiO_2 杂化材料，发现负载 1% Pd-1% Cu 的 TiO_2 和 CNTs-TiO_2 在 H_2 和 CO_2 存在下，在黑暗和近紫外可见光照射下表现出较高的催化活性[74]。由 Pt/TiO_2 光催化剂和 SnPd/Al_2O_3 组成的串联反应体系也在 NO_3^- 还原中表现出显著的优势 [75]。光催化还原水体中的 NO_3^- 还是一种很有前途的地下水净化方法。

2.5.2.4 光催化还原材料在卤代有机物还原中的应用

卤代有机物是水中广泛存在的有毒有机污染物，主要来源于化工中间体、杀虫剂及石化产品的生产和使用，有较强的毒性、持久性和生物难降解性。氯酚（CPs）和溴酚（bromophenols，BPs）广泛应用于化工和木材工业，经常被用作化学中间体、木材防腐剂、除草剂、杀虫剂和杀菌剂。

紫外光催化还原是降解卤代有机物的一种有效方法。例如，在还原卤代烃的过程中，掺杂 0.5%Fe 的 TiO_2 光催化活性明显优于未掺杂的商用 TiO_2[76]。掺杂 Mg^{2+} 和 Ba^{2+} 的纳米 TiO_2 光催化降解 4-CP 的活性高于纯纳米 TiO_2[77]。BPs 比 CPs 更容易被超声辅助水热法

制备的 TiO_2/Co 纳米光催化剂降解[78]。除 TiO_2 基材料外，Bi_2O_3 基材料也具有良好的光催化脱卤性能。Ti-β-Bi_2O_3、Si-β-Bi_2O_3、Zr-γ-Bi_2O_3、Sr-β-Bi_2O_3、V-α-Bi_2O_3 等具有高可见光催化活性。研究发现，上述催化剂均可实现 CPs 的高效还原脱氯 [79]。与光催化氧化过程相比，光催化还原对多卤代有机污染物的脱卤过程更加清洁、有毒副产物更少，并能高效利用太阳光中的可见光。

2.5.2.5 光催化还原材料在重金属还原中的应用

半导体光催化还原技术是一种较新的去除或回收废水中金属离子的方法。光催化还原可以将离子态重金属转化为金属单质而沉积在半导体表面，或者将其还原为较低价态的金属离子，从而降低其毒性。Prairie 等[80]通过使用 TiO_2 悬浊液作为光催化剂，对 Ag^+、Au^{3+}、Cr^{6+}、Hg^{2+}、Pb^{2+}、Mn^{2+}和 Pt^{4+}的光催化还原可行性进行了研究，发现 Ag^+、Au^{3+}、Hg^{2+}和 Pt^{4+}也可以还原为相应的金属，并通过沉积在光催化剂表面而被有效地去除，Cr^{6+}还原为 Cr^{3+}，然后在碱性介质中以 $Cr(OH)_3$ 形式析出。后来，Foster[81]等发现只有在合适的有机物（如甲酸钠）存在的情况下，Cu^{2+}才能被还原为 Cu^+。PFT/TiO_2 可实现 Cr^{6+}的光催化还原，由此提出了解决含 Cr^{6+}废水问题的有效方案[82]。酸性 pH 有利于 Cr^{6+}的光催化还原，但不利于 Ni^{2+}、Cu^{2+}和 Zn^{2+}的去除，Ni^{2+}和 Zn^{2+}在碱性 pH 范围内有明显的吸附和去除作用[83]。此外，工业上还可以利用光催化技术使贵金属离子沉积，实现贵金属的回收。

最近，一些复合光催化材料被用于重金属还原研究。有报道采用两步水热法成功制备的新型 RP-MoS_2/rGO 纳米复合材料作为光催化剂，可以实现 Cr^{6+}的光还原[84]。还有学者制备了 Z 型 CdS/$CuInS_2$ 纳米板光催化剂，发现在没有空穴清除剂的情况下，其对 Cr^{6+}的还原效率几乎为 100%[85]。此外，$CuCo_2S_4$ 改性 Z 型 $MoSe_2$/$BiVO_4$ 杂化复合材料对多种重金属离子也表现出优异的还原性能[86]。因此，光催化还原重金属技术具有较大的工程潜力。然而，从实际应用角度来看，该技术仍面临诸多挑战，例如重金属离子在光催化剂表面的吸附率较低以及光催化剂的吸光范围较窄等问题。此外，相关反应体系的反应动力学模拟不完善、反应器的设计不科学，仍需进一步深入研究。

参考文献

[1] Fenton H J H. Oxidation of tartaric acid in presence of iron[J]. Journal of the Chemical Society, Transactions，1894，65：899-910.

[2] Bauer R，Waldner G，Fallmeyer H，et al. The photo-Fenton reaction and the TiO_2/UV process for wastewater treatment— novel developments[J]. Catalysis Today，1999，53：131-144.

[3] Aplin R，Feitz A J，Waite T D. Effect of Fe（III）-ligand properties on effectiveness of modified

photo-Fenton processes[J]. Water Science and Technology，2001，44（5）：23-30.

[4] Ma J H，Song W，Chen C C，et al. Fenton degradation of organic compounds promoted by dyes under visible irradiation[J]. Environmental Science & Technology，2005，39（15）：5810-5815.

[5] Klamert N，Malato S，Agüera A，et al. Photo-Fenton and modified photo-Fenton at neutral pH for the treatment of emerging contaminants in wastewater treatment plant effluents：A comparison[J]. Water Research，2013，47（2）：833-840.

[6] Ruales-Lonfat C，Barona J F，Sienkiewicz A，et al. Iron oxides semiconductors are efficient for solar water disinfection：A comparison with photo-Fenton processes at neutral pH[J]. Applied Catalysis B：Environmental，2015，166-167：497-508.

[7] Parida K M，Pradhan A C. Fe/meso-Al_2O_3：An efficient photo-Fenton catalyst for the adsorptive degradation of phenol[J]. Industrial & Engineering Chemistry Research，2010，49（18）：8310-8318.

[8] Hassan H，Hammed B H. Fe-clay as an effective heterogeneous Fenton catalyst for the decolorization of Reactive Blue 4[J]. Chemical Engineering Journal，2011，171（3）：912-918.

[9] Muthukumari B，Selvam K，Muthuvel I，et al. Photoassisted hetero-Fenton mineralization of azo dyes by Fe（II）-Al_2O_3 catalyst[J]. Chemical Engineering Journal，2009，153（1）：9-15.

[10] Fernandez J，Nadtochenko V，Enea O，et al. Testing and performance of immobilized Fenton photoreactions via membranes，mats and modified copolymers[J]. International Journal of Photoenergy，2003，5（2）：107-113.

[11] Feng J Y，Hu X J，Yue P L. Degradation of salicylic acid by photo-assisted Fenton reaction using Fe ions on strongly acidic ion exchange resin as catalyst[J]. Chemical Engineering Journal，2004，100（1-3）：159-165.

[12] Khataee A，Rad T S，Vahid B，et al. Preparation of zeolite nanorods by corona discharge plasma for degradation of phenazopyridine by heterogeneous sono-Fenton-like process[J]. Ultrasonics Sonochemistry，2016，33：37-46.

[13] Xu X R，Li H B，Wang W H，et al. Degradation of dyes in aqueous solutions by the Fenton process[J]. Chemosphere，2004，57（7）：595-600.

[14] Guo L，Zhang K L，Han X，et al. Highly efficient visible-light-driven photo-Fenton catalytic performance over FeOOH/Bi_2WO_6 composite for organic pollutant degradation[J]. Journal of Alloys and Compounds，2020，816：152560.

[15] Guo S，Zhang G K，Guo Y D，et al. Graphene oxide-Fe_2O_3 hybrid material as a highly efficient heterogeneous catalyst for degradation of organic contaminants[J]. Carbon，2013，60：437-444.

[16] He J，Ma W H，Song W J，et al. Photoreaction of aromatic compounds at α-FeOOH/H_2O interface in the presence of H_2O_2：Evidence for organic-goethite surface complex formation[J]. Water Research，2005，

39（1）：119-128.

[17] Wang Y J，Song H M，Chen J，et al. A novel solar photo-Fenton system with self-synthesizing H_2O_2: Enhanced photo-induced catalytic performances and mechanism insights[J]. Applied Surface Science，2020，512：145650.

[18] Wang A Q，Chen Z，Zheng Z K，et al. Remarkably enhanced sulfate radical-based photo-Fenton-like degradation of levofloxacin using the reduced mesoporous MnO@MnO_x microspheres[J]. Chemical Engineering Journal，2020，379：122340.

[19] Rostami F，Ramavandi B，Arfaeinia H，et al. Sulfamethoxazole antibiotic removal from aqueous solution and hospital wastewater using the photo-Fenton process[J]. Desalination and Water Treatment，2020，184：388-394.

[20] Cong H P，Ren X C，Wang P，et al. Macroscopic multifunctional graphene-based hydrogels and aerogels by a metal ion induced self-assembly process[J]. ACS Nano，2012，6（3）：2693-2703.

[21] Costa G S，Althoff C A，Schneider J T，et al. Advanced oxidation processes to the remediation of liquid residue from the thermal treatment of oily sludge[J]. Journal of the Brazilian Chemical Society，2019，30（7）：1515-1523.

[22] Fan P X，Wu H，Zhong M L，et al. Large-scale cauliflower-shaped hierarchical copper nanostructures for efficient photothermal conversion[J]. Nanoscale，2016，8（30）：14617-14624.

[23] Sun W，Wei Y T，Feng Y H，et al. Anti-icing and deicing characteristics of photothermal superhydrophobic surfaces based on metal nanoparticles and carbon nanotube materials[J]. Energy，2024，286：129656.

[24] Xue G B，Liu K，Chen Q，et al. Robust and low-cost flame-treated wood for high-performance solar steam generation[J]. ACS Applied Materials & Interfaces，2017，9（17）：15052-15057.

[25] Liu P F，Ma L，Deng Z Y，et al. A mimetic transpiration system for record-high conversion efficiency in solar steam generator under one-sun[J]. Materials Today Energy，2018，8：166-173.

[26] Zhu L L，Gao M M，Nuopeh C K，et al. Self-contained monolithic carbon sponges for solar-driven interfacial water evaporation distillation and electricity generation[J]. Advanced Energy Materials，2018，8（16）：1702149.

[27] Hordy N，Rabilloud D，Meunier J-L，et al. High temperature and long-term stability of carbon nanotube nanofluids for direct absorption solar thermal collectors[J]. Solar Energy，2014，105：82-90.

[28] Fu Y，Wang G，Mei T，et al. Accessible graphene aerogel for efficient harvesting of solar energy[J]. ACS Sustainable Chemistry & Engineering，2017，5（6）：4665-4671.

[29] Ito Y，Tanabe Y，Han J H，et al. Multifunctional porous graphene for high-efficiency steam generation by heat localization[J]. Advanced Materials，2015，27（29）：4302-4307.

[30] Feng F G，Li H，Wu D，et al. Highly efficient photothermal effect by atomic-thickness confinement in two-dimensional ZrNCl nanosheets[J]. ACS Nano，2015，9（2）：1683-1691.

[31] Zhu G L，Xu J J，Zhao W L，et al. Constructing black titania with unique nanocage structure for solar desalination[J]. ACS Applied Materials & Interfaces，2016，8（46）：31716-31721.

[32] Xue C R，Hu S L，Chang Q，et al. Air-water interface solar heating using titanium gauze coated with reduced TiO_2 nanotubes[J]. Journal of Materials Science，2018，53（13）：9742-9754.

[33] Wang J，Li Y Y，Deng L，et al. High-performance photothermal conversion of narrow-bandgap Ti_2O_3 nanoparticles[J]. Advanced Materials，2017，29（3）：1603730.

[34] Fang Z X，Jiang S H，Kang Y T，et al. Photothermal conversion of $W_{18}O_{49}$ with a tunable oxidation state[J]. Chemistry Open，2017，6（2）：261-265.

[35] Zhou H W，Shang Y T，Dong Q S，et al.，Surface oxygen vacancy-dependent electrocatalytic activity of $W_{18}O_{49}$ nanowires[J]. The Journal of Physical Chemistry，2014，118（35）：20100-20106.

[36] 张誉心. 钨基半导体纳米材料的制备、表征及其在癌症诊断与治疗方面的应用研究[D]. 上海：东华大学，2015.

[37] Shi Y S，Li R Y，Jin Y，et al. A 3D photothermal structure toward improved energy efficiency in solar steam generation[J]. Joule，2018，2：1171-1186.

[38] 张红卫，孔斌，方时超，等. 有机光热转换纳米材料的研究进展[J]. 上海师范大学学报（自然科学版），2013，42（5）：537-545.

[39] 王志雄. 模板法制备聚苯胺及其光热性质研究[J]. 激光生物学报，2017，26（6）：523-526.

[40] 宋国胜. 纳米半导体光热转换材料的合成及在光热治疗和化疗上的应用探索[D]. 上海：东华大学，2014.

[41] 王诗卉. 基于聚吡咯光热转换性能构建药物控制释放系统[D]. 厦门：厦门大学，2016.

[42] Cao Y Y，Jiang J H，Zhao N J，et al. Highly efficient NIR-II photothermal conversion based on an organic conjugated polymer[J]. Chemistry of Materials，2017，29（2）：718-725.

[43] Wang G，Yang F，Guo A K，et al. Reduced graphene oxide-polyurethane nanocomposite foam as a reusable photoreceiver for efficient solar steam generation[J]. Chemistry of Materials，2017，29（13）：5629-5635.

[44] Jin Y，Chang J，Shi Y，et al. A highly flexible and washable nonwoven photothermal cloth for efficient and practical solar steam generation[J]. Journal of Materials Chemistry A，2018，6（17）：7942-7949.

[45] Wang Y M，Tian B T，Zhang S F. Single-walled carbon nanotube/phase change material composites：sunlight-driven，reversible，form-stable phase transitions for solar thermal energy storage[J]. Advanced Functional Materials，2014，23（35）：4354-4360.

[46] Wang Y C，Wang C Z，Song X J，et al. A facile nanocomposite strategy to fabricate a rGO-MWCNT

photothermal layer for efficient water evaporation[J]. Journal of Materials Chemistry A, 2018, 6(3): 963-971.

[47] Li Y J, Gao T T, Yang Z, et al. 3D-printed, all-in-one evaporator for high-efficiency solar steam generation under 1 sun illumination[J]. Advanced Materials, 2017, 29（26）: 1700981.

[48] Shang M Y, Li N, Zhang S D, et al. Full-spectrum solar-to-heat conversion membrane with interfacial plasmonic heating ability for high-efficiency desalination of seawater[J]. ACS Applied Energy Materials, 2018, 1（1）: 56-61.

[49] 华振涛. 磷酸铜微纳米材料的制备及其光热转换性能的研究[D]. 青岛：青岛科技大学，2017.

[50] Okuhara Y, Yokoe D, Kato T, et al. Solar-selective absorbers based on semiconducting β-$FeSi_2$ for efficient photothermal conversion at high temperature[J]. Solar Energy Materials and Solar Cells, 2017, 161: 240-246.

[51] Gao M, Ho G W. Plasmonic photothermic directed broadband sunlight harnessing for seawater catalysis and desalination[J]. Energy & Environmental Science, 2016, 9（9）: 3151-3160.

[52] Li R Y, Zhang L B, Shi L, et al. MXene Ti_3C_2: An effective 2D light-to-heat conversion material[J]. ACS Nano, 2017, 11（4）: 3752-3759.

[53] Huang L P, Jiang H F, Hu X J. Water desalination under one sun using graphene-based material modified PTFE membrane[J]. Desalination, 2018, 442: 1-7.

[54] Wang X Z, He Y R, Cheng G, et al. Direct vapor generation through localized solar heating via carbon-nanotube nanofluid[J]. Energy Conversion and Management, 2016, 130: 176-183.

[55] Guo A K, Wang G, Wang X B. Diameter effect of gold nanoparticles on photothermal conversion for solar steam generation[J]. RSC Advances, 2017, 7（8）: 4815-4824.

[56] Yao J D, Zhang Z Q, Yang G W. Layered tin monoselenide as advanced photothermal conversion materials for efficient solar energy-driven water evaporation[J]. Nanoscale, 2018, 10（6）: 2876-2886.

[57] Yang Y B, Yang X D, Fu L N, et al. Two-dimensional flexible bilayer Janus membrane for advanced photothermal water desalination[J]. ACS Energy Letters, 2018, 3（5）: 1165-1171.

[58] Zhao F Y, Zhou X Y, Ye S, et al. Highly efficient solar vapour generation via hierarchically nanostructured gels[J]. Nature Nanotechnology, 2018, 13: 489-495.

[59] Chen H C, Chen Y R, Yang K H, et al. Effective reduction of water molecules' interaction for efficient water evaporation in desalination[J]. Desalination, 2018, 436: 91-97.

[60] Wang W, Fang J J, Shao S F, et al. Compact and uniform TiO_2@g-C_3N_4 core-shell quantum heterojunction for photocatalytic degradation of tetracycline antibiotics[J]. Applied Catalysis B: Environmental, 2017, 217: 57-64.

[61] Martinez-Costa J I, Rivera-Utrill J, Leyva-Ramos R, et al. Individual and simultaneous degradation of antibiotics sulfamethoxazole and trimethoprim by UV and solar radiation in aqueous solution using

bentonite and vermiculite as photocatalysts[J]. Applied Clay Science，2018，160：217-225.

[62] Xu T，Wang Y，Zhou X F，et al. Fabrication and assembly of two-dimensional $TiO_2/WO_3 \cdot H_2O$ heterostructures with type II band alignment for enhanced photocatalytic performance[J]. Applied Surface Science，2017，403：564-571.

[63] Wei W，Yu C，Zhao Q F，et al. Ordered mesoporous carbon-based titania as a reusable adsorbent-catalyst for removing phenol from water[J]. Chinese Journal of Catalysis，2013，34（6）：1066-1075.

[64] Xie L L，Dai Y R，Zhou Y J，et al. Sulfur（VI） modified graphite carbon nitride nanosheets with chrysanthemum-like structure and enhanced photocatalytic activity[J]. Chemical Physics Letters，2018，693：1-7.

[65] Affam A C，Chaudhuri M. Degradation of pesticides chlorpyrifos，cypermethrin and chlorothalonil in aqueous solution by TiO_2 photocatalysis[J]. Journal of Environmental Management，2013，130：160-165.

[66] Oller I，Gernjak W，Maldonado M I，et al. Solar photocatalytic degradation of some hazardous water-soluble pesticides at pilot-plant scale[J]. Journal of Hazardous Materials，2006，138（3）：507-517.

[67] Ma X L，Liu J C，Xiao H，et al. Surface single-cluster catalyst for N_2-to-NH_3 thermal conversion[J]. Journal of the American Chemical Society，2018，140（1）：46-49.

[68] 王丹军，张洁，郭莉，等. 基于能带结构理论的半导体光催化材料改性策略[J]. 无机材料学报，2015，30（7）：683-693.

[69] Wei R B，Huang Z L，Gu G H，et al. Dual-cocatalysts decorated rimous CdS spheres advancing highly-efficient visible-light photocatalytic hydrogen production[J]. Applied Catalysis B：Environmental，2018，231：101-107.

[70] Reli M，Kobielusz M，Matejova L，et al. TiO_2 Processed by pressurized hot solvents as a novel photocatalyst for photocatalytic reduction of carbon dioxide[J]. Applied Surface Science，2017，391：282-287.

[71] Zhu Y Z，Xu Z X，Lang Q Q，et al. Grain boundary engineered metal nanowire cocatalysts for enhanced photocatalytic reduction of carbon dioxide[J]. Applied Catalysis B：Environmental，2017，206：282-292.

[72] Anzai A，Fukuo N，Yamamoto A，et al. Highly selective photocatalytic reduction of carbon dioxide with water over silver-loaded calcium titanat [J]. Catalysis Communications，2017，100：134-138.

[73] Shaban Y A，El Maradny A A，Al Farawati R K. Photocatalytic reduction of nitrate in seawater using C/TiO_2 nanoparticles[J]. Journal of Photochemistry and Photobiology A：Chemistry，2016，328：114-121.

[74] Silva C G，Pereira M F R，Orfao J J M，et al. Catalytic and photocatalytic nitrate reduction over Pd-Cu loaded over hybrid materials of multi-walled carbon nanotubes and TiO_2[J]. Frontiers in Chemistry，2018，6：632.

[75] Hirayama J，Kamiya Y. Highly selective and efficient photocatalytic reduction of nitrate in water by a tandem reaction system consisting of Pt/TiO_2 and $SnPd/Al_2O_3$：A comparative study of the tandem reaction

system with a typical semiconductor photocatalyst，SnPd/TiO_2[J]. Journal of Catalysis，2017，348：306-313.

[76] Vijayan P，Mahendiran C，Suresh C，et al. Photocatalytic activity of iron doped nanocrystalline titania for the oxidative degradation of 2,4,6-trichlorophenol[J]. Catalysis Today，2009，141（1-2）：220-224.

[77] Venkatachalam N，Palanichamy M，Murugesan V. Sol-gel preparation and characterization of alkaline earth metal doped nano TiO_2：Efficient photocatalytic degradation of 4-chlorophenol[J]. Journal of Molecular Catalysis A：Chemical，2007，273（1-2）：177-185.

[78] Yang J，Cui S H，Qiao J Q，et al. The photocatalytic dehalogenation of chlorophenols and bromophenols by cobalt doped nano TiO_2[J]. Journal of Molecular Catalysis A：Chemical，2014，395：42-51.

[79] Niu J F，Yin L F，Dai Y R，et al. Design of visible light responsive photocatalysts for selective reduction of chlorinated organic compounds in water [J]. Applied Catalysis A：General，2016，521：90-95.

[80]Prairie M R，Evans L R, Stange B M, et al. An investigation of titanium dioxide photocatalysis for the treatment of water contaminated with metals and organic chemicals[J]. Environmental Science & Technology, 1993, 27: 1776–1782.

[81]Foster S N, Lancaster N A, Noble D R, et al. Effect of organics on the photodeposition of copper in titanium dioxide aqueous suspensionsIndustrial & Engineering Chemistry Research. Industrial & Engineering Chemistry Research, 1995, 34: 3865-3871.

[82] Qiu R L，Zhang D D，Diao Z H，et al. Visible light induced photocatalytic reduction of Cr（VI） over polymer-sensitized TiO_2 and its synergism with phenol oxidation[J]. Water Research，2012，46（7）：2299-2306.

[83] Kabra K，Chaudhary R，Sawhney R L. Solar photocatalytic removal of metal ions from industrial wastewater[J]. Environmental Progress，2008，27（4）：487-495.

[84] Bai X，Du Y Y，Hu X Y，et al. Synergy removal of Cr（VI） and organic pollutants over RP-MoS_2/rGO photocatalyst[J]. Applied Catalysis B：Environmental，2018，239：204-213.

[85] Deng F，Lu X Y，Luo Y B，et al. Novel visible-light-driven direct Z-scheme CdS/$CuInS_2$ nanoplates for excellent photocatalytic degradation performance and highly-efficient Cr（VI） reduction[J]. Chemical Engineering Journal，2019，361：1451-1461.

[86] Shahzad K，Tahir M B，Sagir M，et al. Role of $CuCo_2S_4$ in Z-scheme $MoSe_2$/$BiVO_4$ composite for efficient photocatalytic reduction of heavy metals[J]. Ceramics International，2019，45（17）：23225-23232.

思考题

概念题

1. 定义电磁波，并简述其在真空中的传播速度。
2. 解释光能驱动材料的分类及其主要应用领域。
3. 阐述锐钛矿 TiO_2 在光催化材料这一应用领域的局限性。
4. 描述光芬顿材料的基本原理。

判断题

1. 非晶硅薄膜的光电转换效率通常高于单晶硅太阳能电池。(　　)
2. 磷光材料在受到电磁辐射时能发出磷光，其应用场景不包括信息加密。(　　)
3. 光热材料在净化污染物的应用中，VB 电位必须有足够的还原性能。(　　)
4. 在光催化过程中，光催化剂的能带结构对其光吸收能力和光催化活性没有影响。(　　)
5. 在光芬顿反应中，H_2O_2 在光辐射条件下可以分解产生·OH，提高有机污染物降解速率。(　　)

选择题

1. 下列哪种材料不属于光能驱动材料？(　　)

   A. 光电材料　　B. 光热材料

   C. 光催化材料　　D. 热电材料

2. 在光催化材料中，哪种材料不需要掺杂杂质能级来满足吸收太阳光能的需要？(　　)

   A. TiO_2　　B. ZnO　　C. CdS　　D. ZrO_2

3. 下列关于光芬顿材料的描述中，哪一项是不正确的？(　　)

   A. 光芬顿材料结合了光催化和芬顿催化反应

   B. 光芬顿材料在处理难降解污染物方面无显著优势

   C. 光芬顿反应可以引入光辐射，提高有机污染物的降解速率

   D. 光芬顿材料在环境污染控制中有广泛应用

简答题

1．简述光能驱动材料在污染治理中的应用优势。

2．描述一种常见的光芬顿材料，并说明其在哪个应用场景中的具体应用。

3．解释半导体材料作为光热材料的优势，并列举一种典型的金属氧化物半导体材料。

论述题

1．结合实例论述光能驱动材料在水体污染物净化技术中的具体应用及其优势（可以选择 TiO_2 或 ZnO 等光能驱动材料，详细阐述其在水体有机物降解、重金属离子还原等方面的应用实例，并分析其相对于传统污染治理方法的优势）。

2．论述光热材料在脱盐工艺中的应用及其面临的挑战（分析流体脱盐中光热材料的选择原则，讨论碳基光热材料、金属基光热材料、有机聚合物光热材料等在脱盐效率、成本、稳定性等方面的表现，以及当前研究中面临的挑战和未来的发展方向）。

第 3 章　电能驱动环境功能材料

3.1　电化学基础与环境应用

3.1.1　电的产生和利用

电现象是电荷的定向移动或静电积累所产生的物理现象。自第二次工业革命以来，电的应用极大地促进了社会生产力的发展和科技进步。电能可以转化为多种能量形式：通过电灯转化为光能，延长了工作时间，提高了生产效率；通过电阻丝产生热能，发明了各种电热电器；电动机将电能转化为机械能，应用于电车、火车等交通工具以及扬声器等设备，推动了交通和通信的发展；通过电解池将电能转化为化学能，在氯碱工业、电镀、电冶炼等领域广泛应用，并在环境治理中发挥作用。总之，电的应用已经渗透到人类生产生活的各领域，对社会进步产生了深远影响。

3.1.2　电解池和原电池

3.1.2.1　电解池、原电池及其组成

电解池是将电能转化为化学能的装置（如图 3-1 所示），包含外接电源、电解质溶液以及电极对。电解反应是指电流通过电解质溶液或熔融态的电解质后，当离子到达电极时，失去或获得电子，发生氧化还原反应。当外加电势高于分解电位时，可以使环境中不能自发进行的化学反应在电解池内被强制发生。

原电池是通过氧化还原反应产生电流的装置，也可以说是把化学能转变成电能并输出的装置。在原电池中，阳极（负极）发生氧化反应，阴极（正极）发生还原反应。构成原电池的条件包括自发的氧化还原反应，活泼性不同的两种电极材料，以及阴极、阳极、电解质溶液共同构成的闭合电路。以 H_2、O_2 反应为例，在原电池中的阳极、阴极分别通入 H_2、O_2，以适宜材料作为阳极和阴极，在外部以导线同负载相连接，并以合适的电解质作为原电池内部导电介质，此时阳极反应为式（3-1），阴极反应为式（3-2）。

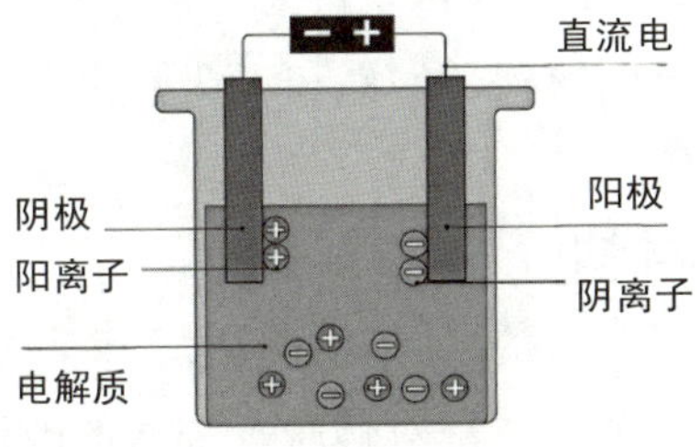

图 3-1　电解水装置示意图

$$H_2 - 2e^- \longrightarrow 2H^+ \tag{3-1}$$

$$1/2O_2 + 2H^+ + 2e^- \longrightarrow H_2O \tag{3-2}$$

3.1.2.2　电解池和原电池的异同

电解池和原电池具有共性：接通外电路后，两者的电极与电解质溶液界面均会发生电子的转移，而在其溶液内部存在阴离子、阳离子的定向迁移运动。这种电极与溶液界面的反应称为电极反应，两个电极反应之和为电解池或原电池的总反应。

两者的不同之处在于：在电解池中，电子由外接电源的负极流向电解池的阴极，在阴极与电解液的界面发生还原反应，电流由外接电源的正极流向电解池的阳极，在阳极与电解液的界面发生氧化反应，阳极电势高于阴极；在原电池中，外电路中的电子从阳极流出，经过负载后流向阴极，电流方向相反，所以对于外电路部分，阳极被称为负极，而阴极被称为正极。

3.1.3　电化学技术在环境领域的应用

电化学技术是一种环境友好型技术，在外加电场作用下可通过氧化反应或还原反应去除对环境有害的物质，同时兼具资源回收功能。因此，电化学技术在难降解的污染物控制技术领域具有相对的优势地位。

长期以来，与传统废水处理技术相比，电化学技术因能耗大、成本高及易发生析氢和析氧副反应而进展缓慢。近年来，随着电极材料和反应器设计的改进，电化学水处理技术的能效得以提升，逐渐开始受到重视。电化学技术可以处理含重金属废水，同步去除重金属离子和回收重金属单质。电化学技术对于处理印染废水、农业废水和医疗废水中的有毒有害有机污染物具有显著优势，通过外加电场产生强氧化性自由基或直接使有机物分子化学键断裂，实现完全矿化。电化学技术也应用于废气治理，如对火电厂和化工厂排放的尾气，利用电解法将有害成分降解或转化为无毒物质，如 SO_2 转化为 H_2SO_4、NO_x 转化为 NH_3。在土壤修复方面，电化学技术通过在污染土壤两端施加直流电，使离子性污染物向相反电极迁移，并通过电渗流携带溶解性污染物，使其富集在电极附近，最终通过氧化还原反应降解去除污染物[1]。目前，电化学技术在环保领域的应用仍处于发展阶段，但凭借其独特的优势已受到学术界和工业界的广泛关注。

3.2 电芬顿与电芬顿材料

类似光芬顿技术，电芬顿技术也是对传统芬顿法的改进和强化。根据芬顿试剂的添加或形成，可将电芬顿（electro-Fenton，EF）技术分为四大类（如图 3-2 所示）：阴极电芬顿技术（EF-H_2O_2）、牺牲阳极电芬顿技术（EF-Feox）、Fe^{2+}循环电化学芬顿技术（EF-Fere）、阴极和 Fe^{2+}循环电化学芬顿技术（EF-H_2O_2-Fere）。

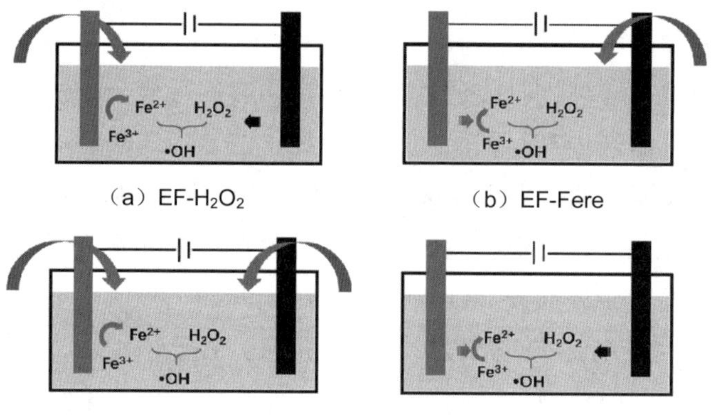

（a）EF-H_2O_2　（b）EF-Fere　（c）EF-Fere　（d）EF-H_2O_2-Fere

图 3-2　不同类型电芬顿过程示意图

在 EF-H_2O_2 过程中，Fe^{2+}在外部加入，而 H_2O_2 是原位通过阴极上的 O_2 的电化学还原而产生的，H_2O_2 与加入的 Fe^{2+}发生芬顿反应，生成·OH 和 Fe^{3+}，Fe^{3+}在阴极上被还原成 Fe^{2+}，Fe^{2+}又与阴极产生的 H_2O_2 发生电芬顿反应。这样形成一个循环，以达到高效处理有机污染物的效果。在 EF-Feox 过程中，H_2O_2 从外部添加，而 Fe^{2+}是牺牲阳极产生的，因此可以避免外加 Fe^{2+}的过程。然而，EF-Feox 法的缺点在于阳极消耗严重、铁泥产量大。在 EF-Fere 过程中，H_2O_2 和 Fe^{2+}都从外部添加，但芬顿反应生成的 Fe^{3+}能在阴极被还原为 Fe^{2+}，该方法又叫作阴极还原法，常常依赖于 $Fe(OH)_3$ 污泥或者 $Fe_2(SO_4)_3$ 产生，可以显著降低初始 Fe^{2+}的投加量。在 EF-H_2O_2-Fere 过程中，H_2O_2 通过 O_2 在阴极上的还原产生，Fe^{2+}通过 Fe^{3+}在阴极上的还原产生。这种工艺结合了 EF-H_2O_2 工艺与 EF-Fere 工艺的优点，无须额外投加 H_2O_2，减少了初始 Fe^{2+}的投加量和铁泥产量。

电芬顿技术具有传统芬顿技术所不具备的优势，主要包括以下几个方面：一是原位产生 H_2O_2，不仅降低成本，还避免了运输、储存、处理 H_2O_2 的风险；二是操作简单，为污染物降解动力学及机理研究提供了可能性；三是过程清洁，Fe^{2+}可循环利用，降低了铁泥产量，减少了二次污染；四是自动产生 H_2O_2 的机制较完善，除·OH 的氧化作用外，还有阳极直接氧化、电吸附等，对大部分有机污染物及其中间产物有较好的去除效果。

3.2.1　电芬顿材料

根据芬顿催化剂的不同相类，电芬顿材料可分为均相催化材料和非均相催化材料。非均相催化材料克服了均相催化反应条件苛刻、催化剂络合失活和稳定性差的缺点。该方法是将铁盐负载在合适的载体上，再通过烘干、焙烧等方法，制备出多相铁催化剂。催化剂载体不仅可以增加反应的接触面积，而且能使催化剂重复使用、降低处理成本。常用作催化剂载体的物质有氧化铝、硅胶、活性炭等。

3.2.1.1　电芬顿阳极材料（非溶解性）

高氧过电势阳极在 EF 过程中会产生·OH，如式（3-3）所示：

$$H_2O \longrightarrow H^+ + \cdot OH + e^- \tag{3-3}$$

电芬顿阳极材料研究较多的有铂（Pt）和硼掺杂金刚石（BDD）电极[2]。Pt 具有良好的导电性（电阻率为 10.6 μΩ·cm），即使在高电势和腐蚀性很强的介质中仍具有较高的化学稳定性。不同形式的 Pt 阳极已被广泛应用于 EF 系统中对污染物的降解研究。但是考虑成本因素，在实际应用中很少使用。BDD 阳极由于其特殊的 sp^3/sp^2 杂化比，是目前最为高效的电芬顿阳极材料。有研究采用热丝化学气相沉积技术，在 p 型 Si（100）单晶晶片上合成了 BDD 电极，用于阿替洛尔的矿化。也有研究制备了 BDD 阳极和空气扩散阴极，对比阳极氧化、电芬顿氧化和 PEF 氧化处理偶氮染料活性黄的氧化效率，发现在电化学作用下，活性黄脱色速率较慢，而发生芬顿反应后，氧化速率则明显提升，且经过约 6 h 电芬顿氧化处理后，溶液中主要有机物为草酸、乙酸、甲酸等小分子酸类物质。除 Pt 和 BDD 电极之外，IrO_2/RuO_2[3]、RuO_2/Ti[4]和 Fe 电极[5]等也有少量应用。

3.2.1.2　电芬顿阴极材料

H_2O_2 的电化学合成主要通过阴极表面氧还原反应（oxygen reduction reaction，ORR）实现，因此阴极材料是制约电芬顿系统活性的主要因素之一。研究表明，合适的电极结构能提高氧气向电极表面的传质速率，抑制四电子反应，促进二电子还原反应而合成 H_2O_2，提高 H_2O_2 产率和选择性。典型的 ORR 阴极材料有以下几种。

（1）非改性碳材料

20 世纪 70 年代，碳材料电极广泛应用于氧还原生产的研究中。碳材料具有价格低廉、无毒无害、高析氢电位、H_2O_2 分解活性较低、稳定性较高、导电性较好等优点，同时，在使用过程中还展现出导电性能佳、化学稳定性好和抗腐蚀能力强等特点，是目前电芬顿研究中阴极材料的主要研究对象。目前应用较多的碳材料有碳毡（carbon felt，CF）、碳纳米管（carbon nanotubes，CNTs）、空气扩散电极（gas diffusion electrodes，GDEs）等。

CF 属于三维电极材料，具有比表面积较大、导电性能优良、抗压能力强、价格低廉且易于改性处理等特点。研究表明，虽然 CF 在催化生产 H_2O_2 方面不如 GDEs，但是在还原产生 Fe^{2+}方面效果显著[6]。有关研究表明，当利用 CF 为阴极时，2 h 后 H_2O_2 浓度达到 121.8 mg/L，但相对电流效率仅有 21.3%。当采用 CF 电极为阴极、Pt 为对电极，氧气曝气流量为 0.1 L/min，通入 100 mA 恒电流 2 h 后，体系内的 H_2O_2 浓度达到稳定值，约为 92 mg/L。

CNTs 具有典型的层状中空结构特征，多壁碳纳米管（multi-walled carbon nanotubes，MWCNTs）的管壁上通常布满小洞，对氧气传质有利。研究人员将炭粉、CNTs 与聚四氟乙烯（polytetrafluoroethylene，PTFE）混合制备了 CNTs 复合电极，当采用的阴极电位为 –1.0 V、O_2 流量为 0.025 L/s 时，反应结束时 H_2O_2 的浓度约为 180 mg/L[7]。有研究将 CNTs 与 PTFE 混合，制备 CNTs 复合电极，与炭粉制备的阴极相比，在相同条件下，前者的 H_2O_2 产量是后者的 2 倍[8]。

O_2 在水溶液中的溶解度较低。在 ORR 反应中，O_2 需先从气相传质至液相，再从液相传质至电极表面。由于三相之间的浓度梯度差小，电极表面接触的氧气严重不足，传统的全浸没式电极因受气体扩散步骤的控制而不能获得理想的极限电流密度[9]。GDEs 也称为空气电极或氧电极，是由气体扩散层、集流体、催化层三部分构成的多孔电极[10]。该类电极具有多孔结构，能够使液相反应物和产物及时迁移，并使氧气或空气迅速到达电极表面。目前，GDEs 的制备主要以碳材料（如石墨、炭黑及 CNTs 等）作为催化电极的主体材料，以 PTFE 作为黏结剂，与主体材料压制而成。GDEs 电极的一面为碳颗粒压成的紧密的活性层，另一面为 O_2 传输的扩散层[11]。目前，GDEs 电极的应用范围得到较大的扩展，同时该电极的研究与应用也成为水处理领域关注的热点。

（2）非金属改性碳材料

为了提高阴极材料表面的 H_2O_2 产率，研究人员提出了一系列改性材料的制备方法，非金属改性碳材料是具有代表性的一类。非金属改性碳材料是指以性能最佳的碳材料为基体，利用非金属进行化学修饰的材料。研究表明，经过合理的非金属掺杂，碳材料性能明显提升，材料亲疏水性被精确地调控在适宜的范围内，既能通过疏水特性促进 O_2 吸附与 H_2O_2 脱附，又保留一定亲水性以保证 H^+的供应；同时活性位点增多，氧还原电位降低，有利于材料表面 H_2O_2 的产生。在芬顿体系中，H_2O_2 的产率取决于掺杂材料类别、含量及制备条件等因素。非金属化学修饰阴极材料通常包括 N 掺杂材料、S 掺杂材料、B 掺杂材料等。

N 掺杂可以改变材料的电化学性能。N 掺杂后，材料晶格不会发生显著变化，但可以降低碳材料 VB，增加费米能级的电子密度；当 N 进入碳材料内部之后，N 原子周围的孤对电子作为载流子导致 C 原子周围的电荷密度增加[12]；此外，N 的存在可为反应提供更多的活性位点。除 N 掺杂外，还有 S 掺杂、B 掺杂、O 掺杂。有研究人员将 N 和 S 分别沉积到中空碳材料表面，制备共掺杂材料。结果表明，N 掺杂材料对甲基橙的降解更有效，TOC 去除率达 67%，同时实现了溶液的完全脱色[13]。多原子共掺杂由于协同效应，可以使碳材料的整体性能得到进一步改善。实验研究以三聚氰胺和尿素为前驱体，加入 N，对含氧磷杂原子的微孔/介孔活性炭进行了改性[14]。结果表明，共掺杂的碳材料在总电容和电容保持率方面有较大提高[15]。

（3）金属催化材料

金属材料导电性好、机械稳定性好、催化活性高，曾作为阴极材料应用于 EF 中，但其 H_2O_2 产率较低，因此一些研究人员开始研究以金属或者其氧化物为催化活性组分的材料（又称为金属催化材料）。过渡金属 Fe、Cu、Co、Ce、Pd 等均是极具潜力的还原催化剂。

金属催化材料的催化活性与金属离子的种类相关。Brillas 等[16]研究金属离子对催化性能的影响时发现，Cu^{2+}/Cu^{+}与 Fe^{3+}/Fe^{2+}存在积极的共催化效用。Cu^{+}有利于系统中·OH 的产生，同时可以将电芬顿系统中的 Fe^{3+}还原为 Fe^{2+}，有利于铁离子的循环利用；此外，在降解过程中产生的中间产物与 Cu^{2+}形成配合物，并且中间产物易于在含有自由基有机物的溶液中被还原，如式（3-4）和式（3-5）所示。研究人员采用同步碳化法制备硫化钴/石墨化碳（Co_9S_8/PGC），其中含有的 Co^{2+}与 Co^{3+}被紧密嵌入 PGC 骨架中，提高气体的传递速率及电子转移速率[17]，如式（3-6）所示。金属催化材料的催化活性还与制备工艺有关。采用过渡金属 Ce 为催化剂时，研究人员用 Ce 金属颗粒直接修饰碳材料，由于 CF 等材料的疏水性较强，造成 CeO_2 的负载量很低[18]，但 H_2O_2 处理可增加 CF 的含氧官能团，从而增加负载量，进而可显著提高电催化氧化性能[19]。

$$H_2O_2 + Cu^{+} \longrightarrow Cu^{2+} + \cdot OH + OH^{-} \tag{3-4}$$

$$Cu^{+} + Fe^{3+} \longrightarrow Cu^{2+} + Fe^{2+} \tag{3-5}$$

$$H_2O_2 + Co^{2+} \longrightarrow Co^{3+} + \cdot OH + OH^{-} \tag{3-6}$$

3.2.2 电芬顿反应技术与电芬顿材料的构效关系

3.2.2.1 电芬顿反应机理

电芬顿技术采用阴极曝气的方法，在酸性条件下通过电解反应生成 Fe^{2+}和 H_2O_2，之后二者发生反应产生·OH，·OH 进攻有机污染物并将其矿化。同时，Fe^{3+}在阴极还原为 Fe^{2+}，使 Fe^{2+}在体系中循环利用，促进反应产生更多的自由基，有利于水中污染物的降解，如式（3-7）～式（3-11）、图 3-3 所示。另外，阳极还具有直接氧化污染物的作用。其中，H_2O_2 的生成是电芬顿反应的核心步骤。

$$O_2 + 2H^+ + 2e^- \longrightarrow H_2O_2 \tag{3-7}$$

$$Fe^{2+} + H_2O_2 + H^+ \longrightarrow Fe^{3+} + H_2O + \cdot OH \tag{3-8}$$

$$Fe^{3+} + e^- \longrightarrow Fe^{2+} \tag{3-9}$$

$$\cdot OH + RH\text{（有机底物）} \longrightarrow R\cdot\text{（有机物自由基）} + H_2O \tag{3-10}$$

$$\cdot OH + R\cdot \longrightarrow CO_2 + H_2O \tag{3-11}$$

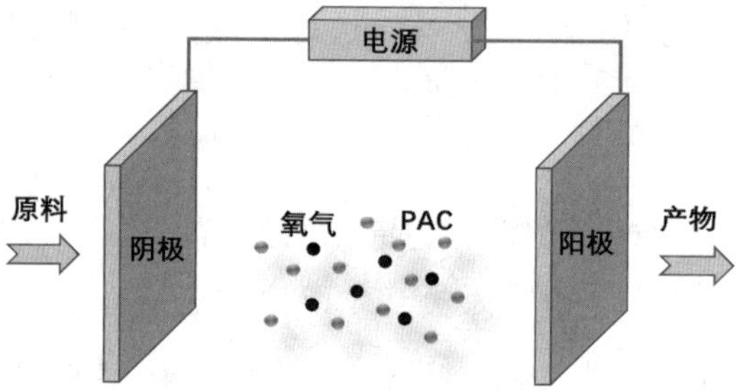

图 3-3　电芬顿技术去除污染物的反应机理

3.2.2.2　电芬顿过程的关键控制因素

（1）pH

溶液 pH 是影响电芬顿效率的关键因素。传统芬顿法一般在酸性介质中进行，大量研究表明，传统芬顿过程的最佳 pH 为 2.8～3.2（取决于污染物类型）。当 pH 较高时，Fe^{3+}形成氢氧化物、开始沉淀。在较低的 pH 条件下，Fe^{3+}与 H_2O_2 形成稳定的配合物，导致催化剂失活，体系的氧化效率显著降低。另外，溶液的酸碱性对 O_2 的还原反应有很大的影响。在碱性溶液中，O_2 倾向于发生四电子还原反应［式（3-12）］；在酸性溶液中，O_2 发生二电子还原反应［式（3-13）］，生成 H_2O_2，因此酸性条件有利于 H_2O_2 的产生，但较低的 pH 也能促进 H_2 的产生，进而减少 H_2O_2 的活性位点数量。所以应控制芬顿反应初始 pH 在 3 左右，一般不大于 3.5。

$$O_2 + 2H_2O + 4e^- \longrightarrow 4OH^- \tag{3-12}$$

$$O_2 + 2H^+ + 2e^- \longrightarrow H_2O_2 \tag{3-13}$$

（2）曝气速率

电芬顿反应可分为传质和反应两个重要阶段，其中空气流量主要影响传质过程。不曝气时，体系也有降解能力，这是基于自身的电化学反应。电解条件下发生反应，如式（3-14）所示：

$$4OH^- \longrightarrow 2H_2O + O_2 + 4e^- \tag{3-14}$$

该反应可以为 H_2O_2 的生成提供 O_2，从而顺利发生电芬顿反应。随着曝气强度的增大，阴极的 O_2 量增多，生成的 H_2O_2 增多。但是若曝气量过大，也会导致 Fe^{2+}被过量的 O_2 氧化成 Fe^{3+}的副反应发生，阻碍·OH 的生成，进而导致有机物降解效率的降低。

（3）Fe^{2+}和 H_2O_2 浓度

电芬顿工艺和传统芬顿工艺均遵循相似的氧化机理，即 Fe^{2+}催化 H_2O_2 分解为具有强氧化性的·OH，·OH 可降解大多数难降解有机污染物。因此，Fe^{2+}浓度是影响有机污染物降解效率的重要参数。通常，有机污染物的降解效率随着 Fe^{2+}浓度的增加而升高。但是过量的 Fe^{2+}不仅会增加运营成本，而且会产生铁泥；H_2O_2 浓度也是影响芬顿体系降解有机污染物效率的重要参数。低浓度 H_2O_2（＜10 mmol/L）可促进·OH 生成，高浓度（＞50 mmol/L）时则发生淬灭反应，反而抑制·OH 生成。为节省 H_2O_2 用量，将 H_2O_2 均匀分批次地投加，可提高单位时间内的·OH 生成速率，进而提高反应的总体效率。

（4）电压及电流密度

电解水中的溶解氧生成 H_2O_2 要求有一定的负偏压，只有当电压高于电化学反应分解的电压时，反应才能顺利进行。因此，电解槽电压的大小直接影响电催化反应进行的效率，但是当外加电压超过一定值时，将有大量的电能消耗在副反应上，所以外加槽电压也不宜过高，一般取 5～25 V 较为合适。

3.2.2.3　电絮凝在电芬顿过程中的作用

在电芬顿过程将有机物分解之后，可通过电絮凝作用将分解后的污染物以絮凝沉淀的方式去除。该技术是指在外加电流的作用下，通过可溶性阳极原位产生的大量阳离子水解生成 $Fe(OH)_3$、$Al(OH)_3$ 絮体，通过凝聚、吸附等作用净化水体中的悬浮颗粒、胶体及溶解性污染物。有研究采用电絮凝去除水中的苯醌及染料，结果表明，电絮凝产生的絮体比化学絮凝剂产生的絮体的比表面积大 30%～85%，而吸附能力比化学絮凝剂高 2 倍，超过 90%的苯醌被去除[20]。另外，有研究显示还可以通过电絮凝处理水中的全氟化合物（perfluorinated compounds，PFCs）[21]，水中 PFCs 阴离子会在电场的作用下富集于阳极附近，这也进一步提高了 PFCs 的净化效果。还有研究发现电絮凝处理垃圾渗滤液时，在去除 COD 的同时，部分 PFCs 也可被一并去除[22]。

3.2.3　电芬顿材料在环境污染控制中的应用

近年来，随着工业废水排放量的日益增加，难降解污染物也逐渐增多。为了更高效地去除此类物质，电芬顿法逐渐得到人们的重视。该技术可弥补传统生化法的不足，在适度消耗能源的条件下去除难降解污染物，为未来实际工业废水处理提供技术与理论支持。

3.2.3.1　电芬顿材料在染料废水处理中的应用

电芬顿工艺是一种高效去除废水中染料的技术。研究人员研究了电芬顿技术对偶氮苯、甲基橙和对甲基红 3 种偶氮染料的降解，结果表明 3 种染料的去除率均超过了 80%，降解机理包括偶氮键裂解、苯环加羟基等过程[23]。

3.2.3.2 电芬顿材料在农药废水处理中的应用

电芬顿技术已被广大研究人员证明能够有效降解有害的杀虫剂和除草剂。有关研究人员报道了在酸性介质中使用 Fe 电极并外加 H_2O_2 的电芬顿反应是降解有机磷最有效的方法，其完全降解能耗为 0.834 kW·h/kg[5]。研究对比光芬顿和电芬顿两种技术对绿麦隆、呋喃丹和苯的降解效果，结果显示电芬顿工艺比光芬顿工艺更具吸引力。

3.2.3.3 电芬顿材料在水中酚类污染控制中的应用

酚类化合物是一类对水生动植物具有强烈毒性的污染物。目前常用的物化方法或生物法难以实现酚类化合物的彻底去除。研究人员使用电芬顿技术对各种 CPs 进行了降解研究，结果表明 CPs 的降解由易到难依次为 2,4-DCPs、2,4,6-TCPs、PCPs、4-CPs，研究人员同时指出 CPs 的降解途径为羟基攻击邻位和对位、阴极还原直接脱氯的过程[24]。

3.2.3.4 电芬顿材料在垃圾渗滤液处理中的应用

垃圾渗滤液成分复杂，含有大量的有机物、氨氮、细菌及重金属等。传统生化方法如厌氧消化、厌氧活性污泥法的氧化能力差，不能彻底去除垃圾渗滤液中的难降解物质，研究人员尝试采用电芬顿技术高效处理垃圾渗滤液。有研究采用外加 H_2O_2 和铁盐的方法处理好氧垃圾渗滤液，当 H_2O_2 与 Fe^{2+} 物质的量相同时，COD 的去除率为 94.07%，色度的去除率为 95.83%[25]。电芬顿技术不仅能去除垃圾渗滤液中的 COD 和色度，还具有灭菌、消毒的作用。有研究利用电芬顿技术处理含有大量微生物的垃圾渗滤液，大肠杆菌的去除率可高达 99.9%[26]。

3.2.3.5 电芬顿材料在反渗透浓缩液处理中的应用

随着反渗透（RO）技术在再生水领域的广泛应用，产生了大量的 RO 浓缩液，其特点是盐度高、可生化性较差。有关研究利用 CF 作阴极，通过电芬顿处理高盐度 RO 浓缩液，考察 Fe^{3+} 浓度、初始 pH 和阴极电位等因素对 RO 浓缩液净化效果的影响，在阴极电位为 0.72 V、Fe^{3+} 浓度为 0.2 mmol/L 时，3 h 后 COD 的去除率在 62%以上[27]。有学者利用新型堆叠式电芬顿反应器处理浓缩的垃圾渗滤液，以 C-PTFE GDEs 为阴极、IrO_2-Ta_2O_5 为阳极，极板间距为 2 mm 时，7 h 内 COD 的去除率为 71%，能耗大约为 207 kW·h/m^3[28]。

3.3 电吸附与电吸附材料

电吸附（electrosorption technology，EST）又称电容去离子技术（capacitive deionization，CDI），是一种结合了吸附分离技术和电化学理论的新型水处理技术。该技术不涉及电子得失，电流仅用于双电层充电，因此能耗极低。除此之外，电吸附技术具有低污染、操作简便、可通过施加反向电压实现电极材料再生等优势，这使其在污染物分离与回收、吸附剂再生及含盐水脱盐等方面具有广泛的应用前景。

3.3.1 电吸附材料

3.3.1.1 电吸附材料的发展

自 20 世纪 60 年代以来，研究人员利用 Gouy-Chapman-Stern 模型研究了电吸附的动态吸附/解吸过程。1970 年，Johnson 等将电容脱盐视为可逆过程，确认其本质是双电层的离子吸附。20 世纪 90 年代，碳气凝胶被用作电极材料，CDT System 公司随后降低了其制造成本。活性炭电极也被用于处理工业废水，研究了电流、溶液浓度、pH 和材料厚度对吸附效果的影响。自 1999 年以来，有序介孔碳（ordered mesoporous carbons，OMCs）因其规整的介孔排列、窄的孔径分布、高比表面积和化学惰性而成为理想的电吸附材料。21 世纪，电吸附技术逐渐进入实用化阶段。

3.3.1.2 电吸附材料的种类

碳基材料具有比表面积大、吸附容量大、微孔结构合理、表面活性特殊等优点，广泛用作盐水脱盐净化的电吸附电极。由于碳材料具有良好的导电性和化学稳定性，许多碳材料被引入 CDI 工艺中，如活性炭（AC）、Gr、CNTs。

（1）活性炭（AC）

AC 在吸附时，利用电极的孔径大小对不同污染物进行特定吸附具有非常重要的意义[29]。研究人员[30]利用 AC 电极进行脱盐，结果表明 AC 颗粒是咸水脱盐的一种经济性电极材料。AC 也是一种有效的去除溶解过程中的痕量铜的材料。为了提高 AC 的吸附能力，可以采用可控电位，这种技术称为电吸附活性炭技术。

（2）石墨烯（Gr）

Gr 是一种二维单分子膜六角 sp^2 杂化碳。据估计，单个 Gr 片的表面积可达到 2 630 m^2/g，远大于 Brunauer-Emmett-Teller（BET）测试方法中 AC 的表面积。此外，Gr 高达 7 200 s/m 的理论电导率也使其非常适合用作电极材料[31]。

（3）碳纳米管（CNTs）

作为电吸附电极材料，CNTs 可以处理 PFCs 有机废水。以 MWCNTs 粉末为吸附材料，全氟辛酸（PFOA）需要 8 h 才能达到吸附平衡，而在 MWCNTs 电极上达到吸附平衡仅需 2 h。当施加电压为 0.6 V 时，MWCNTs 电极对 PFOA（初始浓度 100 μg/L）的吸附过程符合二级吸附动力学，吸附速率达到 54.5 μmol/（g·h），比使用 MWCNTs 粉末吸附剂的吸附速率提高了 60 倍，同时吸附材料的最大吸附容量也提高了 150 倍[32]。

3.3.2 电吸附脱盐水处理过程

电吸附水处理技术是利用电极与溶液界面形成的双电层来吸附水中带电粒子。原水从负极、正极两电极形成的电场通道一端进入，经电吸附去除水中的带电目标污染物，出水最终从另一端流出。当不接电源时，两极不带电，只发生物理吸附，吸附水偶极分子，覆盖电极表面；而当接电源时，相邻电极板就带上了相反的电荷，原水流经负极、正极两极形成的流道时，水中带电粒子受电场作用，分别向与自身电性相反的方向迁移，通过吸附补偿的方式吸附于极板表面，或者通过外亥姆霍兹层和扩散层富集反向电荷得以补偿，使带电粒子富集于电极表面，以实现重金属离子、带电胶体颗粒及其他带电物质的去除。吸附饱和后，断开电源或将电源反接或是短接电极板，此时吸附在双电层上的离子被释放到再生液脱附，待再生完成后，电极板可用于下一个周期的工作（如图 3-4 所示）。

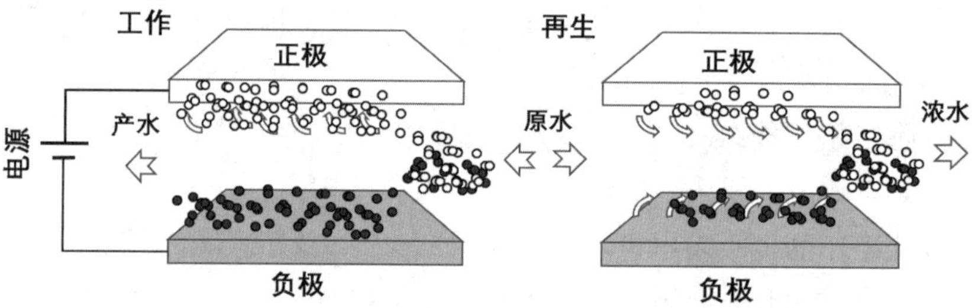

图 3-4　电吸附脱盐技术工作原理示意图

3.3.2.1　电吸附动力学研究方法

通常以电吸附去除金属离子为例研究电吸附动力学。给定溶液初始浓度，在一定时间内保持恒温接触。平衡时间 t_e 可以定义为达到平衡浓度 C_e 所需的最短时间。使用已知的质量平衡式确定给定时间 t 的吸附量 q_t（mg/g）：

$$q_t = (C_0 - C_t)\ V/\ W \tag{3-15}$$

式中：q_t——吸附到吸附剂上的溶质质量，mg/g；

C_0——溶液中最初存在的目标物的浓度，mg/L；

C_t——吸附的目标物的浓度，mg/L；

V——放置在每个吸附池中的溶液体积，L；

W——吸附剂的质量，g。

离子去除效率（$x\%$）根据式（3-16）确定：

$$x\% = (C_0 - C_e)\ /\ C_0 \tag{3-16}$$

电吸附动力学表明了每一个吸附阶段的演化过程。通过不同的动力学模型，对数据进行分析，可以确定实验数据与每个模型的最佳拟合度，常见的拟合模型包括伪一阶动力学模型和伪二阶动力学模型两种。

（1）伪一阶动力学模型

伪一阶方程是基于金属离子专性吸附假设构建的，其形式为：

$$dq_t/dt = k_1（q_e - q_t） \quad (3\text{-}17)$$

式中：k_1——吸附速率常数，1/min；

q_t——t 时刻的吸附量，mg/g；

q_e——平衡时间 t_e 后达到的吸附量，mg/g；

t——吸附反应时间，min。

式（3-17）可整合为：

$$\lg（q_e - q_t） = \lg q_e - k_1t/2.303 \quad (3\text{-}18)$$

因此，如果动力学数据符合伪一阶动力学模型，则 lg（q_e−q_t）与 t 的关系应为线性。可以很容易地用这条线的斜率和截距确定 k_1 与 q_e 的值。

（2）伪二阶动力学模型

Blanchard 等在 1980 年提出了伪二阶动力学模型。1995 年，Ho 和 MacKay 对其进行了修正。在这个模型中，假定吸附在活化态的两个活性位点上的表达式为：

$$dq_t/dt= k_2（q_e - q_t）^2 \quad (3\text{-}19)$$

其中，k_2 为伪二阶动力学模型的吸附速率常数［g/（mg·min)］，整合为式（3-17）的综合形式为：

$$t/q_t= 1/k_2q_e^2 + t/q_e \quad (3\text{-}20)$$

与伪一阶动力学模型类似，根据 t/q_t 与 t 图的斜率和截距，可计算伪二阶动力学模型的 q_e 和 k_2 值。

（3）内扩散模型

吸附剂颗粒孔内扩散机理的假设是基于溶质通过吸附剂孔的内部结构而在固体中的扩散，从而使吸附剂具有均匀的孔结构。韦伯和莫里斯[33]（1963）认为，在一个由孔隙吸附控制的过程中，单位吸附量与时间平方根成正比。因此，颗粒内扩散的方程如下：

$$q_t = k_{id}\, t_e^{1/2} + C \quad (3\text{-}21)$$

式中：k_{id}——粒子内扩散速率常数，mg/（g·min$^{1/2}$）；

C——与边界层厚度有关的参数，mg/g。

一般来说，C 值越高，边界层效应越明显。换言之，如果该方程为过原点的直线（即 C=0），则可假设吸附过程主要由粒子内扩散控制，否则可认为吸附过程由两个或多个独立步骤组成。这一方程可以用来确定粒子内扩散是否为离子吸附过程（包括有无电场的电吸附过程）中的决速步骤。

3.3.2.2　双电层理论

双电层理论可以用来解释电吸附过程。最初亥姆霍兹（Helmholtz）认为相反的电荷等量分布于电吸附电极界面两侧，可以等效为平板电容器，因此该模型又称为平板假设。根据亥姆霍兹假设，理想电容是一个恒定值。然而，实验观测表明，电容并不恒定，受相对电位和电解液浓度等因素的影响较大。因此，Gouy-Chapman 模型被随之提出。Gouy-Chapman 模型的主要观点是，当界面两侧电势差较大时，更多的离子会被压缩到靠近电极的位置；当电解液浓度较高时，离子可以在较小的空间内与电极达到电荷平衡。但是按照 Gouy-Chapman 模型计算得到的预测值仍远远高于实测值。因此，学术界对 Gouy-Chapman 模型进行了进一步改进。目前，Gouy-Chapman-Stern（GCS）模型是目前广泛应用的双电层模型。在 GCS 模型中，双电层包括紧密层与扩散层两个部分。较为紧密的内层即亥姆霍兹层（Helmholtz layer），该层产生的电容在固定体系中为恒定值，不受电势差的影响。外层仍为扩散层，产生电容。双电层总的电压降等于紧密层和扩散层的电压降之和（如图 3-5 所示）。

$$\psi_d = V/2 - \varphi_{ecm} - \sigma_0/C_1 \tag{3-22}$$

式中：ψ_d——扩散层电压，V；

V——外电压，V；

φ_{ecm}——毛细极大值时的电极电位，V；

σ_0——电荷面密度，C/m^2；

C_1——内层电容，F/m^2。

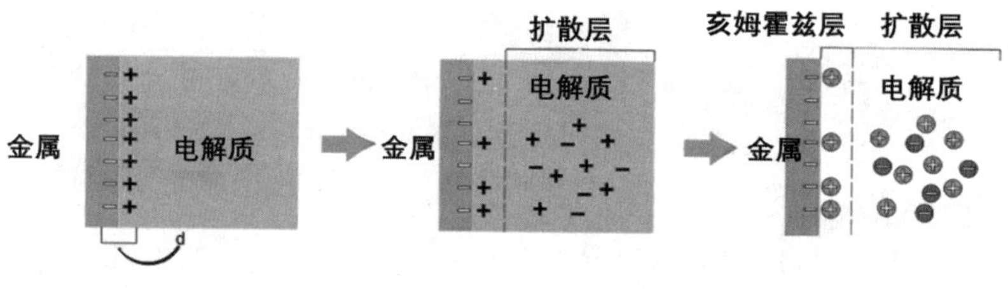

图 3-5　双电层理论的发展过程

进一步，Hou 等[34]为研究纳米材料孔洞内双电层的形成，发展了修正的双电层模型。

$$Y = (\psi - \psi_d) / \psi_0 \tag{3-23}$$

$$Y_m = (\psi_m - \psi_d) / \psi_0 \tag{3-24}$$

式中：Y——归一化电压，量纲一；

ψ——双电层电压，V；

ψ_d——分散层电压，V；

ψ_0——表面电压，V；

Y_m——中板归一化电压，量纲一；

ψ_m——中板电压，V。

3.3.2.3　电吸附过程的控制因素

在电吸附过程中，电量的储存或释放是通过离子的吸脱附而不是化学反应来实现的，故而可以实现快速充放电，因此决定双电层结构或影响电势分布的静电作用和热运动是电吸附过程的主要控制因素。

（1）电极电势影响

电极电势与双电层电荷量密切相关。当电极电势接近零电荷电势时，静电作用较弱，双电层较为分散；而当电极电势远离零电荷电势时，静电作用增强，双电层变得紧凑。但过高电势会引发电解，增加能耗，改变 pH，影响吸附效果。电吸附装置因电极材料与溶液导电性的差异，电解电压各异。研究表明，电吸附量与电极板对数正相关，吸附时间随电极板对数指数增长。

（2）温度效应

双电层饱和电荷量对温度敏感，升温加剧离子热运动，使双电层分散，饱和电荷量骤降。同时，温度升高导致电极过电位减小，电场力减弱，吸附能力下降；溶液黏度降低，黏附力也减小。

（3）溶液组分与操作条件

双电层电荷量随着溶液浓度的增加而增加，但增量在高浓度时趋于平缓，故电吸附更适用于低盐浓度溶液。特定离子可在电极表面特性吸附，形成内紧密层。传质过程影响电吸附效果，小流量延长停留时间、提升去除效率，但总吸附量受电极性能制约[36]。所以必须根据实际情况综合考虑各因素对电吸附的影响。

3.3.2.4　材料对电吸附性能的影响

电吸附的效果在很大程度上依赖于所使用的电极材料的性质。理想的电吸附材料一般要满足导电性能好、比表面积大、电阻低、中孔发达、电导率高和化学稳定性好等条件[37]。碳材料［包括 AC、活性炭纤维（ACF）、碳气凝胶、CNTs 和 Gr］具有先天的性能优势，但单一组分的碳电极无论是在比电容值还是在工作电压上都存在不同程度的缺陷，因此，开发二元或多元复合材料将是电吸附电极材料的研究热点。例如，将碳材料与法拉第赝电容材料金属氧化物进行复合，可以发挥碳材料的表面特性和金属氧化物的电化学优势，使之产生协同效应，从而开发高性能和低成本的复合电极材料。又如，通过微波照射使纳米级 MnO_2 沉积在 Gr 的表面、合成 Gr/MnO_2 复合电极，该复合电极的电容量高达 310 F/g，是单一 Gr 和 MnO_2 电极电容量的 3 倍[38]。

3.3.3　电吸附材料在环境污染控制中的应用

电吸附技术于 20 世纪 60 年代被提出，1970 年后随着材料与技术的发展逐渐成熟，其不仅可以去除废水中重金属离子、溶解盐类等无机离子，还可以去除放射性元素以及部分有机物。

电吸附是一种很有前途的脱盐技术，具有节能、运行维护费用低、前处理和后处理过程中不引入化学物质等优点。研究人员改性 CNFs 表面以产生多个通道，制备了总表面积比传统 CNFs 大 10 倍的多通道 CNFs。利用静电纺丝技术合成了改性 CNFs，发现其除盐效率可达 90%[39]。氯离子的去除一直以来都是一个技术难题，目前尚无成熟的处理技术。研究人员曾用石墨电极进行电吸附技术去除不同浓度氯离子的实验，结果显示当溶解盐浓度为 500 mg/L 时，氯离子去除率可达 70%。电吸附也可用于去除重金属离子[40]。有研究使用电吸附法处理微波化学处理后的污泥酸浸液中的重金属。酸浸液中的高 COD 值以及 pH 对电吸附过程基本不产生影响，总体吸附率在 50%左右[41]。有关研究合成了具有有序结构的介孔碳材料（ordered mesoporous carbons，OMCs），并将其作为去除水中 Cu^{2+}的电极，结果显示 Cu^{2+}在 OMCs 电极材料上的初始电吸附速率快于在高微孔活性炭纤维布上的初始电吸附速率。此外，电吸附技术可以快速去除水中不同浓度的 PFCs。ACF 作为吸附剂对 PFOA 的去除率要大于 AC 和 CNTs。经过 6 h 的吸附，ACF 对 PFOA 的去除率是 99.5%。CNT/Gr-20%可以有效地去除水中的 PFOA，经过 4 h 的吸附，对 PFOA 的去除率为 96.86%。研究还表明，在吸附过程中，溶液中 PFOA/S 形成半胶团和胶团，从而进一步促进 ACF 对 PFCs 的吸附。

3.4 电渗析与电渗析材料

利用半透膜的选择透过性来分离不同的溶质粒子（如离子）的方法称为渗析。在电场作用下进行渗析时，溶液中的带电溶质粒子（如离子）通过膜迁移的现象称为电渗析。利用这种现象进行提纯和分离物质的技术称为电渗析法，这种技术发展于 20 世纪 50 年代，在初期作为一种海水淡化的方法，如今已在诸多工业种类发挥作用，其中最为突出的是制备纯水和环境保护领域，例如用于酸碱回收、电镀废液处理以及工业废水资源化等。电渗析在苦咸水脱盐方面也卓有成效，在某些地区是生产淡水的主要途径。

3.4.1 电渗析材料

电渗析材料特指电渗析膜，是一种天然或人工半透膜，如火棉胶、聚乙烯醇膜等。这类膜能够透过离子，阻止粒径较大的胶体粒子通过[42]。在外加直流电场作用下，作为杂质的离子穿过电渗析膜、被水流带走，使溶液得到提纯。传统电渗析膜不具有选择性，对水溶液中离子的脱除效果很差，因此工业上广泛应用的大多是选择性膜，即离子交换膜。

3.4.1.1 电渗析材料的种类

离子交换膜有许多种类。按照膜体基材，可以分为无机系离子交换膜和有机高分子系离子交换膜。按照膜机能（即膜的选择透过），可以分为阳离子交换膜、阴离子交换膜和特种机能离子交换膜。根据膜体宏观结构，电渗析膜可分为异相离子交换膜、均相离子交换膜和半均相离子交换膜。双极膜（bipolar membrane，BPM）是一种新型的离子交换复合膜，通常由阳离子交换层（N 型膜）、界面亲水层（催化层）和阴离子交换层（P 型膜）复合而成。对双极膜反向加压后，正离子、负离子从离子交换界面层分别通过阳层、阴层向主体溶液发生迁移，在界面层内发生离子耗竭，形成高电势梯度（10^8 V/m），使水分子解离。水解离产物 H^+和 OH^-分别朝向膜两侧的主体溶液迁移，消耗的水又通过膜外溶液中的水向中间界面层渗透而得到补充。此过程无气体生成，能耗很低。利用此特性，将双极膜与阴离子交换膜、阳离子交换膜组合构成双极膜电渗析系统（bipolar membrane electrodialysis，BMED），可将水溶液中的盐转化为对应的酸和碱。近年来，BMED 技术在研究及应用两个方面均获得了快速发展，膜制备技术和操作参数优化不断取得新的进步，应用范围从化工领域的脱盐和酸碱制备、生物领域的蛋白和氨基酸提纯拓展到环境保护领域中的工业废水纯化、浓缩和高纯水制备等。

3.4.1.2　电渗析材料的结构

电渗析材料一般分为基膜和活性基团两大部分，为保证其强度和尺寸稳定性，一般还需要网布作为增强材料。基膜是具有微细网孔海绵状结构的薄膜，这些网孔相互沟通，形成微细的、迂回曲折的通道，如图 3-6 所示。活性基团是由具有交换作用的阳（或阴）离子和与基膜相连的固定阴（或阳）离子组成。阳膜的材质通常是磺酸型树脂，活性基团为强酸性的磺酸基（—SO_3H），其容易离解出 H^+，产生负电性 SO_3^-，故排斥溶液中的阴离子。阴膜的材质通常是季胺型树脂，活性基团为强碱性的季胺基[$-N(CH_3)_3OH$]，其容易离解出 OH^-，产生正电基这[$N(CH_3)_3^+$]，故排斥溶液中的阳离子。膜内水相与一般电解质水溶液相似，也是等摩尔地存在游离的阴离子、阳离子。固定离子的浓度由膜的结构决定，网状结构的孔隙对游离离子的运动无阻碍。由于离子交换膜中含有高浓度的游离离子，其具有良好的导电性。

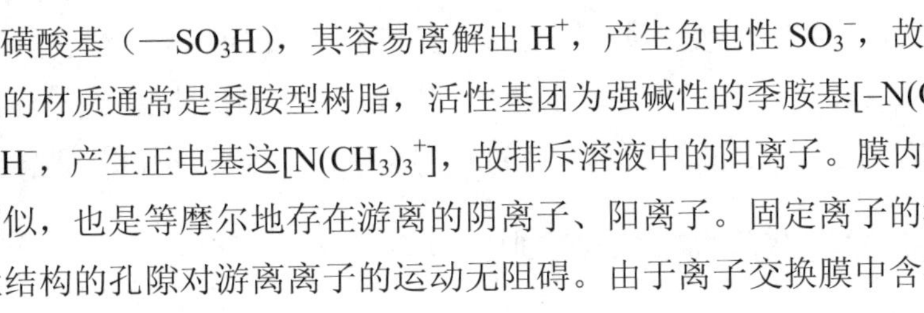

图 3-6　阴离子交换膜、阳离子交换膜的选择透过性

3.4.2 电渗析反应器与电渗析过程

电渗析反应器包括膜堆、极区和压紧装置等多个结构件。膜堆由多个膜对组成，一个膜对包括阳膜、隔板和阴膜。离子交换膜是通过膜的空隙作用、静电作用和扩散作用对离子进行选择透过的。极区用于向电渗析器提供直流电，将原料导入膜堆的配水孔，并从电渗析器排出淡水和浓水。膜堆在中央，阴、阳极区布置在两端，压紧装置则将阴、阳两个极区和膜堆进一步压紧在一起，构成电渗析反应器整体。在直流电场条件下，水中离子做定向迁移，故淡室中阴离子、阳离子迁移到相邻的浓室中，使溶液分别得到淡化与浓缩。在电渗析过程中，根据对所处理溶液的目的不同，灵活采用多种不同形式的系统设计，如通过不同的“级”与“段”可对浓缩浓度产生一定影响；电渗析器并联可以增加经处理后达标的水量，串联则可以提高淡化率，使淡室中废水的污染物浓度降至更低；循环或部分循环的运行方式可以缩短工艺流程。

在电渗析过程中会发生一系列主要过程与伴随过程。反离子迁移是实现脱盐的主要途径。反离子是指与膜的固定活性基所带电荷相反的平衡离子；由于膜的选择透过性受限，浓室溶液中离子穿过膜进入淡室时，同号离子迁移过程以及由浓室、淡室溶液的浓度差作用造成的离子由浓室向淡室扩散迁移的过程，会降低电渗析效率；由离子的水合作用而引起水合离子迁移的水电渗透过程和基于渗透压的作用使淡室的水向浓室渗透，会影响淡室溶液的出口浓度并且减少排水量，而使浓缩效果受到影响；由于电流密度与液体流速不匹配，会进一步引起膜、液界面上的水解离为 H^+和 OH^-，导致耗电量增加，影响浓室、淡室溶液的 pH，使电渗析无法稳定运行。因此，选择高性能的离子交换膜和适宜的电渗析操作条件有利于控制或改善这些伴随过程的影响，使主要过程得到强化。

3.4.3 电渗析材料在环境污染控制中的应用

3.4.3.1 电渗析材料在水中重金属类污染物控制中的应用

电渗析可用于重金属废水、电镀废水等的处理，提取废水中的金属离子等，既能回收利用水和有用资源，又可以减少污染排放。电渗析法与离子交换法结合从酸洗废液中回收重金属和酸的工艺已在工业上应用。1986 年，我国在浙江省邮电印刷厂安装了一套电渗析和离子交换联合水处理设备，用于处理含铜废水，经处理后的废水含铜量为 100 mg/L，达到准排放标准。

用电渗析法处理电镀工业废水具有很大优势。由于处理后浓缩的废水组成比例不变，有利于回槽使用；而经过脱盐的废水可以回用作漂洗水，这使电渗析成为实现电镀漂洗水闭路循环的实用技术。有关研究显示，含 Cu^{2+}、Ni^{2+}、Zn^{2+}等金属离子的废水都适宜用电渗析处理，其中含镍废水处理技术最为成熟，已有成套工业化装置。有研究证明，采

用电渗析技术处理 Cr^{6+}废水，去除效率可以达到 90%以上，经循环处理，出水 Cr^{6+}浓度低于排放标准[43,44]。有学者研发了一种多段多折流电渗析装置，较传统的电渗析装置具有更高的分离效率。在间歇操作条件下，新型电渗析装置能够有效去除合成废水中的 Cr^{6+}，Cr^{6+}浓度可由原来的 50 mg/L 降至 0.5 mg/L 以下[45]。

3.4.3.2 电渗析材料在水中有机污染物控制中的应用

相关研究证明，用双极膜电渗析技术来处理酸性氨基酸废水是可行的，不仅解决了分离低浓度和饱和浓度的氨基酸废水的问题，而且浓缩回收了具有很高实用价值的氨基酸。在最佳的实验操作条件下，稀氨基酸的单程脱除率可达 58.4%、电流效率为 84.7%、耗电量为 0.333 $kW·h/m^3$。有研究利用以 $C_6H_5NH_3^+$形式存在的盐酸苯胺为进料，采用电渗析法在淡室得到苯胺的淡化液，在浓室得到苯胺的浓缩液。经过 120 min 的电渗析处理，淡室苯胺的出口浓度为 4 mg/L，去除率高达 99%[46]，该装置对苯胺实现了高达 88.9 倍的浓缩。有关研究人员采用双极膜电渗析技术处理了两种典型的化工废水：溴化丁基橡胶废水和废碱液。在最优工艺条件下处理含溴化钠浓度为 16 000 mg/L 的模拟废水时，可将溴化钠浓度降至 133.9 mg/L，采用双极膜电渗析技术从废碱液中再生回收 NaOH 是可行的，在最佳的实验条件下运行 2 h 后，从废碱液中再生回收的 NaOH 浓度达到 0.1 mol/L，过程成本大约为 6.8 元/kg NaOH[47]。

3.5 电催化与电催化材料

电催化作为一种典型的先进水处理技术，具有条件温和（常温常压）、处理深度高、二次污染少等优点。该技术通过阳极氧化和阴极还原体系，既能处理有机污染物，也能处理无机污染物。电催化反应器操作简便、工艺灵活、模块化程度高且易于自动化，在难降解有机工业废水处理中备受关注。

3.5.1 电催化材料

电催化技术在工业应用中的关键在于提高能量利用效率、降低费用。这要求提高电流效率和降低槽电压。电极材料的选择直接影响污染物的降解速率和选择性，同时也影响废水的单位能耗。理想的电极材料应具有稳定的性能、优良的催化性能和良好的导电性。

3.5.1.1 电催化材料的发展

在电化学水处理技术发展的初期，电极材料的选择范围很小，仅有石墨和 Pt、Ru、Ir 等贵金属电极。这些电极也具有一定的电催化活性、耐腐蚀特性以及良好的导电性，但在使用过程中发现这些电极表面易形成氧化膜，导致催化活性降低，而且这些电极的价格昂贵，不适于量产和规模化。随着电化学技术的不断发展，阳极材料的选择标准逐渐清晰，钛基涂层电极因其满足阳极材料的选择标准，并且可以根据不同的电化学体系选择不同的表面涂层，正在取代传统的石墨和贵金属电极。当前公认具有高催化性能的电极包括 MnO_2 电极、SnO_2 电极、PbO_2 电极、Ti_4O_7 电极、BDD 电极等钛基涂层电极。

3.5.1.2 电催化材料的种类

电极表面活性物质具有催化作用，能够显著降低反应所需的活化能。因此，电催化特性直接决定了电催化效能的差异。选择电催化电极材料时，希望电极对待处理的有机物表现出较快的反应速率且有好的选择性。因此，良好的电催化电极应该具备下列几项性能：良好的导电性，至少与导电材料（如石墨、银粉）结合后能为电子交换反应提供不引起严重电压降的电子通道，即电极材料的电阻不能太大；高的催化活性，即能够实现所需要的催化反应，抑制不需要或者有害的副反应；良好的稳定性，即能够耐受杂质及中间产物的作用而不至于较快地被污染（或中毒）而失活，并且在实现催化反应的电势范围内，催化表面不至于因电化学反应而过早失去催化活性，此外还包括良好的机械物理性质（表面层不脱落、不溶解）。

（1）碳电极

碳电极主要有石墨电极、ACF 电极及 BDD 电极 3 种。其中，石墨是电解工业中研究最早、应用最广泛的电极材料之一，在氯碱工业中曾经广泛应用，具有价格低廉、来源广泛和导电性良好等优点。ACF 电极在比表面积和吸附性能上具有优势，同时在导电性能和催化性能方面也很突出，作为三维电极十分理想。然而，石墨电极和 ACF 电极的析氧电位低、氧化能力有限，对难降解有机污染物的催化效率较低。用于难降解有机污染物处理的碳材料电极研究主要集中在 BDD 电极。BDD 电极被认为是电化学氧化处理有机污染物的理想电极材料，其使用寿命长、电催化活性高、硬度高、强度大，同时不易吸附有机污染物，有利于维持电极清洁。

（2）贵金属电极

贵金属（如 Pd、Pt、Au、Ir、Ru 等）具有较好的化学稳定性、电导率高、反应活性强，是常用的电极材料。如 Pt 可以直接电催化氧化和电化学转化的方式去除有机污染物[48]。除贵金属电极之外，在某些特定条件下也可以采用不锈钢、Ti、Co、Ni 等材料作为阳极，但这些电极对污染物的降解效果并不十分理想[49]。

（3）钛基涂层电极

钛基涂层电极最早是荷兰的享利·比尔（Henri B. Beer）于 1965 年发明的一类新型电极，在实际使用过程中不易腐蚀、尺寸稳定，因此，也被称为形稳阳极（dimensionally stable anode，DSA）。这类电极具有催化能力强、稳定性好、导电性好以及电流密度大等优点，已广泛应用于有机电合成、氯碱工业、电镀工业等。形稳阳极克服了石墨电极、贵金属电极以及传统铅基/二氧化铅（Pb/PbO_2）电极存在的许多缺点，是污水处理领域目前最适用的一类电极。经过半个多世纪的发展，形稳阳极的性能得到了很大提高，种类也不断增多，目前主要有 Ti/RuO_2、Ti/IrO_2、Ti/MnO_2、Ti/SnO_2、Ti/PbO_2 等。SnO_2、PbO_2 及 MnO_2 等有较好的耐腐蚀性和电催化活性，适宜作为阳极料表面活性层，其中具有高析氧电位的 Ti/SnO_2 和 Ti/PbO_2 常常被用于电催化氧化处理有机难降解污水。

SnO_2 是一种 VB 宽度为 3.5 eV 的 n 型半导体材料，具有良好的化学稳定性和电化学稳定性。由于常温下电阻偏大，其难以直接作为电极使用，而通过掺杂其他元素（如 Sb、B、Bi、F 等）可以显著提高其导电性。研究发现，Ti/SnO_2-Sb 电极可用于降解溶液中的五氯酚（PCP），30 min 后 PCP 的降解率和矿化率分别达到 99.8%和 83%。

PbO_2 是非化学计量的化合物，其化学通式为 $PbO_{1.95\sim1.98}$，由于存在氧缺陷，其电导率与铂接近。β-PbO_2 具有析氧电位高、耐腐蚀性强、导电性好等众多优点，在工业领域具有广泛的应用潜力。研究表明，Ti/TiO_2-NTs/FR-PbO_2 电极在析氧电位、疏水性质等方面都优于 BDD 电极，对 2,4-二氯苯氧乙酸（2,4-D）的降解速率是 BDD 电极的 2.4 倍，瞬时电流效率也达到 BDD 的 1.8 倍。

3.5.2　电催化反应与电催化材料的构效关系

3.5.2.1　电催化反应机理

所谓的电催化，是指在电场作用下，存在于电极表面或溶液相中的修饰物能促进或抑制在电极上发生的电子转移反应，而电极表面或溶液相中的修饰物本身不发生变化的一类化学作用。电化学技术的基本原理是使污染物在电极上发生直接电化学反应或利用电极表面产生的活性物种使污染物发生氧化还原反应。电催化技术处理水体中目标污染物的机制十分复杂，由于电极材料、水体环境以及目标污染物种类的不同，电催化技术的处理机制也不尽相同。电催化技术主要有以下几种。

（1）直接氧化

直接氧化是有机污染物和部分无机污染物直接在阳极表面氧化的过程。这些污染物在电极表面发生直接电子转移而被氧化，从而无害化。一般来说，电极的析氧过电势越大，则氧化能力越强，效率越高。直接氧化过程如图 3-7 所示。

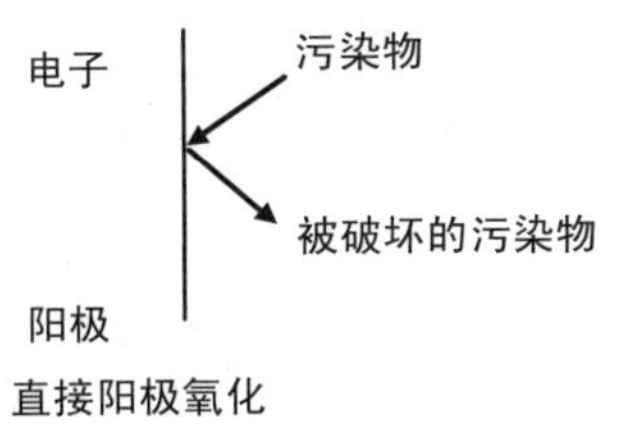

图 3-7　直接氧化反应机理

（2）电化学转化

电化学转化是将吸附在电极表面的有机污染物氧化降解生成小分子，把有毒物质转变为无毒物质或转化为可生物降解物质的过程。其氧化能力一般较弱，仅能分解带不饱和键的化合物，如芳烃等，对脂肪烃则没有氧化能力。其反应机理如图 3-8 所示。

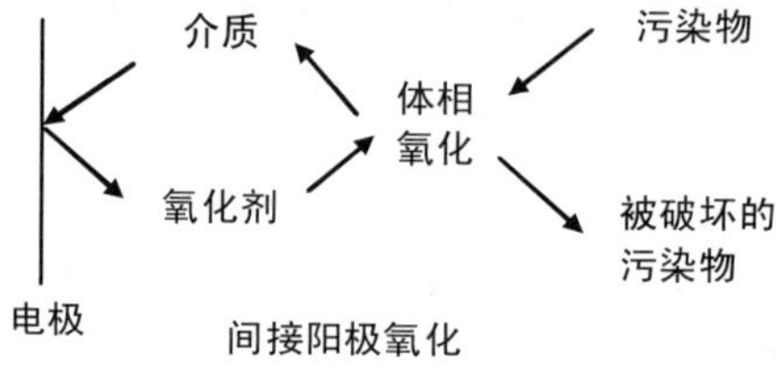

图 3-8　电化学转化反应机理

在此过程中，稳态金属离子被氧化为高价态非稳态的金属离子；非稳态金属离子将有机物氧化分解为 CO_2 和 H_2O，自身重新恢复到稳态形式。如此循环往复，持续地进行电催化氧化反应。图中涉及的反应式如下。

$$M^{z+} \longrightarrow M^{(z+1)+} + e^- \tag{3-25}$$

$$M^{(z+1)} + R \longrightarrow M^{z+} + CO_2 + H_2O \tag{3-26}$$

（3）电化学燃烧

阳极在高电势下可以产生高度活性的·OH，其间接与污染物作用，对有机物产生脱氢、亲电加成和电子转移反应，形成活化的有机自由基，继而发生连锁自由基反应，使有机物迅速且完全降解，故称为电化学燃烧。间接氧化在一定程度上既发挥了阳极直接氧化的作用，又利用了产生的氧化剂，使处理效率显著提高。直接氧化、电化学转化和电化学燃烧往往共存于同一反应中。阳极电化学反应机理如图 3-9 所示。

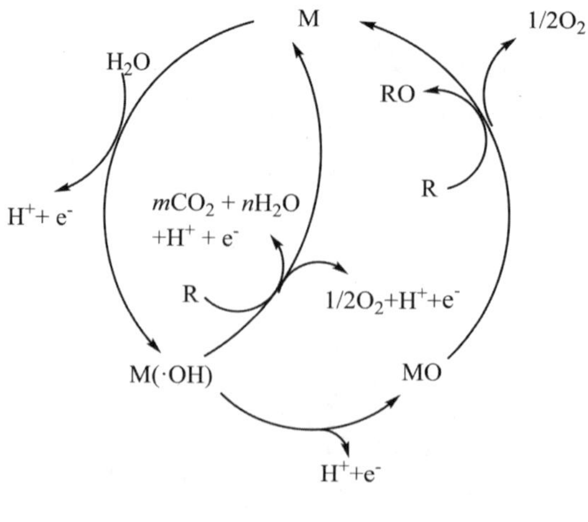

图 3-9　阳极电化学反应机理[50]

图中涉及的反应式如下：

$$M + H_2O \longrightarrow M(\cdot OH) + H^+ + e^- \quad (3\text{-}27)$$

$$M(\cdot OH) + R \longrightarrow CO_2 + H_2O \quad (3\text{-}28)$$

$$M(\cdot OH) \longrightarrow 1/2O_2 + H^+ + e^- \quad (3\text{-}29)$$

$$M(\cdot OH) \longrightarrow MO + R + H^+ + e^- \longrightarrow M + RO + H^+ + e^- \quad (3\text{-}30)$$

$$M(\cdot OH) \longrightarrow MO + H^+ + e^- \longrightarrow M + 1/2O_2 + H^+ + e^- \quad (3\text{-}31)$$

类似的现象也发生在活性电解质溶液中。以存在 Cl^-的电解质为例，酸性（或碱性）溶液中的 H_2O（或 OH^-）在金属氧化物阳极表面吸附，在表面电场的作用下，吸附的 H_2O（或 OH^-）失去电子，生成 $MO_x(\cdot OH)$（MO_x 表示氧化物阳极）；接下来，吸附的·OH 可能与溶液中的 Cl^-反应，生成 MO_x（HOCl）；由于 Cl^-的存在，MO_x（HOCl）代替·OH 充当了氧化有机物的重要媒介，具体反应过程如图 3-10 所示。

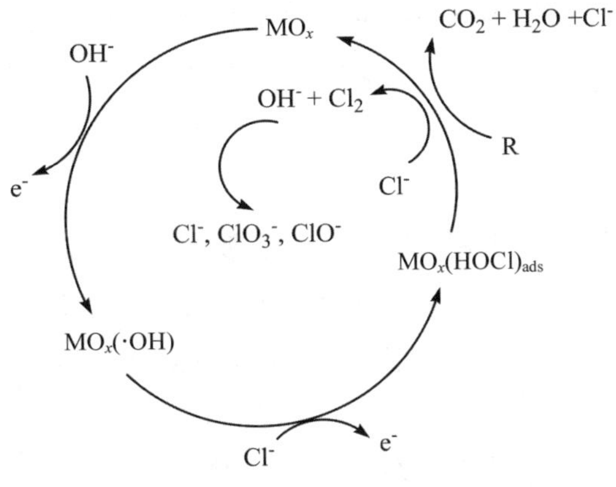

图 3-10　活性氯途径的电催化氧化反应体系

图中涉及的反应式如下：

$$MO_x + H_2O \longrightarrow MO_x(\cdot OH) + H^+ + e^- \quad (3\text{-}32)$$

$$MO_x(\cdot OH) + Cl^- \longrightarrow MO_x(HClO) + e^- \quad (3\text{-}33)$$

$$MO_x(HOCl)_{ads} + R \longrightarrow MO_x + CO_2 + H_2O \quad (3\text{-}34)$$

$$MO_x(HOCl)_{ads} + Cl^- \longrightarrow MO_x + Cl_2 + OH^- \quad (3\text{-}35)$$

3.5.2.2　影响电催化过程的关键因素

（1）电解质

电解质的种类、浓度以及 pH 均影响电催化反应。不同电解质离子的迁移速率和导电性能有差别，影响溶液导电性与离子传输效率，还会与电极、有机物相互作用，特定阴离子能和有机物形成复合物，改变其电子云分布。pH 会改变电极表面电荷状态、有机物存在形式及反应平衡与速率，在不同 pH 条件下，反应机理和产物可能截然不同。

（2）电化学电位

电化学电位是电催化反应的动力。适当提升电位可增强反应驱动力，加快降解速率，但电位过高易引发析氧、析氢等副反应，消耗电能，降低电极稳定性和寿命。此外，稳定的电位是保证反应稳定进行、提高重复性与可控性的关键。

（3）温度

温度对电催化反应速率和机理有重要影响。升高温度能加快反应速率，增加了反应物分子热运动能量，提高碰撞频率与有效碰撞概率，还可能改变电极表面性质和反应中间体稳定性，甚至改变反应机理。不过，温度过高会导致电极材料结构变化、催化剂稳定性降低、溶液蒸发等问题，需控制温度在合适范围内。

（4）反应物浓度

有机污染物初始浓度影响电催化降解。在一定范围内，反应物浓度越高，反应速率越快，更多的反应物能够与活性位点接触，从而增加反应发生的概率。但浓度过高会使活性位点被过度占据，阻碍电子传递，出现“底物抑制”，且高浓度会消耗大量活性物种，降低后期降解效率。

（5）传质过程

传质过程涵盖反应物向电极表面扩散、产物脱附及反应中间体迁移。其速率直接决定电催化反应效率，可通过搅拌溶液、增加流速来提高传质速率，减小电极表面扩散层厚度，使反应物及时到达电极，同时带走产物，避免产物积累而影响反应。

（6）废水的理化性质

有机质广泛存在于天然水体中，在一定程度上会影响目标污染物的处理效果。实验研究以不同浓度的腐殖酸分别添加到反应溶液中考察其对全氟壬酸（perfluorononanoic acid，PFNA）及全氟癸酸（perfluorodecanoic acid，PFDA）电催化降解的影响[52]。研究发现，腐殖酸的存在抑制了 PFNA 的降解，这可能是由于 PFNA 与腐殖酸及其中间产物的竞争作用。

3.5.3 电催化材料在环境污染控制中的应用

3.5.3.1 电催化阳极材料在水中污染物控制中的应用

（1）工业废水深度处理

在已报道的电催化技术中，掺杂金刚石的薄膜电极被证明可以用于处理高浓度 PFOA 废水[53]。有研究采用密度泛函理论，结合了铈掺杂改性多孔纳米二氧化铅薄膜阳极对 PFOA 的降解动力学，对其电催化机理进行了深入探讨[54]。在最新的研究中，TiO_2-NTA 电极被用于全氟辛烷磺酸（perfluorooctane sulfonic acid，PFOS）的降解实验，发现其主要降解途径包括：PFOS 在阳极表面发生电子转移，脱去磺酸根，形成全氟烷基自由基；

全氟烷基自由基与·OH 进行进一步反应，逐步脱氟、断链，形成短链 PFCS[55]。

还有研究考察了以 MWCNTs-OH-PbO_2 电极为阳极，模拟吡啶废水的降解效率和矿化效率，结果表明具有超高析氧电位的 CNT-PbO_2 电极能够有效降解吡啶。电流密度的增加能有效提高吡啶的降解速率，吡啶降解途径可能为：吡啶→羟基吡啶→二羟基吡啶→开环形成小分子酸→CO_2+H_2O。吡啶环上的氮原子转化为硝酸根，去除 1 g COD 所需电化学能耗为 351.6 W·h，处理 1 t 含吡啶废水能耗为 102.3 kW·h/t。

（2）对农药废水的处理

有研究采用 4 种不同工艺制备了 Pt/Ti 电极，评价了电极对农药类典型污染物敌敌畏（dichlorvos，DDVP）和嘧菌酯（azoxystrobin，AZX）的催化活性。结果表明，阳极的加工工艺和 Pt 纳米晶面结构对活性的提升有重要贡献；农药的反应动力学常数随电流密度（6.0～60 mA/cm^2）的升高而增加。此外，还有研究者对 Zr-PbO_2、Ti_4O_7/PbO_2 以及 SnO_2-Sb/PbO_2 电极在处理 2,4-二氯苯氧乙酸废水中的表现进行了研究，发现改性 PbO_2 电极的活性面积对 2,4-二氯苯氧乙酸的降解速率有显著影响。具有较高活性面积的 Zr-PbO_2 和 Ti_4O_7/PbO_2 电极降解 2,4-二氯苯氧乙酸速率高达 3.79 min^{-1} 和 2.54 min^{-1}，分别是 SnO_2-Sb/PbO_2 电极的 4.3 倍和 2.8 倍[56]。推测 2,4-二氯苯氧乙酸降解途径为：2,4-二氯苯氧乙酸→2,4-二氯酚→氯苯二酚→对苯醌→开环形成小分子酸→CO_2+H_2O。

（3）对医药废水的处理

研究表明，Ti/SnO_2-Sb/La-PbO_2 阳极对医药废水中的典型污染物——恩诺沙星具有高效的电催化活性[57]，恩诺沙星的降解速率和·OH 表观生成速率均随电流密度（2～10 mA/cm^2）的升高而增加。在电流密度为 8 mA/cm^2 时，恩诺沙星的半衰期相对较短（1.11 min）、能耗相对较低（2.1 W·h/L），溶液的 TOC 去除率和脱氟率分别可达到 95.1% 和 95.3%，同时毒性也随之快速降低。

Ti/TiO_2-钛纳米管（NTA*）/La-PbO_2 阳极材料具有较高的·OH 表观产率，对废水中另一种典型的药品氟西汀有良好的电催化降解性能。氟西汀和溶液 TOC 的去除率均随电流密度（2～12 mA/cm^2）的增加而逐渐提高。在 10 mA/cm^2 的电流密度条件下，氟西汀（初始浓度为 20 mg/ L）的降解率、TOC 去除率和脱氟率分别达到 100%、97.2%和 91.8%，微生物毒性也低于 2.2%。将 ACF 吸附浓缩与电催化氧化技术相结合，以 Ti/TiO_2-NTA*/La-PbO_2 为阳极，电催化氧化体系对氟西汀和 TOC 的去除率分别高达 94.3% 和 83.1%，同时出水的微生物毒性基本消失。在连续运行 120 h 后，出水水质依然稳定，阳极材料仍能保持较高的电催化活性。

3.5.3.2　电催化阴极材料在水中污染物控制中的应用

As、Cr、Pb、Cd 和 Hg 等重金属（类金属）的离子具有高毒性、难降解、易积聚等特点，容易对水体造成严重污染。电催化还原沉积是有效去除水中重金属的方法之一。

有研究使用 Fe/C 为电极回收废水中的重金属（类金属），发现对 As、Cr、Pb、Cd 和 Hg 的去除率分别为 90%、85%、78%、72%和 63%[58]。氯代挥发性有机化合物（chlorinated volatile organic compounds，Cl-VOCs）是环境介质中普遍存在的一类典型污染物，包括氯代脂肪基化合物和氯代芳香基化合物，其高毒性大多来源于 Cl 官能团。利用电催化还原脱氯，实现 C–Cl 的断裂，过程环境友好且能实现绝大多数氯代挥发有机物的高效还原。研究人员利用自制的复合电极电催化还原法去除水中的 PCP。结果表明，掺杂 P 明显提高了电极的催化活性[59]。在 n(Pd)/n(P) 为 1∶3、阴极电位为–1.2 V 条件下，处理 180 min 后，PCP 的降解率达到 90.8%。有关研究比较了铁电极和 BDD 电极还原三氯乙烯（trichloroethylene，TCE）的不同，指出电极的差异影响还原产物的种类。有学者比较总结了光催化和电催化脱氯反应，指出虽然氯代挥发性有机化合物的电催化还原脱氯方面取得了较大的研究进展，但由于相关技术的起步较晚，并且发展过程比较缓慢，其在实际生产应用中仍然面临成本较高、机理不明确等较大的挑战[60]。

除了脱氯以外，电催化还原还可用于其他卤素原子的脱除。有研究采用 MWCNTs 修饰电极研究了甲砜霉素（thiophenicol，TAP）和氟苯尼考（florfenicol，FF）的电催化还原[61]。研究表明，TAP 和 FF 可被 MWCNTs 修饰电极有效去除，并推测这两种抗生素的还原途径可能包括脱卤和羰基还原。研究人员[62]制备无贵金属阴极，构建电催化还原体系，考察铁含量、初始溶液 pH、外加电流强度和初始溴酸盐浓度等重要操作参数对电催化除 BrO_3^-的影响。当 BrO_3^-初始浓度为 1.22 μmol/L 时，94.2%的 BrO_3^-在 90 min 内被还原并完全转化为 Br^-。结果表明，实验使用的非贵金属阴极具有成本和效率的双重优势。有研究[63]通过炭化-浸渍法制备了一种新型的海绵生物炭（Pd/NLSBC）材料，并将其作为电催化除溴酸盐的阴极。结果表明，Pd/NLSBC 电极具有较高的溴酸盐吸附能力，有利于电催化除溴酸盐，溴酸盐的去除率最高（96.7%）。

电催化还原硝酸盐是目前的一个研究热点。有研究通过在铜电极上电沉积钯，制备了高活性的硝酸还原电催化电极[64,65]。有研究考察了钛阴极和 RuO_2-Pt 改性钛阳极在饮用水中的电催化脱氮性能及其影响因素，研究了不同电流密度、不同电极间距、不同初始 pH 等因素对脱氮效率的影响，同时对电催化反硝化的动力学研究进行了初步探讨。有综述[66]总结了电催化还原硝酸根离子的机理以及电极材料的研究进展，认为目前大部分硝酸盐电催化还原实验未深入探究电极在实际工程应用中的可行性和经济性，这也是未来该领域的重要发展方向。

3.6 电能驱动环境功能材料存在的问题与展望

目前，电化学技术在水处理领域的应用主要包括电芬顿、电吸附、电渗析、电催化等。电化学技术在去除水中污染物，特别是难降解有机污染物方面显示了巨大潜力。

电芬顿技术目前主要应用于处理农药废水、水中酚类化合物、垃圾渗滤液、RO 膜浓缩液等。电芬顿技术作为一种新兴的电化学 AOPs，在处理难降解有机污染物方面展示了其高效、环保的优势。目前，研究侧重于非金属或金属掺杂碳材料作为阴极，但普遍存在电流效率与 H_2O_2 产率低的问题，同时使用贵金属的成本过高，且空气扩散电极（GDEs）的制备工艺复杂、昂贵。未来的研究方向应致力于发现经济高效的催化剂，并深入探讨三相界面反应机理，从而提高电芬顿技术的应用前景。

电吸附技术目前主要应用于微咸水脱盐、氯离子去除、重金属离子去除、有机污染物去除等。电吸附技术作为一种融合了吸附分离技术和电化学理论的新型水处理技术，具有低能耗、高能量利用率、低操作成本等特点，并且可以在不造成二次污染的情况下去除水中的离子和带电物质。然而，电吸附技术仍面临一些挑战，包括如何进一步提升电极材料的吸附容量和再生效率，特别是在处理高浓度盐分或特定污染物时的效果。未来，研究将聚焦于开发具有更高比表面积和特殊表面活性的新型电极材料，以及优化电吸附过程中的操作参数以提高系统的整体效能。

电渗析技术主要应用于重金属废水、电镀废水等的处理。尽管电渗析技术在处理各种废水方面展示了显著的优势，诸如能够回收有价值的金属离子，减少有害物质排放，并且在处理含盐水、重金属废水及有机污染物方面展现了巨大潜力，然而该技术对氯离子的去除效率偏低，特别是在高盐浓度条件下，其去除率难以达到理想水平。此外，电渗析过程中可能会出现能耗较高、膜污染严重等问题。

电催化技术多用于工业废水、农药废水、医药废水处理等。电催化技术在处理工业废水中的多种难降解污染物方面展现了巨大潜力，但目前电极材料的制备成本仍较高，且长期运行稳定性不足。此外，电催化过程中的能量消耗较大，特别是在处理高浓度或复杂成分的废水时，效率和经济性仍有待提升。未来研究应着重于开发低成本、高效率且稳定的电极材料，优化电催化体系的设计以减少能耗，并深入探讨电催化机理，以提高对各类污染物的处理效能。

此外，不容忽视的是当前电化学反应器设计缺陷导致传质效率不佳，反应物和产物在电极表面的扩散速率受限，影响反应效率；电极结构不合理，活性位点利用率低，难以充分发挥电催化性能；能量利用效率低，大量电能消耗在副反应上。目前的改进方向包括：设计特殊流道以促进物质传输；创新电极结构，开发多孔电极、三维电极等，增加活性位点；合理调控反应条件，降低副反应发生概率，提升能量利用效率，以实现电化学反应器性能的全面提升。

参考文献

[1] 麦天鹏. 电化学修复荧蒽污染土壤试验研究[D]. 重庆：重庆大学，2016.

[2] Sopaj F，Oturan N，Pinson J，et al. Effect of the anode materials on the efficiency of the electro-Fenton process for the mineralization of the antibiotic sulfamethazine[J]. Applied Catalysis B：Environmental，2016，199：331-341.

[3] Huang Y H，Huang Y F，Chang P S，et al. Comparative study of oxidation of dye-Reactive Black B by different advanced oxidation processes：Fenton，electro-Fenton and photo-Fenton[J]. Journal of Hazardous Materials，2008，154（1-3）：655-662.

[4] Wang A M，Qu J H，Ru J，et al. Mineralization of an azo dye Acid Red 14 by electro-Fenton's reagent using an activated carbon fiber cathode[J]. Dyes and Pigments，2005，65（3）：227-233.

[5] Yatmaz H C，Uzman Y. Degradation of pesticide monochrotophos from aqueous solutions by electrochemical methods[J]. International Journal of Electrochemical Science，2009，4（5）：614-626.

[6] Isarain-Chavez E，Arias C，Lluis Cabot P，et al. Mineralization of the drug β-blocker atenolol by electro-Fenton and photoelectro-Fenton using an air-diffusion cathode for H_2O_2 electrogeneration combined with a carbon-felt cathode for Fe^{2+} regeneration[J]. Applied Catalysis B: Environmental，2010，96（3-4）：361-369.

[7] Chu Y Y，Zhang D M，Liu L，et al. Electrochemical degradation of *m*-cresol using porous carbon-nanotube-containing cathode and Ti/SnO_2-Sb_2O_5-IrO_2 anode：Kinetics，byproducts and biodegradability[J]. Journal of Hazardous Materials，2013，252：306-312.

[8] Zarei M，Salari D，Niaei A，et al. Peroxi-coagulation degradation of C. I. Basic Yellow 2 based on carbon-PTFE and carbon nanotube-PTFE electrodes as cathode[J]. Electrochimica Acta，2009，54（26）：6651-6660.

[9] Brillas E，Sires I，Oturan M A. Electro-Fenton process and related electrochemical technologies based on Fenton's reaction chemistry[J]. Chemical Reviews，2009，109（12）：6570-6631.

[10] Da Pozzo A，Di Palma L，Merli C，et al. An experimental comparison of a graphite electrode and a gas diffusion electrode for the cathodic production of hydrogen peroxide[J]. Journal of Applied Electrochemistry，2005，35（4）：413-419.

[11] Brillas E，Bastida R M，Llosa E，et al. Electrochemical destruction of aniline and 4-chloroaniline for wastewater treatment using a carbon-$PtFeO_2$-fed cathode[J]. Journal of the Electrochemical Society，1995，142（6）：1733-1741.

[12] Gong K P，Du F，Xia Z H，et al. Nitrogen-doped carbon nanotube arrays with high electrocatalytic

activity for oxygen reduction[J]. Science，2009，323（5915）：760-764.

[13] Perazzolo V，Durante C，Gennaro A. Nitrogen and sulfur doped mesoporous carbon cathodes for water treatment[J]. Journal of Electroanalytical Chemistry，2016，782：264-269.

[14] Hulicova-Jurcakova D，Seredych M，Lu G Q，et al. Effect of surface phosphorus functionalities of activated carbons containing oxygen and nitrogen on electrochemical capacitance[J]. Carbon，2009，47（6）：1576-1584.

[15] 李金昊，代钢，贾美林，等. 杂原子掺杂微孔碳材料的研究进展[J]. 应用化工，2020，49（10）：2608-2612.

[16] Brillas E，Banos M A，Camps S，et al. Catalytic effect of Fe^{2+}，Cu^{2+} and UVA light on the electrochemical degradation of nitrobenzene using an oxygen-diffusion cathode[J]. New Journal of Chemistry，2004，28（2）：314-322.

[17] Lin Y H，Yu，J，Xing Z P，et al. Enhanced generation of H_2O_2 and radicals on Co_9S_8/partly-graphitized carbon cathode for degradation of bio-refractory organic wastewater[J]. Electrochimica Acta，2016，213：341-350.

[18] Assumpcao M H M T，Moraes A，De Souza R F B，et al. Degradation of dipyrone via advanced oxidation processes using a cerium nanostructured electrocatalyst material[J]. Applied Catalysis A：General，2013，462：256-261.

[19] 刘勇，崔乐乐，王嘉诚，等. 过渡金属氧化物修饰石墨毡阴极及电催化氧化性能测试[J]. 无机化学学报，2016，32（9）：1552-1558.

[20] Can O T，Bayramoglu M，Kobya M. Decolorization of reactive dye solutions by electrocoagulation using aluminum electrodes[J]. Industrial & Engineering Chemistry Research，2003，42（14）：3391-3396.

[21] 牛军峰，王冲，商恩香. 水中全氟化合物电化学去除技术研究进展[J]. 中国科学：技术科学，2017，47（12）：1233-1255.

[22] 胡蝶，陈文清，张奎，等.垃圾渗滤液处理工艺实例分析[J]. 水处理技术，2011，37（3）：132-135.

[23] Guivarch E，Trevin S，Lahitte C，et al. Degradation of azo dyes in water by electro-Fenton process[J]. Environmental Chemistry Letters，2003，1（1）：38-44.

[24] Yuan S H，Lu X H. Comparison treatment of various chlorophenols by electro-Fenton method：Relationship between chlorine content and degradation[J]. Journal of Hazardous Materials，2005，118（1-3）：85-92.

[25] Mohajeri S，Aziz H A，Isa M H，et al. Statistical optimization of process parameters for landfill leachate treatment using electro-Fenton technique[J]. Journal of Hazardous Materials，2010，176（1-3）：749-758.

[26] Aziz H A，Othman O M，Abu Amr S S. The performance of electro-Fenton oxidation in the removal of coliform bacteria from landfill leachate[J]. Waste Management，2013，33（2）：396-400.

[27] Zhou M H，Tan Q Q，Wang Q，et al. Degradation of organics in reverse osmosis concentrate by electro-Fenton process[J]. Journal of Hazardous Materials，2012，215：287-293.

[28] Hu Y M，Lu Y B，Liu G L，et al. Effect of the structure of stacked electro-Fenton reactor on treating nanofiltration concentrate of landfill leachate[J]. Chemosphere，2018，202：191-197.

[29] Noked M，Avraham E，Soffer A，et al. The rate-determining step of electroadsorption processes into nanoporous carbon electrodes related to water desalination[J]. Journal of Physical Chemistry C，2009，113（51）：21319-21327.

[30] Zou L D，Morris G，Qi D D. Using activated carbon electrode in electrosorptive deionisation of brackish water[J]. Desalination，2008，225（1-3）：329-340.

[31] 冯建伟. MOF/石墨烯复合材料的制备及电化学性能研究[D]. 北京：北京化工大学，2020.

[32] Li X，Chen S，Quan X，et al. Enhanced adsorption of PFOA and PFOS on multiwalled carbon nanotubes under electrochemical assistance[J]. Environmental Science & Technology，2011，45（19）：8498-8505.

[33] 刘转年，刘源，赵晓光. 超细粉煤灰基成型吸附剂的制备及性能研究[J]. 煤炭学报，2009，34（9）：1263-1267.

[34] Hou C H，Liang C，Yiacoumi S，et al. Electrosorption capacitance of nanostructured carbon-based materials[J]. Journal of Colloid and Interface Science，2006，302（1）：54-61.

[35] 代凯，施利毅，方建慧，等. 碳纳米管电极电吸附脱盐工艺的研究[J]. 应用科学学报，2005，23（5）：539-544.

[36] 刘海静，张鸿涛，孙晓慰. 电吸附法去除地下水中离子的试验研究[J]. 中国给水排水，2003，19（11）：36-38.

[37] Jung H H，Hwang S W，Hyun S H，et al. Capacitive deionization characteristics of nanostructured carbon aerogel electrodes synthesized via ambient drying[J]. Desalination，2007，216（1-3）：377-385.

[38] Yan J，Fan Z J，Wei T，et al. Fast and reversible surface redox reaction of grapheme-MnO_2 composites as supercapacitor electrodes[J]. Carbon，2010，48（13）：3825-3833.

[39] Wook K T，Park J S，Gong J，et al. Manufacture and mechanical properties of carbon nanofiber reinforced hybrid composites[J]. Composites Research，2005，18（3）：1-6.

[40] 罗刚，周欢，朱华伟，等. 电吸附技术对不同浓度氯离子处理效果的试验研究[J]. 环境科学与管理，2013，38（9）：99-102.

[41] 吝珊珊. 电吸附法去除污泥酸浸液中重金属的研究[D]. 西安：西安工程大学，2015.

[42] 陈林根. 工程化学基础[M]. 北京：高等教育出版社，2018.

[43] 邢云青. EDI 法去除与回收废水中 Cr（Ⅵ）的研究[D]. 杭州：浙江大学，2007.

[44] 徐传宁. 电渗析法净化镀铬漂洗废水的研究[J]. 净水技术，1993（2）：25-27.

[45] 陈晟颖，厉威，郑颖韩，等. 新型电渗析器间歇处理水中 Cr（Ⅵ）的研究[J]. 浙江大学学报（理学

版），2012，39（1）：81-84.

[46] 庞洁，孟洪，陆颖舟，等. 异相膜电渗析法处理苯酚废水[J]. 北京化工大学学报（自然科学版），2010，37（5）：15-20.

[47] Wei Y X，Wang Y M，Zhang X，et al. Comparative study on the treatment of simulated brominated butyl rubber wastewater by using bipolar membrane electrodialysis（BMED） and conventional electrodialysis（ED）[J]. Separation and Purification Technology，2013，110：164-169.

[48] Comninellis C，Vercesi G P. Problems in DSA coating deposition by thermal decomposition[J]. Journal of Applied Electrochemistry，1991，21（2）：136-142.

[49] Bejankiwar R，Lalman J A，Seth R，et al. Electrochemical degradation of 1,2-dichloroethane（DCA） in a synthetic groundwater medium using stainless-steel electrodes[J]. Water Research，2005，39（19）：4715-4724.

[50] 刘伟军. 三维电极电催化氧化深度处理焦化废水生化出水研究[D]. 北京：北京化工大学，2019.

[51] Jha S，Chen Y，Zhang B，et al. Influence of morphology on electrochemical and capacity performance of open-porous structured electrodes[J]. Journal of Applied Electrochemistry，2020，50（2）：231-244.

[52] 李惠惠，张圆正，嵇阳远，等. 钛掺杂氧化铋紫外光催化降解水中全氟辛酸（PFOA）[J]. 环境化学，2020，39（5）：1202-1209.

[53] Xiao H S，Lv B Y，Zhao G H，et al. Hydrothermally enhanced electrochemical oxidation of high concentration refractory perfluorooctanoic acid[J]. The Journal of Physical Chemistry A，2011，115(47)：13836-13841.

[54] Niu J F，Lin H，Gong C，et al. Theoretical and experimental insights into the electrochemical mineralization mechanism of perfluorooctanoic acid[J]. Environmental Science & Technology，2013，47（24）：14341-14349.

[55] 沈丹红，姚建国，林敏，等. 典型全氟烷基酸的光/电催化降解：性能提升策略与反应机制[J]. 环境化学，2023，42（8）：2714-2729.

[56] Xu H，Li J J，Yan W，et al. Preparation and characterization of titanium based PbO_2 electrodes doped with some common elements[J]. Rare Metal Materials and Engineering，2013，42（5）：885-890.

[57] 王冲，牛军峰. 改性二氧化铅电极催化降解恩诺沙星模拟废水：动力学以及毒性评价[C]. 持久性有机污染物论坛 2017 暨第十二届持久性有机污染物学术研讨会，2017.

[58] 陈海斌，林友华，蒙李燕，等. Fe/C 电沉积法处理重金属废水的研究[J]. 中国资源综合利用，2021，39（5）：18-20.

[59] 王婧，崔春月，田侠，等. 非晶态 Pd-P/聚吡咯/泡沫 Ni 电极对五氯苯酚的催化还原[J]. 无机材料学报，2020，35（10）：1157-1162.

[60] 甘国强，李新勇. 氯代挥发性有机物的光、电催化去除研究进展[J]. 科学通报，2020，65（26）：

2804-2822.

[61] Deng D L，Deng F，Tang B B，et al. Electrocatalytic reduction of low-concentration thiamphenicol and florfenicol in wastewater with multi-walled carbon nanotubes modified electrode[J]. Journal of Hazardous Materials，2017，332：168-175.

[62] Yao F B，Yang Q，Sun J，et al. Electrochemical reduction of bromate using noble metal-free nanoscale zero-valent iron immobilized activated carbon fiber electrode[J]. Chemical Engineering Journal，2020，389：123588.

[63] Yao F B，Yang Q，Yan M，et al. Synergistic adsorption and electrocatalytic reduction of bromate by Pd/N-doped loofah sponge-derived biochar electrode[J]. Journal of Hazardous Materials，2020，386：121651.

[64] Ahmed N A，Hammache H，Eyraud M，et al. Synthesis of nanostructured ZnO/copper electrodes for nitrate electroreduction[J]. Desalination and Water Treatment，2017，94：156-163.

[65] Wang Y，Qu J H. Electrocatalytic reduction of nitrate in water with a palladium-modified copper electrode[J]. Water Environment Research，2006，78（7）：724-729.

[66] 陆晓赟，任家丰，孙婧，等. 电催化还原处理硝酸盐的电极材料研究进展[J]. 南京师大学报（自然科学版），2021，44（2）：134-140.

思考题

概念题

1．解释电芬顿材料的基本原理。

2．阐述电吸附技术相对于传统吸附技术的优势。

3．说明电催化还原脱氯在处理氯代挥发性有机物中的应用原理。

判断题

1．电能驱动环境功能材料只能用于废水处理，不能应用于其他环境污染控制领域。（　　）

2．在电芬顿技术中，使用 BDD 阳极可以提高 H_2O_2 的产生效率。（　　）

3．电吸附技术对水质要求较高，需要在特定的 pH 范围内进行。（　　）

4．电催化还原脱氯过程可以实现 C–Cl 的断裂，高效去除氯代挥发性有机物。（　　）

选择题

1．下列哪项不是电能驱动环境功能材料的应用领域？（　　）

A. 废水处理　　B. 大气污染治理

C. 土壤修复　　D. 核能发电

2．在电芬顿技术中，哪种材料通常被用作阴极材料以提高 H_2O_2 的还原效率和 Fe^{2+} 的再生？（　　）

A. 铂电极　　B. 碳毡

C. 玻璃碳电极　　D. 钛电极

3．电催化还原主要用于去除哪类污染物？（　　）

A. 重金属离子　　B. 氯代挥发性有机物

C. 氮氧化物　　D. 磷酸盐

简答题

1．简述电能驱动环境功能材料在废水处理中的主要作用机制。

2．描述电芬顿技术处理难降解污染物的过程，并说明其相对于传统芬顿技术的优势。

3．解释电渗析技术驱动离子定向迁移的机理。

论述题

1．结合实例论述电能驱动环境功能材料在环境污染控制中的重要性，并分析其未来发展趋势。可以引用相关文献案例进行说明，如电芬顿技术在染料废水处理中的应用。

2．论述电能驱动环境功能材料在实际应用中的环境效益与经济效益。可以对比分析传统污染治理方法与电能驱动环境功能材料在处理效率、成本、资源消耗等方面的差异，并结合具体案例进行说明，提出促进电能驱动环境功能材料发展的建议与措施。

第 4 章　热能驱动环境功能材料

4.1　热能驱动功能材料及其应用

4.1.1　热能与热运动

热能是指分子热运动的动能，是分子无规则运动具有的能量。物体通常由分子、原子和离子组成，一切物质的分子都在不停地进行无规则的运动。只有接近绝对零度（0 K）时，分子热运动才显著减弱。人们经常将布朗运动（如图 4-1 所示）和热运动混淆。两者虽均与温度相关，但布朗运动特指微粒在流体中的无规则运动，受到流体分子热运动的影响，而分子热运动涵盖了所有构成物质的微观粒子的无规则、持续运动，是物质本质属性的体现，影响物质的宏观特性，如热传导、物质状态的改变等。

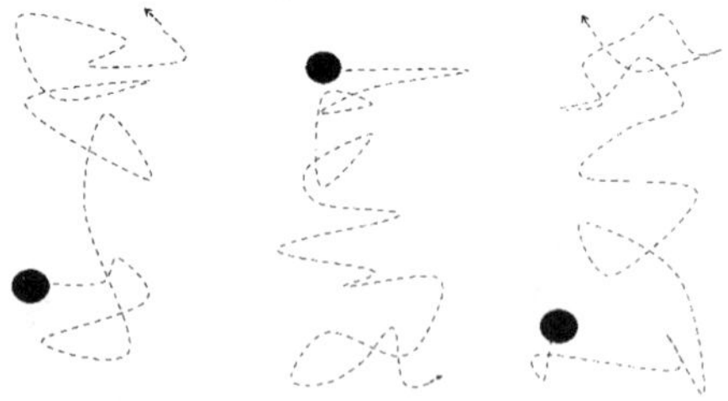

图 4-1　布朗运动粒子位移模拟图

19 世纪中叶，克劳修斯、麦克斯韦和玻尔兹曼相继提出分子运动论，用能量观点解释宏观物理量[1]。1827 年，英国植物学家布朗通过显微镜，观察到悬浮于水中的花粉粒子处于不停息的、无规则的运动状态。后人将这种运动称为布朗运动。到了 1900 年，F. 埃克斯纳证明粒子的速度随粒度增大而降低、随温度升高而增加，并提出研究粒子的动能和温度之间关系的想法。至此，布朗运动的物理模型已经初步显明。1905 年，爱因斯坦创立了布朗运动的理论，并推导出爱因斯坦-斯莫鲁霍夫斯基方程（布朗平均位移公式）

如下：

$$X=(RTt/3N_A\pi r\eta)^{1/2} \tag{4-1}$$

式中：X——t 时间间隔内粒子的平均位移，m；

R——摩尔气体常数，8.314 472 J/（mol·K）；

T——温度，K；

t——扩散时间，s；

N_A——阿伏伽德罗常数，$6.02\times10^{23}\ mol^{-1}$；

r——粒子的半径，10^{-10} m；

η——分散介质的黏度系数，Pa·s。

由式（4-1）可知，当其他条件一定时，微粒的平均位移与其粒径的平方根成反比，也就是说粒径越小，粒子的布朗运动越剧烈。

当存在浓度梯度时，物质粒子因热运动而在宏观层面发生定向迁移的现象叫作扩散。扩散是布朗运动的宏观表现，而布朗运动是扩散的微观基础，在稳态条件下，扩散服从菲克第一定理（如图 4-2 所示）。

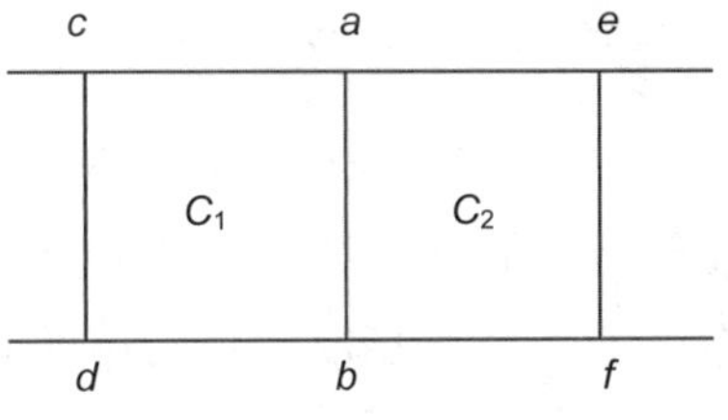

图 4-2　菲克第一定律示意图

若通过 ab 面的扩散质量为 m，则扩散速度为 dm/dt，其与浓度梯度和 ab 面的截面积 A 成正比，用公式表示为：

$$dm/dt=-DA(dC/dx) \tag{4-2}$$

式中：D——扩散系数，m^2/s，代表粒子扩散能力的大小，D 越大，粒子的扩散能力越强。式中负号表示扩散发生在浓度降低的方向。

爱因斯坦也曾推导出如式（4-3）所示的关系式：

$$D=RT/(6N_A\pi r\eta) \tag{4-3}$$

式中参数含义与式（4-1）相同，粒子的扩散与粒子的半径成反比，说明粒子半径越小，其扩散能力越强。

4.1.2 热能的来源与转化途径

热能的来源很多，常见的有电能转化为热能、化学能转化为热能、机械能转化为热能、光能转化为热能。热能也可以通过多种途径转化为其他能量形式，常见的包括热能转化为电能、热能转化为化学能、热能转化为机械能等[2]（如图 4-3 所示）。

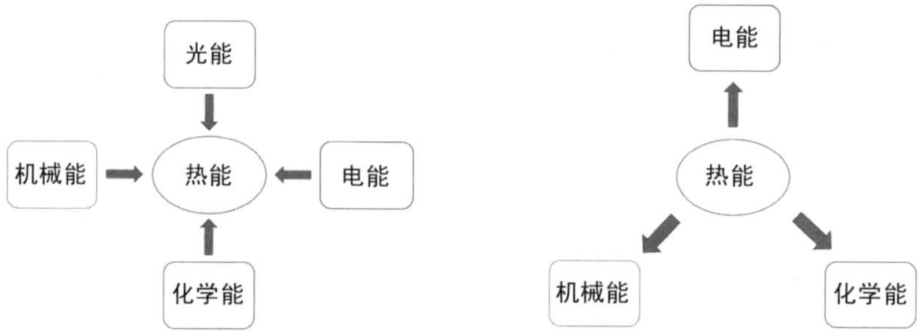

图 4-3 热能与其他形式能量之间的相互转化

4.1.3 热能驱动环境功能材料污染控制应用

热能驱动环境功能材料污染控制应用的三要素是热、材料、能量转化过程。本章主要介绍直接热催化、微波催化与湿式催化 3 种技术及相应的功能材料。

热催化技术已被应用到各行业领域。目前，最常用的热催化剂一般多为贵金属和氧化物类催化剂。微波催化技术是一种在传统治理技术的基础上发展的现代氧化技术，综合了填料吸附技术、空气净化技术及解吸技术等的特点；使用微波催化技术治理有机废气，能够有效地降低解吸及吸附所需的时间，降低所消耗能源的成本，减少浪费。湿式催化技术是在传统湿式氧化技术的基础上发展而来的，是通过在原有体系上添加催化剂，降低反应条件的要求，提高氧化剂的氧化活性，缩短运行时间，最终降低运行成本。

4.2 直接热催化与热催化材料

热催化技术是目前工业领域应用最为广泛的催化技术。无论是能源领域的石油裂解、脱硫脱硝，还是环境领域的空气净化、水净化、汽车尾气净化等，都与热催化技术紧密相关。

化学反应中，反应分子需要切断原有的某些化学键，再形成新的化学键，整个过程需要足够的活化能。所需活化能的大小与温度有关，所以绝大多数催化反应可以归为热催化过程。热催化反应可在整个材料内的活性中心发生，可使单位体积中的反应面积呈若干数量级的提高，大幅降低运行能耗，并且其处理对象范围广、副产物少、市场认可度高，还具有廉价、高效、安全等优点，在有机污染物尤其是 VOCs 的降解方面受到了研究者的广泛关注[3]。

4.2.1　热催化材料

热催化技术需要一定的温度基础，耗能较大[4]。近年来的研究发现，通过对材料的掺杂改性修饰，可使热催化材料具有在室温下有效降解污染物而无须输入额外能量的特点。因此，室温热催化技术作为一种去除污染物的新方法正受到越来越多的关注。

在热催化反应中，不同的催化剂的催化性能存在较大差异，因此催化氧化技术的关键是寻找价格低廉且可保持长期高效的催化剂。目前，可以作为热催化剂的物质有 Pt、Au、Pd、Ag 等贵金属，Cu、Mn、Co 等非贵金属和 MnO_x、Co_3O_4 等金属氧化物，这些物质在一定温度下进行热催化氧化都取得了较好的效果。但在实际应用时，这些起催化作用的材料一般不单独使用，而是互相掺杂，大多数热催化材料以金属氧化物（如 TiO_2、MnO_x-SnO_2、Co_3O_4-CeO_2 等）为基础材料，并添加约 1.0%的贵金属（如 Au、Ag、Pt 等）作为主要活性成分[3]。

4.2.1.1　热催化材料的种类

常用的催化剂主要分为贵金属催化剂和非贵金属氧化物催化剂两类[5]。

（1）贵金属催化剂

贵金属一般作为活性组分负载于载体上，组成负载型催化剂。主要起作用的部分即活性组分通常是 Pt、Au、Pd、Ag、Ir、Rh 等中的一种贵金属或多种贵金属复合体，通常以 TiO_2、Al_2O_3、CeO_2、Co_3O_4、活性炭等作为载体协助发挥催化作用。负载型贵金属在较低温度下具有较高的污染物去除效率，所需能耗更低，选择性更好，但是贵金属催化剂的价格较高、获取较难，且容易挥发、烧结或中毒。Pd 价格比 Pt 和 Au 便宜，而且添加第二金属后对催化剂的催化活性有较高提升，但是稳定性较差，易失活[6]。

负载型 Pt 催化剂是室温下催化氧化 HCHO 活性最高的催化剂。在 Pt/TiO_2 催化剂上，HCHO 也能完全氧化成 CO_2[7]。有研究人员用含 0.2% Pt 的 H_2PtCl_6 溶液研究制备了 Pt/TiO_2 热催化剂，表征发现虽然催化剂中 Pt 含量极低，但依然显示了良好的催化性能[8]。许多研究表明，Au 催化剂在 HCHO 催化氧化中也表现了较好的催化活性，但值得注意的是，在高温预处理及一些特殊性能方面，其催化活性不易保持。有学者利用共沉淀法制备的 Au/FeO_x 催化剂进行 HCHO 催化氧化反应，在一定湿度的室温下就可以将 HCHO 完全转化为 H_2O 和 CO_2[9]。类似地，还有学者将 Au 负载在 TiO_2 上，分别进行还原和氧化处理，发现经过 $NaBH_4$ 还原的质量分数为 1%的 Au/TiO_2 具有较强的催化活性，在室温下可以将 98.5%的 HCHO 转化[10]。有研究表明，Pd 催化剂在室温下就可以较好地催化分解 HCHO，而且可以通过添加第二组分以提高催化剂活性，但Pd催化剂容易失活[11]。还有报道发现，合成 Na_2TiO_3 和 $K_2O/nTiO_2$ 纳米管可用于负载Pd团簇，此时，层间碱金属的存在促进了Pd簇的分散，提高了室温下对HCHO氧化反应的催化性能[12]。

（2）非贵金属氧化物催化剂

虽然非贵金属氧化物催化剂的活性比贵金属催化剂的活性低，但是非贵金属氧化物催化剂对卤化物、As、Pb或P的耐受性更强。因此，近年来，许多科学家致力于研究低成本的非贵金属氧化物催化材料。除了价格低廉外，非贵金属氧化物还具有使用寿命长、容易再生、形貌和粒径可控、抗中毒性好等优点。非贵金属氧化物催化剂分为负载型和非负载型两类。负载型催化剂能够发挥金属的最大活性，多种金属的复合也能提高催化效率[13]。其中过渡金属氧化物和稀土氧化物最为常用，而且常复合使用两种材料以发挥更大价值。由于过渡金属元素（如Mn、Fe、Co、Ni等）具有多重价态，因此可以形成具有各种晶体结构的氧化物。过渡金属氧化物包括铜氧化物、锰氧化物、铁氧化物、镍氧化物、铬氧化物和钴氧化物等，稀土氧化物包括铈氧化物和镧氧化物等[14]。

由于具有较高的催化活性、稳定性、氧化还原性以及相对低的毒性，MnO_x 成为被研究者广泛研究的金属氧化物之一。MnO_x 经常与其他金属（如Cu、Ce）一起使用，其可以在较低温度下对HCHO氧化有很好的催化性能，与其他过渡金属相比，Mn原子具有较强的转换氧化态（II、III、IV）和形成结构缺陷的能力，因此表现了更高的氧迁移率和催化效率[15]。

4.2.1.2 热催化材料的制备方法

热催化材料的制备方法主要包括浸渍法、沉淀法、水热法、离子交换法、溶胶-凝胶法和模板法等[16]。以下对这些方法逐一进行介绍。

（1）浸渍法

浸渍法是最简单、最直接的贵金属热催化剂的制备方法。浸渍法制备固体催化剂的过程包括载体预处理、浸渍液配制、浸渍、除去过量液体、干燥和焙烧、活化等，其中浸渍是最关键的一步。如采用等体积浸渍法制备 $MO_x/\gamma\text{-}Al_2O_3$ 催化剂（M为Fe、Co、Ni、Cu、Ce、Mn）[17]：首先将金属盐溶于水中，配成一定浓度的前驱体溶液；其次称取 $\gamma\text{-}Al_2O_3$ 粉末，加入相应体积的前驱体溶液；再次充分搅拌静置后干燥过夜；最后将所得块体研磨成粉，焙烧得到 $\gamma\text{-}Al_2O_3$ 负载金属氧化物催化剂。浸渍法简单易行，可以选用市面上销售的外形与尺寸合适的载体，省去催化剂成型的步骤，而且负载组分在多数情况下仅分布于载体表面，利用率高、用量少、成本低，很适合贵金属催化剂的制备，但是其焙烧分解工序常产生废气污染。

（2）沉淀法

沉淀法是以沉淀操作过程作为关键步骤的制备方法，是制备贵金属催化剂的一种常用方法。沉淀法一般用于高含量（10%～20%）贵金属活性组分的催化剂制备，不适用于负载量较低的催化剂。沉淀法的过程主要包括：干燥后的载体与盐溶液和碱溶液相互作用，产生的沉淀物经过离心洗涤后，再通过干燥和煅烧得到催化剂。影响该方法的因素主要有溶液的浓度、温度以及 pH。沉淀法在操作过程中可以较好地去除杂质，使活性组分有均匀的分散效果[18]，且与载体结合紧密、不易流失。但是沉淀法操作机理较复杂，不易掌控，工业化生产线上的操作步骤多，生产费用高。

（3）水热法

水热法制备固体催化剂的机理是溶解-再结晶过程。首先原料会以离子、分子团的形式进入溶液中，在反应釜内部温差产生的强烈对流作用下，离子或者分子被输送到拥有籽晶的低温区域，形成过饱和的溶液，从而结晶[16]。水热法合成的催化剂具有较低的内应力，内部的缺陷较少，粒子的纯度较高，晶型较好且可控制。水热法有时也与沉淀法结合使用，例如，通过共沉淀-水热的方法制备热催化剂 $Ag_3PO_4/\alpha\text{-}Bi_2O_3$。水热法的应用范围广，可以有效调控催化剂的晶体结构形态、晶粒纯度等[19]。但是水热法需要高温高压步骤，对生产设备的依赖性较强，而且制备周期长，不适用于大规模的批次生产。

（4）离子交换法

离子交换法是用某些具有离子交换特性的材料，借助离子交换反应得到所需的催化剂。整个过程的动力是离子之间的浓度差和交换剂上的功能基对离子的亲和能力。通过离子交换的方法将需要的离子负载在特定的催化剂上，可以制备分布均匀、比表面积大的催化剂。以 $FeSO_4\cdot 7H_2O$ 和 $Na_2SnO_3\cdot 4H_2O$ 为原材料，通过调控反应温度，采用离子交换法，可以合成不同尺寸、形貌较规则的立方相 $FeSnO(OH)_5$ 微纳米材料[20]。实验结果表明，这种 $Pt/FeSnO(OH)_5$ 材料表现了优异的催化苯燃烧性能。离子交换法制备的催化剂分散均匀、比表面积大、利用率高，但由于难以确定合适的离子交换介质，因而制备过程较为烦琐复杂。

（5）溶胶-凝胶法

溶胶-凝胶法制备固体催化剂的过程：首先，将具有较高化学活性组分的化合物在液相下均匀混合，伴随水解与缩合的化学反应，在溶液中形成稳定的透明溶胶体系；其次，溶胶经过陈化，使胶粒之间缓慢地聚合，逐渐形成凝胶状；最后，凝胶被干燥和煅烧，最终形成具有纳米结构的固体催化剂。有研究人员发现，采用溶胶-凝胶法可以制备一系列具有不同 Ca 置换量的 $La_{1-x}Ca_xCoO_3$。样品具有钙钛矿结构，呈球状颗粒组成的不规则片状形貌，对甲苯具有较好的热催化氧化活性和抗水性[21]。溶胶-凝胶法反应较简单，但整个溶胶-凝胶过程所需时间较长，常需要几天或几周，而且在干燥过程中将会逸出许多气体及有机物，其结构收缩程度不易控制。

（6）模板法

模板法是以模板为主体构型控制材料尺寸，进而决定材料性质的一种合成方法。通常包括软模板和硬模板两种技术路线。如可以十二烷基硫酸钠（sodium dodecyl sulfate，SDS）为模板剂，制备高比表面积的多孔 CeO_2（270 m^2/g），以其为载体得到的 Au/CeO_2 催化剂具有在接近室温的条件下完全催化氧化 HCHO 的能力[22]。模板法具有较好的形貌可控性，通过选择不同形貌和孔隙尺寸的模板，可简便设计并制备具有特定形貌和内部结构的多孔结构，但最后除去模板的过程中可能会对催化剂的形貌结构产生一定破坏。

4.2.2 热催化过程与材料的构效关系

4.2.2.1 热催化反应机理

热催化反应需满足以下条件：①催化剂和污染物有较好接触；②催化剂有尽可能大的比表面积；③催化剂能提供尽可能多的有效活性位点。热催化降解有机物的反应称为黑暗环境下的热催化[23]。根据反应过程的不同，进一步将黑暗环境下的热催化反应分为4类：表面电子传递机理（surface electron transfer，SET）、跳跃传导模型机理（hopping conduction，HC）、Mar-van-Krevelen 机理以及自由基链自氧化机理（free radical chain autoxidation，FRCA）。而对于所有这些机理，为了快速有效地发生催化反应，有机污染物（Org.）的吸附是非常重要的过程[式（4-4）]。

$$\text{Org.} + \text{catalyst} \longrightarrow \text{catalyst（Org.ads）（吸附态有机污染物）} \tag{4-4}$$

表面电子传递机理在黑暗环境条件下的热催化中普遍存在，而催化剂和反应物之间的电荷转移以及活性氧在黑暗环境条件下的产生方式是热催化过程的关键。当有机污染物吸附到催化剂表面后，通过催化剂的 CB 或表面氧化还原电对，污染物向催化剂注入电子，引发反应，同时产生捕获电子[catalyst（e^-）]和半氧化的阳离子自由基（$Org.^+$）[式（4-5）]。在这个过程中，催化剂表面缺陷作为电子传输通道，捕获的电子被吸附的 O_2 消耗，生成阴离子超氧自由基（$\cdot O_2^-$）[式（4-6）]，再质子化形成过氧化羟基自由基（$\cdot HO_2$）[式（4-7）]，进而生成 H_2O_2[式（4-8）]。形成的 H_2O_2 进一步分解成·OH[式（4-9）]。单线态氧也可以通过自由基相互作用生成[式（4-10）～式（4-12）]。因此，活性氧（reactive oxygen species，ROS）负责降解有机污染物和（或）其半氧化自由基阳离子对应物[式（4-13）]。简而言之，吸附的有机污染物将自身电子通过催化剂 CB 或氧化还原对注入催化剂，由此得到被捕获电子和被部分氧化的有机污染物阳离子。随后，被捕获电子与吸附 O_2 反应生成活性氧物种，由其促使有机污染物降解。

$$\text{catalyst（Org.ads）} \longrightarrow \text{catalyst}（e^-）+ \text{Org.}^+ \tag{4-5}$$

$$\text{catalyst}（e^-）+（O_2）_{ads} \longrightarrow \text{catalyst} + \cdot O_2^- \tag{4-6}$$

$$\cdot O_2^- + H^+ \longrightarrow \cdot HO_2 \tag{4-7}$$

$$2\cdot HO_2 \longrightarrow O_2 + H_2O_2 \tag{4-8}$$

$$H_2O_2 + e^- \longrightarrow \cdot OH + OH^- \tag{4-9}$$

$$\cdot O_2^- + \cdot OH \longrightarrow {}^1O_2 + OH^- \tag{4-10}$$

$$\cdot HO_2 + \cdot O_2^- \longrightarrow {}^1O_2 + HOO^- \tag{4-11}$$

$$2\cdot HO_2 \longrightarrow {}^1O_2 + H_2O_2 \tag{4-12}$$

$$\cdot OH/\cdot O_2^-/\cdot HO_2/H_2O_2/{}^1O_2 + Org./Org.^+ \longrightarrow \cdots \longrightarrow \text{副产物} \tag{4-13}$$

跳跃传导模型机理类似于光催化机理，当催化剂接收的能量大于或等于催化剂的带隙能时，VB 中的电子被激发进入 CB，在 VB 中留下空穴[式（4-14）]。强氧化性空穴可直接将 H_2O 氧化成$\cdot OH$[式（4-15）]。同时，电子被吸附的 O_2 捕获，形成一系列 ROS[式（4-6）～式（4-12）]，由此产生的 ROS 攻击有机分子以实现热催化降解，部分被激发电子与空穴重新结合，以辐射或非辐射的方式耗散能量[式（4-16）]。

$$\text{catalyst} + \text{Heat Excitation} \longrightarrow \text{catalyst}\ (h^+ + e^-) \tag{4-14}$$

$$h^+ + H_2O \longrightarrow \cdot OH + H^+ \tag{4-15}$$

$$H^+ + e^- \longrightarrow \text{Energy} \tag{4-16}$$

Mar-van-Krevelen 机理涉及两个步骤：第一步是污染物被催化剂中的晶格氧氧化，产生部分还原的催化剂。第二步是还原催化剂被 O_2 再次氧化。在催化剂中，随着活性相（高价金属）的还原，催化剂内部的晶格氧被激活，形成活性氧和氧空位，从而触发 ROS（如 ${}^1O_2$、$\cdot O_2^-$和$\cdot OH$）的降解过程。O_2 在催化剂和污染物之间的转移决定了反应速率，就 H_2O_2 的稳定性而言，还原催化剂的再氧化是 Mar-van-Krevelen 机理中至关重要的一步。在催化剂中，还原引起的氧空缺可以用化学吸附氧来填补。

自由基链自氧化机理中，有机化合物（RH）通过与催化剂（Cat.）反应而变成自由基（$\cdot R$）[式（4-17）]，同时生成还原催化剂（$Cat._{red}$）。催化剂可以通过吸附 O_2 生成$\cdot O_2^-$而被重新氧化[式（4-18）]，进一步反应生成$\cdot OH$[式（4-7）～式（4-9）]。值得一提的是，通过$\cdot OH$ 提取 RH 的氢原子也可以产生$\cdot R$[式（4-19）]，在$\cdot R$ 中加入 O_2，得到相应的过氧自由基（$\cdot ROO$）作为链载体[式（4-20）]，能够从 RH 中提取一个氢原子生成$\cdot R$ 和 ROOH[式（4-21）]。另外，两个$\cdot ROO$ 可能很快结合产生 ROOOOR[式（4-22）]。

$$RH + Cat. \longrightarrow \cdot R + H^+ + Cat._{red}\ (\text{阶段 1}) \tag{4-17}$$

$$Cat._{red} + O_2 \longrightarrow Cat. + \cdot O_2^-\ (\text{催化剂再生}) \tag{4-18}$$

$$RH + \cdot OH \longrightarrow \cdot R + H_2O\ (\text{阶段 2}) \tag{4-19}$$

$$\cdot R + O_2 \longrightarrow \cdot ROO\ (\text{链载体形成}) \tag{4-20}$$

$$RH + \cdot ROO \longrightarrow ROOH + \cdot R\ (\text{传播}) \tag{4-21}$$

$$2\cdot ROO \longrightarrow ROOOOR\ (\text{终止}) \tag{4-22}$$

然而，由于缺乏有效的原位表征技术来实时检测活性氧物种变化和确定特定基团的降解途径，迄今报道的热催化剂机理仍然具有争议。因此，需要对催化反应进行详细的机理描述，以阐明具体的反应过程，为催化剂设计提供进一步的指导。

4.2.2.2 热催化过程的关键控制因素

热催化过程的 5 个步骤决定了催化性能、反应途径和产物，影响这一过程的因素既有外在的环境条件，也有内在的材料因素。

（1）外部因素

外部因素包括温度、湿度、进气浓度、反应时间等，其中反应温度对热催化反应最为关键。从反应角度来看，转化率随反应温度的升高而增加。但是能耗也随温度的升高而增加，与此同时还需要额外的加热设备，因此从经济性的角度来看，反应温度越低越好，所以选择合适的反应温度使反应在效率和经济上达到双赢是值得研究的问题[24]。

对于其他的外部因素，也有相关人员进行了研究，基本每个因素都存在一个最佳值，但要综合考虑各种因素的效果和经济成本，找到综合的最佳条件。研究人员研究浓度、温度、湿度对利用铜锰催化剂去除室内 HCHO 效率的影响，发现温度对 HCHO 转化率的影响最大，湿度次之[25]。采用高温固相合成法制备 $CuMn_2O_4/NiMn_2O_4$ 热催化剂，由该实验可发现热催化剂的催化降解效果与底物浓度和温度的增加呈正相关[26]。

（2）内在因素

内在因素即催化剂本身理化特性。不同的催化剂有不同的催化效果，良好的热催化剂往往能使反应在更容易达到的温度下进行，如有研究人员比较了 K-OMS-2（八面体锰络合物）、0.5% Pd/Al_2O_3 和 γ-Mn_2O_3 3 种不同催化剂对甲苯氧化的催化活性，发现 Pd 在低温下具有较高的活性，并且根据完全析因实验设计，发现 K-OMS-2 催化剂和氧化温度是影响甲苯裂解的主要因素[27]。

载体作为催化材料的重要组成部分，用于负载贵金属和非贵金属活性组分。理想的载体应具有比表面积足够大、耐热、有利于活性组分的均匀分散负载、热导率合适、物理与化学稳定性良好、制备方便、不会产生二次污染等特性。因此，载体对热催化效果的影响一直是研究的热点。有学者将 Cu 加载到 $Mn_{0.5}Ce_{0.5}O_2$、TiO_2、γ-Al_2O_3 和 CeO_2 4 种不同载体上，用于去除 HCHO，发现负载型 Cu 催化剂对 HCHO 氧化的催化活性显著依赖载体材料，负载在 CeO_2 和 $Mn_{0.5}Ce_{0.5}O_2$ 上的 Cu 活性明显超过了负载在 TiO_2 和 γ-Al_2O_3 上的 Cu，混合氧化物 CuO_x/ $Mn_{0.5}Ce_{0.5}O_2$ 对 HCHO 的氧化活性最高[28]。

除了载体类型，载体的制备方法（如预处理）也很重要。不同的制备方法不仅影响活性部分与载体之间的相互作用，而且可能影响活性部分（如贵金属）的颗粒大小。有研究人员分别用热处理法在催化剂表面形成活性位点，以及通过等离子体处理法生成 Au 颗粒，显著提高了 Au/TiO_2 在 CO 氧化和优先氧化反应中的催化活性。与未处理的催化剂相比，热处理的 Au/TiO_2 显示了更好的催化活性[29]。

目前，热催化剂的活性组分主要有贵金属、非贵金属和金属氧化物。但一般来讲，含贵金属的催化剂活性较好，应用也较多。有研究人员制备了不同 Pt 负载量（0.05%～2%）的 Pt/TiO_2 催化剂，发现贵金属分散量是影响催化剂活性的重要因素[30]。

热催化过程时刻受到外部因素和内部因素的影响，因此在进行污染物去除时，应当综合热催化反应的各项影响因素，制订相对合理的、科学的热催化过程方案。

4.2.3　热催化材料在环境污染控制中的应用

4.2.3.1　热催化材料在有机污染控制中的应用

（1）气态有机污染物

在一定的温度下，热催化法可以利用空气中的 O_2，将气态 VOCs 转化为 CO_2 和 H_2O，对室内空气中的污染物的消除具有重要意义。该方法废气处理量大、无二次污染、成本低廉、反应环境友好、节能高效[31]，被许多研究人员认为是最有前途的 HCHO 去除方法，这种方法既解决了吸附材料寿命相对较短的问题，又解决了光催化材料需要额外的设备和运行成本的问题。例如，有研究人员考察了 Co_3O_4 催化剂对 HCHO 的氧化作用，发现以 $KHCO_3$ 为沉淀剂制备的 Co_3O_4 催化剂可以在 90℃条件下将 HCHO 完全氧化成 CO_2[32]。此外，也有研究人员在 CH_4 燃烧氧化过程中加入热催化剂，以降低反应温度、使甲烷完全燃烧、减少有毒的 CO 气体的排放。例如，有人采用溶胶-凝胶法制备了一系列经 M_xO_y（M 为 Y、Cr、Mg、Ce）改性的 CuO/ZrO_2-Al_2O_3 催化剂。催化活性评价结果表明，CuO/Y_2O_3-ZrO_2-Al_2O_3 催化剂具有较高的 CH_4 催化活性和热稳定性[33]。还有研究表明，Au/TiO_2 可以强力吸附乙醛并将其催化氧化为乙酸[34]。

（2）塑料的热催化分解

将纳米二氧化钛（nano-TiO_2）作为热催化剂，与低密度聚乙烯（low density polyethylene，LDPE）熔融共混后制备了 LDPE/TiO_2 复合薄膜。结果表明，纯聚乙烯薄膜和聚乙烯复合薄膜在黑暗低温条件下也发生热降解，且 nano-TiO_2 填充量越大、温度越高，热降解效果越明显[35]。

4.2.3.2　热催化材料在无机污染控制中的应用

CO 为一种典型的有毒气体，CO 的热催化氧化也是很重要的研究方向。先前的研究发现，虽然金属氧化物也能将 CO 完全转化，但反应需要高温条件，这限制了金属氧化物催化剂的应用。相反，贵金属催化剂能有效地在较低温度下消除 CO。有学者比较了 Al_2O_3 球上镀 Pt-Pd、0.25% Mn 和 0.56% Mn 3 种材料在 CO 热催化反应中去除效率的差异[36]，发现贵金属催化剂的矿化效率明显高于锰催化剂。还有研究发现[37]，采用浸渍还原法制备的 Pt/CeO_2 催化剂在室温下具有优异的脱 CO 活性[38]；在该催化剂上，更多的 Pt^0 物种可以增强氧物种的吸附和活化，从而促进更多的化学吸附氧的形成[39]。

4.3 微波催化与微波催化材料

微波是频率在 300 MHz～300 GHz 的电磁波，波长在 0.1 mm～1 m，是分米波、厘米波、毫米波、亚毫米波的总称。当微波辐射材料时，通常呈现穿透、反射和吸收 3 种特性，这 3 种特性与材料的固有特性有着本质的联系。非极性材料制作的介质通常无法吸收微波，而极性介质（如水和有机酸）可以吸收微波；在电磁场力的作用下，极性分子之间会产生旋转和摩擦，从而产生宏观热效应，这就是微波加热的基本原理[40]。

1967 年，N. H. Williams 发现微波可以加快化学反应，因而将微波技术引入化学领域，并逐渐形成了微波化学这一新领域。20 世纪 80 年代，微波技术迅速发展，其具有快速高效、节能降耗、安全方便、处理过程中不会产生二次污染物等优点，近年来越来越多地被用于环境治理中，尤其是在清洁生产、污染防治领域。

4.3.1 微波催化材料

微波催化反应从实质上说，是微波首先作用于催化剂或其载体，使其迅速升温而产生活性位点，激活后的催化剂与反应物接触后再催化相应反应的进行。在金属催化剂中，主要是铁磁性金属（如 Fe、Co、Ni 等）能与微波发生强相互作用。而对于金属氧化物，根据组分和结构不同而有很大差别。对于 S 区金属氧化物，不存在变价情况，对微波几乎无吸收；对于 P 区金属氧化物和过渡金属氧化物，存在变价现象，吸收微波的能力随组分和结构变化。在微波催化过程中，化学催化与微波相结合（如催化剂表面吸收微波和加快降解过程）为快速地从水中去除有机污染物提供了有效的方法。

4.3.1.1 微波催化材料的种类

微波辐照可以诱导许多材料的催化行为。当微波辐照这些材料时，微波与催化剂之间的相互作用能使材料吸收并转化微波能量后迅速加热生成活性中心，从而提高反应速率。一般而言，微波与催化剂可以有两种相互作用模式。第一种相互作用模式是微波吸收剂（通常是碳质材料）可以由非催化剂转化为有效的催化剂，主要机制是由于微波吸收剂的强吸收能力产生了“热点”，从而使微波诱导的催化反应发生，并由此降解某些污染物；第二种相互作用模式是微波辐射可以提高某些已经是催化剂的材料的催化能力。根据微波与催化材料作用模式的不同，微波催化材料可以大体分为以下两大类。

（1）以活性炭为代表的非催化剂

以活性炭为主的非催化剂可以作为微波的吸收剂，在微波辐射下充当催化剂。吸收微波后，这些材料表面会形成大量的“热点”，这些“热点”的温度比其他位置高得多，可以促使一些强氧化性的自由基产生，直接使污染物分解产生小分子无机物。活性炭对微波有很强的吸收能力，且活性炭吸附能力较强，能诱导和强化化学反应，故常被用作诱导化学反应的催化剂。研究发现[41]，该技术具有去除效率高、辐照时间短、无残留、无二次污染等优点，适用于处理废水中各种不同化学成分和结构的有机污染物[42]。

（2）以金属和金属氧化物为主且自身具有一定催化能力的催化材料

以过渡金属氧化物和 P 区金属氧化物为主的金属氧化物催化剂可以与微波发生强烈相互作用，导致温度升高。有学者对过渡金属氧化物和 P 区金属氧化物在微波辐照下的吸波特性、升温性能及与微波的相互作用机制开展了系统研究，并将其划分为 3 类[43]。一是微波介质损耗因数大的金属氧化物，这类金属氧化物（如 NiO、Co_3O_4、WO_3 等）具有很高的活性，对微波敏感，升温速率很快，在微波场中有较大的损耗，适宜作微波诱导催化反应的催化剂。有研究证明，微波诱导 NiO 催化技术是降解邻苯二甲酸二甲酯（dimethyl phthalate，DMP）的有效方法[44]。二是微波升温曲线有一个拐点的金属氧化物（如 Fe_2O_3、V_2O_5 等），其具有一定活性，在微波作用一段时间后，才开始急剧升温。三是微波低损耗物质（如 Al_2O_3、Nb_2O_5、ZrO_2 等），这些金属氧化物无变价且晶体结构单一、对微波不敏感，在微波作用下升温很慢或基本不升温，适合作载体。有学者为了有效提高活性炭在微波诱导降解有机污染物中的催化活性，采用纳米 TiO_2 负载活性炭结合微波照射技术（TiO_2/AC/MW）对水中甲基对硫磷进行降解研究[47]。结果表明，甲基对硫磷可降解 85.8%，适当延长微波照射时间（2.5 min），降解率可接近 100.0%。

4.3.2　微波催化过程与材料的构效关系

4.3.2.1　微波催化机理

一般认为，微波加热有 3 种途径：介质损耗加热、传导损耗加热和磁损耗加热。

介质损耗加热：微波辐照可以穿透许多损耗介质（如水溶液、碳质材料和过渡金属氧化物）。自然状态下，损耗介质的分子无序运动和排列。在微波的高频交变电场下，分子的旋转（反转）不能完全跟随电场方向的变化，产生弛豫，大量能量被消耗并转化为热能[48]。

传导损耗加热：电子在导体内传导时产生的电流在与外部电场相反的方向上产生感应磁场，从而将移动的电子推向相反方向。由于电荷载体的惯性力、弹性力、摩擦力和分子相互作用力[49]，振荡电流可以快速重复上述过程，从而在材料内部均匀加热。

磁损耗加热：对于铁氧体等磁性材料，磁损耗一般可分为 3 种类型，即涡流损耗、磁滞损耗和磁共振损耗。当导电材料与外界磁场发生相对运动时，产生涡流损耗发热。磁滞损耗加热是由交变磁场下反复磁化过程中磁滞现象引起的能量损耗发热。对于某些金属氧化物，磁共振损耗对微波加热的贡献最大，是由畴壁和电子自旋共振引起的。

经相关研究证明，物质吸收微波的能力与其理化性质有关。微波诱导催化反应的过程主要包括两种[50]：一是微波对催化剂的增强催化过程。微波辐射到催化材料（如过渡金属氧化物）上时，可以直接激发电子-空穴对。微波辐射加速了催化材料表面自由基（如·OH）的生成，增强了催化活性。二是微波诱导催化过程。许多反应物（如有机化合物）不能直接且明显地吸收微波辐射。在微波辐照下，一些微波吸收剂（如活性炭和其他碳材料）可以作为"敏化剂"。由于"敏化剂"表面存在弱键和缺陷位点，共振耦合可以吸收微波能量并将能量传递给反应物。由此，在表面上产生高温"热点"，当反应物与这些"热点"接触时，这些热点可以引发化学反应[51]。

4.3.2.2 微波催化过程的影响因素

（1）反应物初始浓度的影响

研究人员通常会研究反应物初始浓度对降解效率的影响。在进行微波诱导活性炭催化处理酸性靛蓝废水的研究时，研究人员分别加入不同浓度的酸性靛蓝溶液，实验结果表明酸性靛蓝初始浓度与微波诱导活性炭的催化效率呈负相关[52]。有研究考察了硝酸改性活性炭催化微波诱导降解水中结晶紫的性能[53]，实验结果表明，随着溶液初始浓度的增加，结晶紫的降解率逐渐降低。这也与传统的催化活性位点控制决速步骤的相关阐述是一致的。

（2）催化剂用量的影响

对于相同的目标污染物和催化剂，使用不同用量的催化剂可能导致处理效率不同。一般认为，催化剂的用量是影响反应的重要因素。随着催化剂的增加，催化效率和活性相应增加，但达到一定的投加量之后，催化剂的费效比降低，经济性变差。为解决上述问题，一般采用负载型催化剂的策略来兼顾催化剂的效率和费效比。例如，有研究表明，以海泡石为载体不仅可以使 $NiFe_2O_4$/海泡石保持较高的活性，而且可以减少 $NiFe_2O_4$ 的添加量[54]。

（3）微波辐射时间的影响

大量研究表明，废水处理效率将随微波辐射时间的增加而增加，直到达到平稳的趋势。研究微波辐射时间对微波诱导氯化锌催化氧化处理抗生素类混合工业废水的影响时发现，COD_{Cr} 去除率随时间的增加而增加[55]。在采用微波诱导催化氧化技术处理含羟乙基纤维素废水时发现，在微波功率一定的条件下，随微波时间的延长，COD_{Cr} 去除率提高幅度不大，这说明微波催化符合常见的反应动力学规律[56]。

（4）微波辐射功率的影响

催化效率一般与微波输出功率呈正相关。以粉末活性炭为催化剂，采用微波协同活性炭工艺，对偶氮染料（酸性芷青 GGR 和酸性嫩黄 G）废水进行处理。实验数据表明，微波功率越高，偶氮染料去除效果越好[57]。以天然沸石为载体，采用尿素均匀沉淀法制备 Fe_2O_3/沸石负载型催化剂，研究其在微波辐射下对焦化废水的处理效果。发现随微波辐射功率的增加，焦化废水的色度、COD 去除率均呈上升趋势。经过进一步的研究，发现随输出功率的增加，催化效率先增大后减小[58]。

4.3.3　微波催化材料在环境污染控制中的应用

4.3.3.1　微波催化材料在水体污染控制中的应用

（1）染料废水

纺织工业的耗水量巨大。纺织或印染工业所排放的废水由于其有毒性、COD 高、不易降解等特性，正在成为越发严重的环境问题[59]。有学者研究了微波诱导碳掺杂氧化锌纳米颗粒（C-ZnO NPs）催化降解亮绿染料（brilliant green，BG），结果表明在微波辐照 7 min、BG 浓度为 36.0 mg/L 的条件下，BG 最佳去除成本为 174 美元/kg [60]。有研究利用颗粒活性炭负载铁酸铜的新型微波催化剂降解活性棕 2 模拟废水和实际废水。结果表明在微波辐射功率 2 kW、催化剂投加量 3 g/L、微波辐射时间 8 min 的条件下，对活性棕 2 的脱色率最高，可达 90.8%，且 COD 去除率达到 86.5%，BOD_5/COD（B/C）值提高到 0.38[61]。利用纳米零价铁（nanoscale zero-valent iron，nZVI）诱导热催化降解染料废水，结果表明与单独使用 nZVI 相比，nZVI 与微波联用可在更短的时间（5 min）内实现更高的染料脱除效率[46]。

（2）苯酚类化合物

苯酚及酚类衍生物是重要的化工和医药原料，是合成许多高分子芳香烃的中间体，有着广泛的应用，是主要环境污染物之一。一种新型的磁性可分离 $NiCo_2O_4$-$Bi_2O_2CO_3$ 复合材料是有效降解 4-NP 的微波催化剂[62]。以 Cu/GAC 为催化剂、H_2O_2 为氧化剂，发现苯酚去除率可达 99.6%，COD 去除率可达 88.6%[63]。以 γ-Al_2O_3 为载体，采用浸渍焙烧法制备 Fe_2O_3/Al_2O_3 催化剂，证明了其优越的微波诱导催化氧化处理模拟含酚废水性能。XRD 和 X 射线荧光（X-ray fluorescence，XRF）光谱测试结果表明，活性组分 Fe_2O_3 在催化剂中以 α-Fe_2O_3 的形式存在，其含量为 3.71%，与载体 Al_2O_3 相比，Fe_2O_3/Al_2O_3 催化剂的比表面积、平均孔径及平均孔容略有降低[45]。

（3）农药废水

活性炭对有机污染物的吸附能力强，且对微波的吸收能力强，可以通过吸收微波能量实现对有机污染物的分解。有学者以活性炭为吸附催化剂的微波协同芬顿试剂工艺催化氧化处理多菌灵模拟废水。结果表明，活性炭本身对污染物不存在降解效果。分别对比在微波和超声波诱导下对 COD_{Cr} 的降解效果，发现微波诱导下的去除效果更好[64]。研究发现，微波催化氧化技术修复有机氯农药污染场地土壤时，氯丹的去除率可达 70%左右[65]。

4.3.3.2 微波催化材料在气相污染控制中的应用

在气体污染物中，硫氧化物（SO_x）和氮氧化物（NO_x）是最主要的两类污染物。近年来，微波法被越来越多地用于研究 SO_x 和 NO_x 的有效脱除。微波催化反应模式是一种可行的、有前途的活性炭选择性催化还原 NO 烟气治理方法[66]。为提高低微波辐照功率下还原 NO_x 的效率，制备了 Ag 基、Co 基、Ce 基、La 基催化剂负载型活性炭[67]，并进行了微波辐照负载型活性炭还原 NO_x 的性能研究。结果表明，所制备的金属催化剂负载型活性炭在微波辐照下均具有良好的脱硝效果，NO_x 去除效率排序为 Ag 基（97.8%）＞Co 基（96.1%）＞Ce 基（95.8%）＞La 基（95.1%）＞未负载型活性炭（94.1%）。

常见的 VOCs 有甲苯、二甲苯、烷烃类、卤代烃等。许多研究人员对催化氧化与微波辐射诱导技术的协同进行了广泛的探索，而甲苯作为 VOCs 的典型污染物，得到了较多研究人员的关注。利用溶胶-凝胶法制备的 SiC 基 Cu-Mn-CeO_x 复合催化剂处理甲苯，并在微波场中分析其性能。结果表明，SiC 具有良好的吸波性能，负载后的催化剂活性组分紧紧附着在 SiC 载体表面[68]，从而实现了高效的甲苯脱除。

总体而言，微波诱导催化技术在废气处理中表现了良好的应用前景，但是需要深刻认识到当前技术研究水平距离实际应用仍存在差距。未来研究应主要集中在微波诱导催化反应的机理研究，明晰微波诱导催化反应的本质，并不断完善微波诱导催化体系反应器的研究，同时结合当前高污染负荷、多污染物叠加等大气污染特征，根据不同污染物的特性合理地利用微波诱导催化技术开展多种废气污染物的协同处理研究。

4.4 湿式催化与湿式催化材料

湿式催化氧化（catalytic wet air oxidation，CWAO）是在湿式氧化（wet air oxidation，WAO）的基础上发展起来的，在较温和的条件下处理高浓度、有毒、有害和难生物降解污染物的 AOPs 技术之一。WAO 概念最先是美国 F. J. Zimmermann [69]研究并提出的。蔡明初[70]首次将 WAO 运用于石油化工废水处理，并考察反应温度、反应压力、进水浓度及工艺条件对 WAO 过程的影响。1950 年初，通过对湿式空气氧化法进行改良，在 WAO 工艺中添加催化剂的做法得到广泛研究，并最终形成了 CWAO 技术。CWAO 在 WAO 基础上引入了催化剂，难降解有机化合物可以实现更深度的氧化，提高了反应速率，减少了投资和操作成本。

CWAO 技术是指在相对较低的温度（200～280℃）和压力（2～8 MPa）下，以 H_2O_2、O_3 或 O_2 等为氧化剂，利用催化剂的催化作用，氧化水中溶解态或悬浮态的有机物或还原态的无机物，加快废水中有机物与氧化剂之间的反应，使废水中的有机污染物彻底矿化成 CO_2、N_2、SO_2、H_2O 等，达到深度净化的目的。对高 COD 或含有生化法不能降解的化合物的各种工业有机废水，CWAO 法对 COD 及氨氮去除率达到 99%以上。用于 CWAO 处理的催化剂可分为均相催化剂和非均相催化剂两种。其中，均相催化剂的活性高，但容易流失并造成二次污染；非均相催化剂容易和水分离，能有效控制催化剂组分的流失及带来的二次污染，且操作简单、成本低，目前应用最为广泛[59]。

4.4.1 湿式催化材料

CWAO 均相催化剂制备工艺简单，来源广泛，可以通过选择配体、变换溶剂和添加促进剂等来调配和设计选择性，但是反应结束后催化剂很难回收再利用，而且处理过程产生较高的额外费用。非均相催化剂通常以固体形式存在，不仅活性高、稳定性好，而且容易分离回收，逐渐得到研究人员的重视[71]。

湿式催化材料有以下几种。

（1）均相催化剂

人们对催化剂的早期研究主要集中在均相催化剂上，均相催化剂的活性组分主要是过渡金属以及其可溶性的盐，常采用铁盐、铜盐、锰盐作为均相催化剂[71]。20 世纪 70 年代，村上幸夫等[72]制作了 Cu、Co、Ni、Fe、Mn、V 等可溶性金属盐类催化剂，用以降解 CH_3OH、HCHO，对比发现铜基催化剂效果最好。日本大阪煤气公司成功开发在温和条件下处理醇类和醛类废水的铜基催化剂，达到良好的处理效果[73]。1992 年，美净集团（US Filter）开发了一套 CWAO 工艺，用于氰化物、酚和农药的处理，证明了其巨大的工业潜力[74]。然而，均相催化体系的经济性较差、离子态的催化剂容易流失、回收困难，故后期处理需要额外的步骤来分离溶解的催化剂，这使该过程成本高昂，因此多数研究人员将研究重心逐渐转移到非均相催化剂。

（2）非均相催化剂

早在 20 世纪 80 年代，非均相催化剂就引起了广泛关注。相比于均相催化剂，非均相催化剂的稳定性更好。通常以 Al_2O_3、CeO_2、TiO_2、SiO_2、AC、CNTs 及其组合物质作为载体，将金属盐以一定浓度配制成溶液，通过沉淀法及浸渍法等方法制备非均相催化剂，并将其应用于处理有机废水。非均相催化剂在反应中以固态形式存在，催化降解有机废水效果好，反应后易与有机废水分离，可循环利用[75]。催化剂组分主要由过渡金属、稀土金属及贵金属三类金属组成，过渡金属的催化活性好、价格便宜，但易溶出金属离子；稀土金属虽然本身没有催化活性，但可以通过掺杂改变催化剂结构，加速氧化剂与其他金属的接触，产生更多的自由基，增强催化剂性能[76]；贵金属的催化效果和稳定性都很好，但价格过于昂贵。

根据组分的种类数量，非均相催化剂可分为单组分催化剂和复合组分催化剂。目前应用较多的是复合组分催化剂。复合组分催化剂能够更好地利用各类金属特有的优势，产生协同作用，弥补催化剂应用中的缺陷。根据在非均相催化剂中的作用，非均相催化剂可以分为以下几类。

贵金属催化剂：贵金属因其对有机污染物的氧化活性高、催化剂在苛刻的反应条件下仍具有较高的稳定性而被广泛使用。Pt、Pd、Ru 和 Rh 是 CWAO 工艺中最有前途的贵金属催化剂主要组分，常应用在催化剂中以处理有机废水。有研究以 Pt/Al_2O_3 为催化剂，将 CWAO 与生物法相结合，研究含难降解有毒有机物吡啶、β-吡啶和 3-氰基吡啶的工业有机残液的处理，发现 CWAO 处理后可生化性显著增强，总 COD 去除率达 98.4%[77]。有研究人员通过化学还原方法制备 Ru/C、Cu/C 和双金属 Ru-Cu/C 催化剂，并研究了将氨水湿式催化氧化为氮的方法，结果表明 Ru-Cu/C 催化剂比相应的单金属 Ru/C 和 Cu/C 催化剂的效率更佳，证明 Cu 和 Ru 间的协同作用有利于改善电子流动性，提高催化活性[78]。

过渡金属催化剂：贵金属虽然对废水中的有机污染物具有很好的氧化活性，但价格昂贵，在某些高毒性废水中，容易被卤素和含硫化合物毒化失活。为了降低成本和提高稳定性，Fe、Cu、Co、Mn 等非贵金属氧化物催化剂被广泛应用于各种有机化合物的处理。但在使用过程中，过渡金属稳定性差、金属组分易溶出，并随有机废水流失、对废水造成二次污染，故一般与其他金属共同作用，形成复合组分催化剂。有报道将金属（Co、Ce、Ni、Fe、Zn、Mn、Cu）负载于硅藻土（D）、沸石（Z）和碳干凝胶（CX）作为催化剂，测试 CWAO 处理苯酚水溶液的性能，结果表明在 Fe-D、Cu-Z 和 Co-CX 催化剂上，COD 或 TOC 的降解效率较高[79]。采用共沉淀法和浸渍法制备的 Mo-Cu-Fe-O 复合催化剂降解阳离子红 GTL、结晶紫和酸性红，表明 Mo-Cu-Fe-O 复合材料对阳离子染料污染废水具有良好的催化活性[80]。

助催化剂本身无明显的催化活性，但少量添加可显著地改变催化剂的结构和性能[81]。按其作用，助催化剂可分为结构助剂和电子助剂。结构助剂不能改变催化剂的结构，却能调整催化剂活性组分的稳定性，增加催化剂的循环利用性能；电子助剂本身具有改变整个催化剂活性的性能，能够促进供氧体在催化剂表面形成活性基团，从而增加有机物分子与催化剂之间的有效碰撞，增加催化剂的活性，同时还能增加催化剂的稳定性。稀土元素是常见的助催化剂，根据催化环境的不同，有些具有结构助剂的作用，有些则可以发挥电子助剂的作用[82]。

4.4.2 湿式催化过程与材料的构效关系

4.4.2.1 湿式催化反应机理

CWAO 可以将废水中存在的有机物矿化或转化为可生物降解的中间体，该过程通常被认为是复杂的自由基链式反应，包括链的引发、链的传递和链的终止 3 个阶段[76]。

引发：有机物（RH）在高温高压条件下与 O_2 发生作用，诱发产生最初的烷基自由基物种（·R），或者加入的 H_2O_2 等氧化剂与催化剂（M）作用生成·OH 等活性物种，反应式如下：

$$RH + O_2 \longrightarrow HOO\cdot \tag{4-23}$$

$$2RH + O_2 \longrightarrow 2\cdot R + H_2O_2 \tag{4-24}$$

$$H_2O_2 + M \longrightarrow 2\cdot OH \tag{4-25}$$

传递：产生的自由基与反应体系中的分子发生作用，产生一个新的分子和一个新的自由基，形成周而复始的链式反应。如·OH 进一步与有机物反应，产生的·R 与 O_2 反应生成·ROO，再与有机物进行相互作用，反应式如下：

$$RH + \cdot OH \longrightarrow \cdot R + H_2O \tag{4-26}$$

$$\cdot R + O_2 \longrightarrow \cdot ROO \tag{4-27}$$

$$\cdot ROO + RH \longrightarrow ROOH + \cdot R \tag{4-28}$$

终止：此步骤为两个自由基相互结合成分子的过程，若上述产生的·R 与·ROO 相互作用或本身发生反应，无法再次被自由基接触并反应，则整个反应终止，反应式如下：

$$\cdot R + \cdot R \longrightarrow R—R \tag{4-29}$$

$$\cdot ROO + R \longrightarrow ROOR \tag{4-30}$$

$$ROOOOR \longrightarrow ROOR + O_2 \tag{4-31}$$

总的来说，CWAO 反应中大分子有机物和不稳定的中间化合物（统称为 A）被氧化降解，生成稳定的中间产物 B，再被氧化成最终产物 C[83]，此过程如图 4-4 所示。

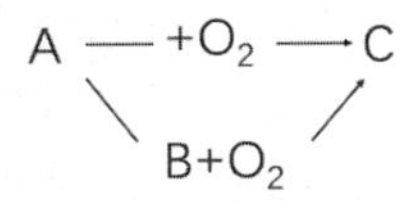

图 4-4　反应过程示意图

对于 CWAO 反应来说，反应的热力学条件特别重要，如下式（阿伦尼乌斯方程）所示：

$$-\mathrm{d}c/\mathrm{d}t = K_0 \exp\left(-E_a/RT\right) c_c^{\,m} c_o^{\,n} \tag{4-32}$$

式中：$-\mathrm{d}c/\mathrm{d}t$——反应速率，mol/（L·s）；

K_0——指前因子，$(\mathrm{mol/L})^{1-(m+n)}/\mathrm{s}$；

E_a——活化能，J/mol；

R——气体常数，8.314 J/（mol·K）；

T——温度，K；

c_c——污染物的物质的量浓度，mol/L；

c_o——氧化剂的物质的量浓度，mol/L；

m，n——反应级数。

污染物与氧化剂的浓度会影响催化反应的活化能、反应时间及反应级数，而该经验公式中的参数值会随反应物种类的不同而发生变化。

4.4.2.2 湿式催化过程的关键控制因素

（1）材料本身及制作过程对湿式催化性能的影响

CWAO 技术的核心是催化剂，催化剂的材料本身和制备过程对湿式催化反应至关重要。催化剂本身因素主要包括催化剂的种类或组成成分、负载量。有研究采用溶胶-凝胶法制备了磁性铁氧体尖晶石 MFe_2O_4（M 为 Co、Cu、Mn、Zn），考察其催化过硫酸盐诱导产生硫酸根自由基的能力，活性大小顺序为 $CoFe_2O_4 > CuFe_2O_4 > MnFe_2O_4 > ZnFe_2O_4$，Co 与磁性铁氧体尖晶石复合表现了优异的性能[84]。此外，催化剂的负载量是 CWAO 处理出水有机污染物的重要参数，污染物的氧化深度随催化剂用量的增加而增加，然而过多的催化剂由于清除自由基作用反而抑制了整体氧化效果，从而降低了催化剂的性能[85]。

催化剂制作过程的影响因素主要有催化剂制备方法、煅烧温度和煅烧时间等。例如，利用胶原蛋白、木质素和硝酸铜为原料制备新型生物炭基催化剂，结果表明较优的制备方法为共混热解法；相比传统溶液浸渍法制备的催化剂，采用共混热解法制备的生物炭基催化剂具有更好的催化活性和稳定性[86]。催化剂制作过程的影响是多维度的，主要受制备方法、温度、时间的影响[87]。

（2）反应过程的外在条件对湿式催化性能的影响

反应温度对废水中有机化合物的 CWAO 过程起至关重要的作用。根据阿伦尼乌斯方程，一般情况下反应温度越高，反应越快。当反应温度大于 100℃时，O_2 的溶解度随着温度的升高而增大，O_2 在水中的传质系数也随温度的升高而增大，同时温度升高使液体的黏度减小，因此温度升高有利于 O_2 在液体中的传质和氧化有机物。从实际应用角度来说，反应温度的升高也增加了工艺的运行成本，因此需要找到一个最适合的反应温度。有研究人员以 Ru/Cu-C 为复合型催化剂，在不同的初始 pH、温度、O_2 压力条件下对氨氮的 CWAO 机制进行了广泛的研究。研究发现，即使不考虑经济性因素，反应温度也是决定氨氮 CWAO 反应选择性的关键，例如可以通过改变反应温度来调节催化剂表面活性氧物质的性质，温度越高，氨氮氧化速率越快，但 N_2 选择性降低[88]。

废水的初始 pH 也是影响污染物氧化过程的重要参数。pH 通过表面电荷和催化剂表面的官能团影响催化剂表面污染物的吸附。此外，pH 还影响 CWAO 反应过程中反应物和产物的形态。据报道，各种有机化合物在酸性或碱性时氧化较为彻底，当接近中性时氧化程度降低。有时，溶液 pH 影响催化剂载体，减少或增加污染物的氧化。此外，总自由基的形成随溶液 pH 的变化而变化。pH 影响中间化合物的形成和反应途径。研究表明，采用 CWAO 氧化处理腈纶废水，较高的溶液 pH 对催化反应不利[89]。在另一些研究中则发现，以 O_3/ H_2O_2 为氧化剂，利用 CWAO 法处理垃圾渗滤液，其 pH 在 2～4 和 10～12 时，COD 去除率相对较高[90]。

工作压力是反应过程中不得不考虑的因素。有机化合物的氧化需要催化剂表面溶解氧的存在。根据亨利定律，溶解在液相中的 O_2 浓度与气相中 O_2 的分压成正比。一般来说，O_2 压力越大，有机物的转化率和矿化度越高。此外，在最佳催化剂负载量下，自由基浓度随着 O_2 压力的增加而增加。在高压 O_2（0.8 MPa）下诱导的自由基（如·OH）具有非常强的氧化有机物能力。然而，高压导致活性金属物种的过度氧化。此外，含氮有机物在高 O_2 压力下的氧化会造成硝酸盐而不是分子氮的形成，并导致催化剂失活。因此，为实现最佳的处理效果，氧分压应根据污水中污染物的浓度而进行调整[91]。研究发现，COD 和氨氮的去除率随反应系统压力的升高而提升，但当系统压力大于 4.5 MPa 时，降解率提升不明显[92]。

催化剂投加量是废水中有机污染物 CWAO 的一个重要参数。催化剂用量的增加为有机化合物与 O_2 反应提供了更多的活性位点和表面积，因此污染物的氧化随催化剂用量的增加而增加。此外，催化剂的加入降低了能量屏障，也有助于产生自由基，从而提高有机物的氧化程度。催化剂负载量越高，温度效应越小，含氮化合物转化为氮气的效果越好。但是过多的催化剂也可能引发自由基清除效应，降低整体氧化活性，从而降低催化剂性能[93]。此外，高催化剂用量还可能导致活性金属颗粒聚集，从而减少可用活性中心，降低整体处理效果。因此，为了降低工艺成本，需要根据废水中污染物的浓度确定催化剂投加量。

当污染物浓度增加时，初始浓度越高，浓度梯度越大，驱动力越大，污染物在催化剂表面的吸附量越大，降解效率提高。但当污染物浓度超过一定值后，降解效率随初始浓度的增加而减小。有研究表明，采用湿法浸渍法制备负载 Ce 的颗粒活性炭催化剂，以 CWPO 工艺进行喹啉矿化，测得喹啉降解率和 COD 去除率分别为 81.6%和 86.5%[94]。但当废水中的喹啉浓度超过一定量时，其去除率不再升高，单位能耗反而继续升高，导致处理能效下降。

4.4.3　湿式催化材料在水中难降解有机污染控制中的应用

4.4.3.1　CWAO 法处理印染废水

纺织或印染工业中的染料废水具有色度高、有机物成分复杂且浓度高、毒性大、pH 变化大等特性，成为一个严重的环境问题。近年来，CWAO 在印染废水处理中得到了广泛的应用并取得了较好的效果。有研究以 γ-Al_2O_3 为载体，采用浸渍法制备了 Fe/γ-Al_2O_3 催化剂，证明其对甲基橙模拟印染废水具有良好的 CWAO 降解效果[95]。还有研究发现，

Na 添加量对 $Na_2Mo_4O_{13}/\alpha\text{-}MoO_3$ 杂化催化剂的形成及其在 CWAO 条件下对阳离子红 GTL 的降解活性有影响[96]。用 XRD 和 SEM 分析了催化剂前驱体和最终的 $Na_2Mo_4O_{13}/\alpha\text{-}MoO_3$ 杂化催化剂的结构和形貌，表明可以在更宽的 pH 范围内获得具有纳米纤维形态的活性催化剂 $Na_2Mo_4O_{13}/\alpha\text{-}MoO_3$[97]。此外，CWAO 技术是实现纸浆废液再生的有效方法之一[98]。有学者采用连续式固定床反应器，利用自制稀土类复合金属氧化物催化剂对草浆造纸黑液进行 CWAO 预处理，发现其具有较高的催化活性和较好的稳定性[99]。该催化剂价格低廉，工业化应用前景较好。

4.4.3.2 CWAO 法处理焦化废水

焦化废水主要产生于煤、煤气净化和焦炭工厂副产品的回收工艺过程，含有多种杂环化合物、芳香烃、酚类、硫化物、有害阴离子（如氰化物和硫氰酸盐）等，难降解、浓度高、具有高毒性。有学者以负载型铜铁氧化物（$CuO\text{-}FeO_x/\gamma\text{-}Al_2O_3$）为催化剂，用 H_2O_2 取代高压氧作为氧化剂对焦化废水进行处理，证明了其高效性和稳定性[100]。有学者采用浸渍法制备负载型 Fe/AC 催化剂[101]，以焦化废水中的主要污染物苯酚、喹啉、氨氮为研究对象进行 CWAO 催化 H_2O_2 氧化处理，结果表明利用铁负载量 2%、300℃下焙烧 4 h 制备的 Fe/AC 催化剂，在进水 pH=5 条件下的废水 COD 去除率可达 96.5%，且活性组分离子溶出量小[102]。

4.4.3.3 CWAO 法处理农药废水

传统农药废水的处理方法是物化处理法和生物处理法，但是由于农药废水的毒性较大，且含有很多难生物降解的有机物，对微生物有较大的毒害作用，因此研究人员将目光投向了 AOPs 技术。目前，CWAO 技术应用于处理农药废水已取得了巨大的进步，特别适宜处理浓度高、有毒有害、采用生化法难以奏效的难降解有机废水。有研究人员以 Mn/Ce 复合氧化物为催化剂，采用 CWAO 法处理杀螟丹废水，在反应温度为 180℃、反应压力为 1.3 MPa、溶液 pH 为 9、催化剂用量为 7 g/L 的条件下，可去除 92.5%以上的 COD[103]。有研究人员在降解有机磷农药废水实验中发现，即使初始废水 COD 高达 1 500～2 500 mg/L，CWAO 仍可保持较高的 COD 去除率[104]。

4.4.3.4 CWAO 法处理制药废水

随着大量制药企业的涌现，大量制药废水产生。制药废水主要来源于合成医药、抗生素和医药制剂等的生产活动，这些废水中往往含有许多难降解有机物，成分复杂、有毒物质多，严重威胁人体健康，使用一般的生化处理方法难以达到较好的处理效果。目前较常使用的芬顿氧化、臭氧氧化及光催化氧化技术处理废水的能力有限，对于 COD 较高的制药废水处理效果不佳。CWAO 技术是处理难降解高浓度有毒有害废水的环境友好型的有效方法。因此，在处理高浓度制药废水的过程中，CWAO 技术越来越受到人们的关注。

4.5　热能驱动环境功能材料存在的问题

热催化氧化技术作为高效环保的处理手段，以其独特的热能驱动催化机制，在环境治理领域占据重要地位。该技术通过催化剂吸热达到特定启动温度后引发氧化反应，具有适用范围广、副产物少、高效安全等优点。根据热源和吸热材料的不同，热催化氧化技术可分为直接热催化、微波催化与湿式催化 3 种形式。其中，直接热催化因其实用性和效率，被广泛应用于去除甲醛等领域。直接热催化的催化材料种类繁多，包括贵金属、非贵金属及金属氧化物等，实际应用中通常采用多种材料掺杂以优化性能。尽管当前热催化氧化技术已取得显著进展，但其未来研究方向仍需聚焦于提升催化活性与稳定性，特别是深入探究不同催化机制的本质及其动力学模型。

展望未来，为了实现对复杂污染物的有效处理，尤其是对高浓度有毒有害物质的降解，需要进一步加强对热催化氧化机理的研究，尤其是在直接热催化、微波催化和湿式催化方面。虽然微波催化技术在废水废气处理中展现了巨大潜力，但要实现大规模工业应用，还需克服一系列挑战。除了深化机理研究外，合理利用微波催化技术进行多种污染物协同处理的研究同样重要。此外，催化剂材料作为热催化氧化技术的核心，其研发重点在于提高活性、稳定性和降低成本。贵金属催化剂虽效能优异，但成本高昂；非贵金属催化剂虽价格低廉，但在催化活性和稳定性方面仍有待提升。复合催化剂的出现为解决这些问题提供了新思路，通过结合不同金属的优点，不仅能增强催化效果，还能有效地降低贵金属使用量或提高非贵金属催化剂的性能，这预示着复合催化剂在未来的研究和应用中将拥有广阔的前景。

参考文献

[1]　冉诗勇. 布朗运动相关科学史[J]. 现代物理知识，2013，25（3）：49-53.

[2]　孙松滨. 火药——把热能转化成机械能 开创能源新领域[J]. 边疆经济与文化，2009（6）：1.

[3]　徐秋健. 室内 VOC 净化材料吸附与反应机理、特性及评价研究[D]. 北京：清华大学，2011.

[4]　李念思. 光/热催化材料对甲醛的降解性能探究及其在 Trombe 墙上的应用[D]. 合肥：中国科学技术大学，2017.

[5]　刘鹏. 多孔矿物负载型/过渡金属复合型锰氧化物热催化氧化挥发性有机物的研究[D]. 广州：中国科学院大学（中国科学院广州地球化学研究所），2019.

[6]　崔维怡，惠继星. 热催化氧化技术法消除室内甲醛的研究进展[J]. 现代化工，2014，34（12）：17-20.

[7]　Zhang C B，He H. A comparative study of TiO_2 supported noble metal catalysts for the oxidation of

formaldehyde at room temperature[J]. Catalysis Today，2007，126（3-4）：345-350.

[8] Zhang G，Hong Y Y，He W N. Experimental study of factors affecting Pt-TiO_2 thermal catalytic oxidation of formaldehyde[J]. Indoor and Built Environment，2015，24（1）：138-144.

[9] Chen B，Zhu X，Crocker M，et al. FeO_x-supported gold catalysts for catalytic removal of formaldehyde at room temperature[J]. Applied Catalysis B：Environmental，2014，154：73-81.

[10] Leung D Y C，Fu X，Ye D，et al. Effect of oxygen mobility in the lattice of Au/TiO_2 on formaldehyde oxidation[J]. Kinetics and Catalysis，2012，53（2）：239-246.

[11] Li Y B，Zhang C B，Ma J Z，et al. High temperature reduction dramatically promotes Pd/TiO_2 catalyst for ambient formaldehyde oxidation[J]. Applied Catalysis B：Environmental，2017，217：560-569.

[12] Zhou L，He S R，Sang Y H，et al. Alkali titanate nanobelts-supported Pd catalysts for room temperature formaldehyde oxidation[J]. Catalysis Communications，2020，142：106034.

[13] 单文澜. 负载型金属氧化物催化剂上甲苯和二氯甲烷的催化氧化性能[D]. 长春：吉林大学，2017.

[14] 白巧. 过渡金属氧化物催化剂的制备表征及催化降解 PET 的研究[D]. 武汉：武汉纺织大学，2014.

[15] 黄琼，白梦天，任超，等. Mn 基金属氧化物催化剂常温催化氧化甲醛[J]. 中国环境科学，2018，38（1）：103-111.

[16] 兰兰. 纳米结构 MnO_x/TiO_2 和 Co_3O_4 催化剂的制备及其光热催化性能的研究[D]. 武汉：武汉理工大学，2017.

[17] 高寒，董艳春，周术元. γ-Al_2O_3 负载金属氧化物热催化分解沙林毒剂模拟剂[J]. 环境工程学报，2019，13（5）：1148-1156.

[18] Li J W，Li W B. Effect of preparation method on the catalytic activity of Au/CeO_2 for VOCs oxidation[J]. Journal of Rare Earths，2010，28（4）：547-551.

[19] 丁凤. 近常温热催化降解亚甲基蓝/罗丹明 B 基础研究[D]. 绵阳：西南科技大学，2016.

[20] 曹周明. 羟基锡酸盐微纳材料的合成及其催化性能研究[D]. 福州：福州大学，2016.

[21] 杨南如，余桂郁. 溶胶-凝胶法简介——溶胶-凝胶法的基本原理与过程[J]. 硅酸盐通报，1993（2）：56-63.

[22] 李洪芳. 负载型金催化剂上甲醛低温氧化性能研究[D]. 金华：浙江师范大学，2010.

[23] Chen H H，Ku J G，Wang L Z. Thermal catalysis under dark ambient conditions in environmental remediation：fundamental principles，development，and challenges[J]. Chinese Journal of Catalysis，2019，40（8）：1117-1134.

[24] Liu X，Zhang Q L，Ning P，et al. Probing the thermal-enhanced catalytic activity of CO oxidation over Pd/OMS-2 catalysts[J]. RSC Advances，2017，7：41936-41944.

[25] 韩旭. 热催化氧化法去除室内甲醛的性能及动力学模型研究[D]. 天津：天津大学，2014.

[26] 丁凤，罗学刚，张思钊，等. $CuMn_2O_4/NiMn_2O_4$ 近常温热催化降解亚甲基蓝研究[J]. 中山大学学报

（自然科学版），2015，54（2）：66-71.

[27] Boonruam P，Neramittagapong S，Neramittagapong A，et al. Toluene degradation by thermal catalytic oxidation over K-OMS-2 catalysts[J]. Advanced Materials Research，2014，3157（931-932）：22-26.

[28] Li J W，Pan K L，Yu S J，et al. Removal of formaldehyde over $Mn_xCe_{1-x}O_2$ catalysts：Thermal catalytic oxidation versus ozone catalytic oxidation[J]. Journal of Environmental Sciences，2014，26（12）：2546-2553.

[29] Mahmood A，Woo S I. Enhancement of catalytic activity of Au/TiO_2 by thermal and plasma treatment[J]. Korean Journal of Chemical Engineering，2013，30（10）：1876-1881.

[30] Nie L，Yu J，Li X，et al. Enhanced performance of NaOH-modified Pt/TiO_2 toward room temperature selective oxidation of formaldehyde[J]. Environmental Science & Technology，2013，47（6）：2777-2783.

[31] 王杰. 二氧化锰负载的金、银催化剂的制备及其光热催化性能研究[D]. 呼和浩特：内蒙古大学，2014.

[32] Fan Z Y，Zhang Z X，Fang W J，et al. Low-temperature catalytic oxidation of formaldehyde over Co_3O_4 catalysts prepared using various precipitants[J]. Chinese Journal of Catalysis，2016，37（6）：947-954.

[33] Zheng S，Guo H X，Jia F C. Catalytic combustion of methane over CuO/ZrO_2-Al_2O_3 catalysts modified by M_xO_y（M=Y，Cr，Mg，Ce）[J]. Asian Journal of Chemistry，2013，25（7）：4094-4098.

[34] Nikawa T，Naya S，Kimura T，et al. Rapid removal and subsequent low-temperature mineralization of gaseous acetaldehyde by the dual thermocatalysis of gold nanoparticle-loaded titanium（IV） oxide [J]. Journal of Catalysis，2015，326：9-14.

[35] 李科，罗学刚，王绵，等. 纳米二氧化钛低温热催化降解聚乙烯薄膜的机理[J]. 高分子材料科学与工程，2015，31（3）：76-80.

[36] Chang C L，Lin T S，Lu H C. Catalytic elimination of carbon monoxide in gas streams by thermal and ozone oxidations[J]. Reaction Kinetics and Catalysis Letters，2006，89（1）：105-113.

[37] Na H B，Zhu T L，Liu Z M. Effect of preparation method on the performance of Pt-Au/TiO_2 catalysts for the catalytic co-oxidation of HCHO and CO[J]. Catalysis Science & Technology，2014，4（7）：2051-2057.

[38] Hong X W，Sun Y. Effect of preparation methods on the performance of Pt/CeO_2 catalysts for the catalytic oxidation of carbon monoxide[J]. Catalysis Letters，2016，146（10）：2001-2008.

[39] Gao F Y，Tang X L，Yi H H，et al. Mn_2NiO_4 spinel catalyst for high-efficiency selective catalytic reduction of nitrogen oxides with good resistance to H_2O and SO_2 at low temperature[J]. Journal of Environmental Sciences，2020，89：145-155.

[40] Wei R，Wang P，Zhang G S，et al. Microwave-responsive catalysts for wastewater treatment：A review[J]. Chemical Engineering Journal，2020，382：122781.

[41] Chen J，Xue S，Song Y T，et al. Microwave-induced carbon nanotubes catalytic degradation of organic

pollutants in aqueous solution[J]. Journal of Hazardous Materials，2016，310：226-234.

[42] 刘畅. 微波协同活性炭处理盐酸黄连素废水最佳降解条件的研究[J]. 绿色科技，2016（2）：73-75.

[43] 程飞. 微波诱导催化氧化降解甲基橙[D]. 青岛：青岛科技大学，2015.

[44] 陈成，何欢，杨绍贵，等. 微波诱导 NiO 催化降解水中邻苯二甲酸二甲酯[J]. 中国环境科学，2018，38（7）：2512-2519.

[45] 王烨，杨文忠. γ-Al_2O_3 负载氧化锰催化臭氧化苯酚的研究[J]. 工业用水与废水，2017，48（2）：32-37.

[46] 张苗苗. 微波耦合磁性复合材料诱导催化降解染料废水的实验研究[D]. 济南：山东大学，2017.

[47] 张洪卫，刘丹妮，徐瑶，等. 纳米 TiO_2 负载活性炭催化微波诱导快速降解甲基对硫磷的方法研究[J]. 现代农药，2013，12（3）：36-40.

[48] 夏国彤. 微波辅助铜基催化剂催化降解甲基橙[D]. 咸阳：西北农林科技大学，2019.

[49] 卢启增. 微波诱导催化氧化降解有机废水[D]. 青岛：青岛科技大学，2012.

[50] Xu D Y，Cheng F，Lu Q Z，et al. Microwave enhanced catalytic degradation of methyl orange in aqueous solution over CuO/CeO_2 catalyst in the absence and presence of H_2O_2[J]. Industrial & Engineering Chemistry Research，2014，53（7）：2625-2632.

[51] Bond G，Moyes R B，Whan D A. Recent applications of microwave heating in catalysis[J]. Catalysis Today，1993，17（3）：427-437.

[52] 王国媛，买文宁，肖珊. 微波诱导活性炭催化处理酸性靛蓝废水[J]. 安徽农业科学，2012，40（6）：3518-3520.

[53] 张洪卫，徐瑶，刘丹妮，等. 硝酸改性活性炭催化微波诱导降解水中结晶紫的研究[J]. 工业水处理，2013，33（6）：36-39.

[54] Shen M L，Fu L，Tang J H，et al. Microwave hydrothermal-assisted preparation of novel spinel-$NiFe_2O_4$/natural mineral composites as microwave catalysts for degradation of aquatic organic pollutants[J]. Journal of Hazardous Materials，2018，350：1-9.

[55] 陈建发. 微波诱导氯化锌催化处理抗生素类混合工业废水研究[J]. 长江大学学报，2018，15（14）：43-47.

[56] 谭艳来，王志宏，陈大志，等. 微波诱导催化氧化处理羟乙基纤维素废水研究[J]. 工业用水与废水，2013，44（5）：21-23.

[57] 董磊，乔俊莲，闫丽，等. 微波协同活性炭处理偶氮染料废水的研究[J]. 环境污染与防治，2010，32（4）：34-39.

[58] 刘华，李静，孙丽娜，等. 蒸氨/氨吹脱两级工艺处理高浓度氨氮废水[J]. 中国给水排水，2013，29（20）：96-99.

[59] 秦传高，周浩伟. Fe_2O_3-CuO/高岭土催化湿式氧化甲基橙废水的研究[J]. 化工技术与开发，2019，

48（7）：55-57.

[60] Tripathy B K，Kumar S，Kumar M，et al. Microwave induced catalytic treatment of brilliant green dye with carbon doped zinc oxide nanoparticles：Central composite design，toxicity assessment and cost analysis[J]. Environmental Nanotechnology，Monitoring & Management，2020，14：100361.

[61] 肖骏，乔臻. 微波条件下颗粒活性碳负载铁酸铜催化降解大批量活性偶氮染料废水[J]. 电力科技与环保，2019，35（3）：31-35.

[62] Xu W T，Chen J N，Qiu Y，et al. Highly efficient microwave catalytic oxidation degradation of 4-nitrophenol over magnetically separable $NiCo_2O_4$-$Bi_2O_2CO_3$ composite without adding oxidant[J]. Separation and Purification Technology，2019，213：426-436.

[63] 张回. 载铜活性炭联合微波处理难降解废水的试验研究[D]. 马鞍山：安徽工业大学，2016.

[64] 刘双双. 微波/催化氧化多菌灵农药废水研究[D]. 长沙：湖南农业大学，2012.

[65] 戴博文，郭蒙蒙，赵贤广，等. 微波催化氧化修复技术处理有机氯污染土壤[J]. 环境污染与防治，2014，36（9）：13-17.

[66] Xu W T，Zhou J C，Li H，et al. Microwave-assisted catalytic reduction of NO into N_2 by activated carbon supported Mn_2O_3 at low temperature under O_2 excess[J]. Fuel Processing Technology，2014，127：1-6.

[67] 张茹，张学杨，王昌松，等. 微波辐照活性炭催化还原氮氧化物性能[J]. 环境科技，2018，31（5）：15-19.

[68] 胡旭睿，郭斌，王欣. SiC负载Cu-Mn-CeO_x催化剂的制备及其微波场中诱导甲苯氧化分解[J]. 现代化工，2018，38（3）：133-137.

[69] Zimmermann F J. New waste disposal process[J]. Chemical Engineers，1959，65（8）：117-121.

[70] 蔡明初. 湿式空气氧化及其在石油化工废水处理的应用[J]. 化学通报，1975（2）：18-25.

[71] 黄瑞琦，徐宁，周海云. 催化湿式氧化技术及其工艺进展[J]. 科技展望，2016，26（9）：42-45.

[72] 村上幸夫，萩原一芳，斎藤俊英，北川直幸. 合成有機化合物廃水の湿式酸化処理法の研究[J]. 水処理技術, 1978, 19(10):901-909.

[73] 丁凯扬，周瑜. 催化湿式氧化技术研究进展[J]. 广东化工，2013，40（12）：107-109.

[74] 卢俊滨. 陶瓷球-活性炭负载铈锆组分在CWAO中的催化效应研究[D]. 上海：华东理工大学，2013.

[75] 刘婷. α-Fe_2O_3复合材料的制备及光助湿式催化氧化降解染料废水的研究[D]. 南昌：南昌大学，2015.

[76] 周衍波. 多组分负载型催化剂的制备及催化湿式氧化性能[D]. 鞍山：辽宁科技大学，2016.

[77] Sushma Saroha A K. Effectiveness of fresh and used supported noble and non-noble metal-based catalysts for industrial organic raffinate oxidation by catalytic wet air oxidation at low operating parameters[J]. Journal of Environmental Chemical Engineering，2019，7（5）：103382.

[78] Fu J L，Yang K X，Ma C J，et al. Bimetallic Ru-Cu as a highly active，selective and stable catalyst for catalytic wet oxidation of aqueous ammonia to nitrogen[J]. Applied Catalysis B：Environmental，2016，

184：216-222.

[79] Chicinaş R P，Gál E，Bedelean H，et al. Novel metal modified diatomite，zeolite and carbon xerogel catalysts for mild conditions wet air oxidation of phenol：Characterization，efficiency and reaction pathway[J]. Separation and Purification Technology，2018，197：36-46.

[80] Xu Y，Shao H，Ge F，et al. Novel-structured Mo-Cu-Fe-O composite for catalytic air oxidation of dye-containing wastewater under ambient temperature and pressure[J]. Chinese Journal of Catalysis，2017，38（10）：1719-1725.

[81] 张永利，韦朝海，史册，等. Cu-Fe-Ru-La/γ-Al_2O_3湿式氧化催化剂的制备、表征及机理[J]. 人工晶体学报，2013，42（7）：1457-1469.

[82] 陈春燕. 催化湿式过氧化氢氧化预处理有机磷农药废水的研究[J]. 工业水处理，2015，35（1）：76-79.

[83] 蔡建国，李爱民，张全兴. 湿式催化氧化技术的研究进展[J]. 河北大学学报（自然科学版），2004，24（3）：326.

[84] Ren Y M，Lin L Q，Ma J，et al. Sulfate radicals induced from peroxymonosulfate by magnetic ferrospinel MFe_2O_4（M=Co，Cu，Mn，and Zn） as heterogeneous catalysts in the water[J]. Applied Catalysis B：Environmental，2015，165：572-578.

[85] Massa P，Ivorra F，Haure P，et al. Catalytic wet peroxide oxidation of phenol solutions over CuO/CeO_2 systems[J]. Journal of Hazardous Materials，2011，190（1-3）：1068-1073.

[86] 高亚光. 生物炭基催化剂制备及其湿式催化氧化性能研究[D]. 哈尔滨：哈尔滨工业大学，2018.

[87] 尹敏. 湿式催化氧化催化剂制备及处理酸性红88染料废水实验条件研究[D]. 成都：西华大学，2016.

[88] Fu J L，Xiao D W，Yue Q Q，et al. Insights into the reaction mechanism of catalytic wet air oxidation of ammonia over bimetallic Ru-Cu catalyst[J]. Topics in Catalysis，2018，61（15）：1684-1693.

[89] 李长波，赵国峥，张洪林. 连续催化湿式过氧化处理腈纶废水研究[J]. 水处理技术，2013，39（7）：77-80.

[90] 章文军，章俊，陈旭，等. O_3/H_2O_2湿式催化氧化处理垃圾渗滤液研究[J]. 工业用水与废水，2019，50（3）：22-25.

[91] 曹玉红，范景福，叶安道，等. 催化湿式氧化处理HPPO污水模式研究[J]. 中外能源，2020，25（10）：94-98.

[92] 华庆亮，陈瑜，张寿通. 丁烯醛生产废水湿式催化氧化处理技术研究[J]. 大连交通大学学报，2020，41（3）：68-70.

[93] 钮娜，董学伟，董晓丽，等.催化湿式氧化法降解活性艳蓝的研究[J].环境科学与技术，2010，33（12）：99-101，108.

[94] Yadav B，Srivastava V C. Catalytic peroxidation of recalcitrant quinoline by ceria impregnated granular

activated carbon[J]. Clean Technologies and Environmental Policy，2017，19（5）：1547-1555.

[95] 孟伟康，苏会东. Fe/γ-Al_2O_3湿式催化氧化降解甲基橙的研究[J]. 辽宁化工，2020，49（2）：136-139.

[96] Zhang Z，Xu F，Zhang Y L，et al. The influence of Na species addition on the synthesis and catalytic activity of $Na_2Mo_4O_{13}$/α-MoO_3 as CWAO catalyst[J]. Catalysis Today，2016，278：192-202.

[97] 张永利，李亮，胡筱敏. 印染废水 CWAO 法处理中均相催化剂的研制[D]. 沈阳：东北大学，2009.

[98] 刘学文，王勇，葛昌华. 催化湿式氧化处理造纸废水的研究[J]. 环境科学与技术，2009，32（8）：139-142.

[99] 张哲，林书昌，杨佳霖. 催化湿式氧化法在造纸及其他工业废水处理中的应用研究进展[J]. 湖北造纸，2014（2）：1-4.

[100] 邹寒. 湿式过氧化氢催化氧化降解喹啉的研究[D]. 哈尔滨：哈尔滨工业大学，2014.

[101] 艾先立，赵彬侠，张小里，等. Fe/AC 催化湿式过氧化氢氧化处理焦化废水[J]. 环境工程学报，2011，5（8）：1815-1819.

[102] 温瑶瑶. 苯酚催化湿式氧化锰基催化剂的研究[D]. 厦门：厦门大学，2017.

[103] 袁美和，舒和英，王学文，等. 湿式催化氧化预处理杀螟丹农药废水的研究[J]. 化工技术与开发，2015，44（4）：47-48.

[104] 肖飞，苏小进，唐星林. 难降解有机磷农药废水催化湿式氧化研究[J]. 山东化工，2020，49（2）：229-232.

思考题

概念题

1. 简述热催化反应启动的必要条件。
2. 阐述微波催化技术的工作原理。
3. 什么是湿式催化技术？

判断题

1. 热催化反应只能在高温条件下进行，低温下无法实现有效的催化效果。（　　）
2. 微波催化材料以非金属氧化物为主，具有特定的催化能力。（　　）
3. 湿式催化技术主要用于处理易降解的有机污染物。（　　）

选择题

1. 下列哪项不是热能转化为其他形式能量的途径？（　　）

A. 热能转化为电能 B. 热能转化为核能

C. 热能转化为机械能 D. 热能转化为化学能

2. 微波催化技术主要用于处理哪类污染物？（ ）

A. 无机重金属离子 B. 易降解有机污染物

C. 难降解有机污染物及特定无机物 D. 所有类型的污染物

3. 在热催化材料中，哪一种材料因其高比表面积和良好的稳定性而常被用作载体？（ ）

A. 活性炭 B. 贵金属 C. TiO_2 D. 石墨

简答题

1. 简述热能驱动环境功能材料污染控制应用的三要素，并解释各要素的作用。
2. 比较微波催化与直接热催化在材料选择、反应条件及应用领域上的差异。
3. 解释湿式催化技术中的均相催化剂与非均相催化剂的主要区别。

论述题

1. 论述热能驱动环境功能材料在污染治理中的优势与挑战。结合当前环境问题的严峻性和热能驱动环境功能材料的特性，分析其在污染治理中的实际应用价值及面临的限制因素。
2. 以 Ni-MnO_x 催化剂为例，详细论述其在低温 NO_x 去除中的应用及催化机理。探讨催化剂的制备工艺、活性位点、反应路径及其对 NO_x 转化效率的影响，同时分析该技术的环境效益和经济可行性。

第 5 章　化学能驱动环境功能材料

5.1　化学能驱动环境功能材料及其应用

化学能是以化学键形式储存在物质中的能量。当发生化学反应且化学键断裂时，原子最外层电子运动状态和原子能级发生变化并释放化学能。化学能不能直接用于做功，只能转变为热能或者其他形式的能量，典型的如石油和煤的燃烧、炸药爆炸等过程。

化学反应遵循质量守恒定律，旧化学键的断裂和新化学键的形成是化学反应中能量变化的主要原因，因此化学反应中物质的变化和能量的变化是同时发生的。化学能的主要来源有太阳能、核能和生物能等，在实际应用中，化学能可以转化为热能、光能、电能、机械能等。化学能被广泛用于环境污染物的去除，比较典型的有污染物降解过程，如臭氧催化、芬顿催化、零价金属还原以及过（超）氧化物催化等过程。

5.2　臭氧催化与臭氧催化材料

臭氧（O_3）催化工艺被广泛应用于自然水体和废水处理中，但存在 O_3 利用效率低的问题，导致有机污染物的矿化程度不高。此外，污染物被 O_3 氧化的过程中可能形成有毒的副产物，造成二次污染。为了克服这些问题，O_3 催化工艺获得了研究人员的青睐。在 O_3 催化的过程中，催化剂可以促进 O_3 分解并产生活性自由基，提高对有机污染物的降解和矿化能力，从而提高废水处理的效率。O_3 催化材料分为均相材料和非均相材料两类。金属离子、金属氧化物及碳基材料均被广泛用作 O_3 催化剂，并在处理水中有机污染物方面获得了显著的效果。

5.2.1　臭氧催化材料

5.2.1.1　臭氧催化技术的发展

O_3 是一种无色、有特殊臭味的气体。高层大气中，O_2 受太阳光中的紫外光（ultraviolet，

UV）辐射，变成游离的氧原子，这些游离的氧原子与 O_2 结合就生成了 O_3。而近地面大气中，除少部分 O_3 产生于自然环境，如雷电导致 O_3 产生，绝大部分 O_3 是由于人类的生活产生的。人工制备 O_3 的主要方式包括光化学法、电解法和电晕放电法等。O_3 具有不稳定性，在室温下可以分解为 O_2。1839 年，Schönbein[1]首次对 O_3 进行了研究。1886 年，de Meritens 发现 O_3 可用作污水消毒的杀菌剂[2]。1906 年，O_3 被首次用于水处理并持续使用[3]。直到 1940 年，全世界约有 119 个饮用水处理厂使用 O_3 进行水处理[4]。

1948 年，Hill[5]发现 Co^{2+} 能在酸性介质（高氯酸或乙酸）中催化 O_3 分解生成·OH。但直到 1972 年，臭氧催化法才首次应用于水中污染物的降解。1977 年，Sumboja 等首次研究了非均相臭氧催化工艺，实现了有机污染物在实际废水处理中的去除。在早期的研究中，主要利用可溶性过渡金属离子做催化剂，以提升 O_3 对污染物的降解效果[6]。随着臭氧催化研究的不断深入，非均相催化剂的优势逐渐显现。与均相臭氧催化技术相比，非均相臭氧催化技术的主要优势在于催化剂易于回收、无二次污染且可重复使用。

5.2.1.2 臭氧催化材料的种类

（1）均相臭氧催化材料

均相臭氧催化材料主要包括 Mn^{2+}、Fe^{3+}、Co^{2+}、Cu^{2+}、Zn^{2+} 和 Cr^{3+} 等在内的过渡金属离子。由于过渡金属的 d 轨道不饱和，容易失去或夺取电子，与 O_3 发生氧化还原反应，产生活性氧物种。过渡金属离子引发 O_3 分解产生超氧自由基（$O_2\cdot^-$），通过电子转移生成 $O_3\cdot^-$，最后生成强氧化性的·OH，实现有机物的氧化降解；过渡金属离子（如 Co^{2+} 和 Mn^{2+} 等）还可以高效催化臭氧降解草酸[7]；而与单一臭氧催化工艺相比，Ce^{3+}[8]、Co^{2+}[9]等金属离子的加入显著提高了有机污染物的矿化率。均相臭氧催化的反应路径及氧化效率与介质 pH、臭氧浓度、催化剂投加量有关。一般来说，均相催化反应的效率通常高于非均相催化反应的效率，但在实际应用中需要回收金属离子催化剂以避免造成水体的二次污染或催化剂的浪费。

（2）非均相臭氧催化材料

为了克服均相催化材料的缺点，可以将活性组分固定于载体表面，形成固体催化剂，其中应用最广泛的有金属化合物、负载的金属/金属氧化物复合材料、碳基材料等。

许多金属氧化物已被用于非均相臭氧催化工艺中，并表现了其优良的催化活性。其中，二氧化锰（MnO_2）是最有效的臭氧催化剂，而在 6 种晶型的 MnO_2（α-MnO_2、β-MnO_2、γ-MnO_2、δ-MnO_2、ε-MnO_2、λ-MnO_2）中，α-MnO_2 是催化 O_3 降解 4-NP 最活跃的催化剂[10]。由于自然界中铁的含量丰富，铁基材料易于制备且催化性能优良，在臭氧催化体系中得到了广泛的研究。常见的铁基催化剂包括 FeOOH、Fe_2O_3 和 Fe_3O_4 等。其中，FeOOH 能在 pH 为酸性和中性条件下有效催化 O_3 产生·OH，促进了对草酸的降解[11]。铝基材料（如 α-Al_2O_3、γ-Al_2O_3 和 γ-AlOOH）也是高效的催化剂，有研究人员以 γ-Al_2O_3 为催化剂降解 2-氯酚（2-CP），发现与只加入 O_3 相比，TOC 去除率从 21%提高到 43.4%[12]。此外，其他金属的氧化物（如 MgO、CeO_2、TiO_2、ZnO、Co_3O_4）和双金属/多金属氧化物也能应用于臭氧催化工艺中。

为了提高金属或金属氧化物的催化活性，通常将这些催化剂负载在具有特殊表面性质的载体上，以增加材料的表面积和活性位点。常见的载体包括 AC、Al_2O_3、陶粒及沸石等。载体的存在可以保护催化剂不受臭氧及水体的流动冲击并提高其稳定性；载体的吸附能力可以促进催化剂和有机污染物的接触，提高反应效率。有研究表明，介孔 Al_2O_3 负载的 Mn-Ce 复合催化剂（Mn-CeO_x/γ-Al_2O_3）可以有效催化 O_3 氧化 1-氨基-4-邻溴苯醌-2-磺酸（BAA），其降解效率接近 100%[13]。

近几十年来，碳基材料（如 AC、CNTs、GO 等）被广泛应用于臭氧催化领域并表现了良好的催化活性。CNTs 可以催化 O_3 氧化草酸，而 CNT 上碱性基团的增加和酸性基团的减少则有利于草酸的分解[14]。还有研究人员使用 MWCNTs 催化 O_3 氧化阿特拉津（ATZ）并取得了理想的效果[15]。

5.2.2　臭氧催化过程与影响因素

5.2.2.1　臭氧催化反应机理

臭氧催化反应可以分为均相和非均相两类，因此相关机理也有所不同。

（1）均相臭氧催化机理

O_3 分解在很大程度上取决于溶液的 pH 和金属离子的浓度。在直接臭氧氧化过程中，当 pH＜4 时，O_3 的直接氧化作用占主导；当 pH＞9 时，O_3 的间接氧化作用占主导。然而，在臭氧催化过程中，即使在低 pH（如 pH=2）下，间接氧化途径也起着重要的作用。一般来说，金属离子（M^{n+}）催化 O_3 分解的机理可以用下列反应式来表示：

$$M^{n+} + O_3 + H^+ \longrightarrow M^{(n+1)+} + \cdot OH + O_2 \tag{5-1}$$

$$O_3 + \cdot OH \longrightarrow O_2 + HO_2\cdot \tag{5-2}$$

$$M^{(n+1)+} + HO_2\cdot + OH^- \longrightarrow M^{n+} + H_2O + O_2 \tag{5-3}$$

$$M^{n+} + \cdot OH \longrightarrow M^{(n+1)+} + OH^- \tag{5-4}$$

金属离子作为催化剂先与 O_3 反应，催化其分解生成·OH，从而提高化合物的去除率。然后通过 O_3 分解过程中形成的 $HO_2\cdot$，使氧化后的金属离子还原再生。式（5-4）说明，过量的金属离子将清除所产生的·OH，因此催化剂用量优化对催化臭氧降解污染物的过程具有重要意义。

金属-酸络合物机理是关于均相臭氧催化机理的另一种解释。金属离子与有机分子结合形成络合物，然后被 O_3 和其他氧化性物质氧化。其中，低 pH 条件下 Fe^{3+}/O_3 体系去除草酸的金属-酸络合物反应如式（5-5）～式（5-10）[16]所示。

$$Fe^{3+} + C_2O_4^{2-} \longrightarrow FeC_2O_4^{+} \tag{5-5}$$

$$FeC_2O_4^{+} + C_2O_4^{2-} \longrightarrow Fe(C_2O_4)_2^{-} \tag{5-6}$$

$$Fe(C_2O_4)_2^{-} + C_2O_4^{2-} \longrightarrow Fe(C_2O_4)_3^{3-} \tag{5-7}$$

$$FeC_2O_4^{+} + 2O_3 \longrightarrow 2CO_2 + Fe^{3+} + 2O_3\cdot^{-} \tag{5-8}$$

$$Fe(C_2O_4)_2^{-} + 2O_3 \longrightarrow 2CO_2 + FeC_2O_4^{+} + 2O_3\cdot^{-} \tag{5-9}$$

$$Fe(C_2O_4)_3^{3-} + 2O_3 \longrightarrow 2CO_2 + Fe(C_2O_4)_2^{-} + 2O_3\cdot^{-} \tag{5-10}$$

草酸的降解归因于草酸铁络合物的形成以及随后与 O_3 的反应。根据报道，草酸与 Fe^{3+} 可以形成 3 种不同的络合物，包括 $FeC_2O_4^{+}$、$Fe(C_2O_4)_2^{-}$和 $Fe(C_2O_4)_3^{3-}$，其中实验测定表明 $Fe(C_2O_4)_2^{-}$和 $Fe(C_2O_4)_3^{3-}$的浓度远大于 $FeC_2O_4^{+}$，因此认定式（5-9）和式（5-10）为 O_3 分解的主要途径。此外，草酸铁络合物和 O_3 反应后产生的臭氧阴离子自由基（$O_3\cdot^{-}$）可以进一步分解产生·OH，·OH 与草酸反应并促使其分解。

（2）非均相臭氧催化机理

非均相臭氧催化体系包括气相（O_3）、液相（H_2O）和固相（催化剂）3 种相态，整个氧化过程的反应机理非常复杂。催化剂在整个体系中可能扮演多种角色。基于催化剂与 O_3 和有机化合物的相互作用，在非均相臭氧催化系统中可能发生 3 种情况：一是 O_3 吸附在催化剂上分解生成自由基，自由基在本体溶液中与有机物反应；二是有机物被吸附在催化剂上，然后被 O_3 或其他物质氧化分解；三是臭氧和有机物都被吸附在催化剂上并发生反应。

关于非均相臭氧催化的反应机理，最广为接受的说法是通过 O_3 分解产生的大量活性自由基在化合物去除和矿化中起着决定性作用。以金属氧化物催化剂（如 FeOOH、MgO、AlOOH 和 Al_2O_3）催化 O_3 的机理为例，包括下列反应（Me 为金属氧化物催化剂）。

$$O_3 + Me\text{-}OH_2^{+} \longrightarrow Me\text{-}OH^{+}\cdot + HO_3\cdot \tag{5-11}$$

$$2O_3 + Me\text{-}OH \longrightarrow Me\text{-}O_2\cdot + HO_3\cdot + O_2 \tag{5-12}$$

$$Me\text{-}OH^{+}\cdot + H_2O \longrightarrow Me\text{-}OH_2^{+} + \cdot OH \tag{5-13}$$

$$Me\text{-}O_2\cdot + O_3 + H_2O \longrightarrow Me\text{-}OH + O_2 + HO_3\cdot \tag{5-14}$$

$$HO_3\cdot \longrightarrow \cdot OH + O_2 \tag{5-15}$$

溶解的 O_3 首先从液体本体转移到催化剂表面，然后有机物和 O_3 吸附在催化剂表面上。之后，吸附的 O_3 与 Me-OH 基团结合，在金属氧化物的表面活性位点（如 Lewis 酸性位点或碱性位点）开始自由基反应。生成的自由活性物质（如·OH 和 $HO_3\cdot$）随后可与 O_3 反应生成更多的·OH 或直接氧化分解有机污染物。对于双金属/多金属氧化物，催化剂中不同价态金属离子间的电子转移促进了 O_3 分解生成自由基，提高氧化效率。如图 5-1 所示，负载的金属催化剂催化 O_3 催化的过程如下：有机物吸附在催化剂表面上，并受到溶液中的 O_3（或·OH）攻击，生成氧化产物，再解吸到溶液中；O_3 和有机分子（AH）都吸附在催化剂表面上，O_3 被催化剂催化生成·OH，并氧化吸附在催化剂表面的 AH 上；有机自由基物种 A 在溶液中被·OH 或 O_3 氧化或在双电层厚度内被氧化。

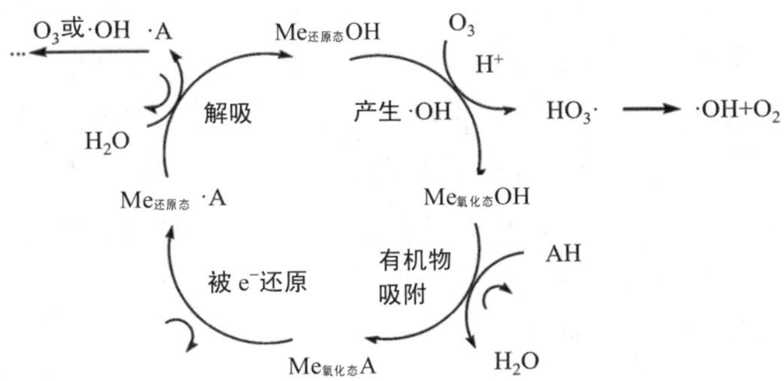

图 5-1　臭氧催化机理

5.2.2.2　臭氧催化过程的关键控制因素

（1）初始溶液 pH

溶液的初始 pH 是臭氧催化过程中的重要参数，影响·OH 的产生、催化剂的表面性质以及废水中污染物的分解。溶液 pH 的升高加速 O_3 的分解，产生更多的·OH，从而提高有机污染物的降解效率。在大多数文献研究中报道了降解效率随初始溶液 pH 的增加而增加。然而有研究发现，环丙沙星（ciprofloxacin，CIP）在 MnO_x/MWCNTs/O_3 系统中的降解效率随初始溶液 pH 的增加而降低[17]，这归因于 CIP 在不同初始 pH 的溶液中的分子结构和解离常数（pK_a）不同。总的来说，溶液初始 pH 影响自由基的生成速率及有机污染物的处理效果，因此需根据催化剂的性质和污染物的 pK_a 设置适于反应的溶液初始 pH。

（2）O_3 用量

O_3 用量是有机污染物降解的关键因素。O_3 用量的增加增强了 O_3 转移到废水中的驱动力，增加了废水中的 O_3 浓度。高浓度的 O_3 增加了·OH 的产生，最终提高了有机污染物的降解效率。在浮石矿物催化 O_3 降解对氯硝基苯（*p*-chloronitrobenzene，*p*-CNB）的研究中[18]，当 O_3 用量从 0.6 mg/L 增加到 2.4 mg/L 时，pCNB 的去除率从 86%提高到 99%。邻苯二甲酸二丁酯（dibutyl phthalate，DBP）在催化剂/O_3 系统中的降解效率同样随 O_3 添加量的增加而提高[19]。然而，过高的 O_3 添加量造成 O_3 浪费，增加成本并带来安全隐患，因此需要确定合适的 O_3 添加量。

（3）污染物初始浓度

污染物初始浓度的增加降低了有机污染物的降解效率，这是因为初始浓度增加导致中间产物增多，竞争消耗 O_3。有研究使用纳米 MgO 晶体催化 O_3 降解活性红 198（reactive red 198，RR198），发现 COD 去除率随 RR198 初始浓度的升高而下降[20]。在另一项研究中，发现 4-NP 在 Mn-Co-Fe/O_3 催化剂表面中的矿化率随 4-NP 初始浓度的升高而显著下降，当 4-NP 初始浓度从 5 mg/L 增加到 20 mg/L 时，矿化率从 100%下降到约 65% [21]。

（4）催化剂用量

催化剂用量对有机污染物的降解效率有一定的影响。催化剂用量的增加提供了更多的表面活性中心，从而促进 O_3 分解产生更多的·OH，因此随着催化剂用量的增加，降解效率提高。Guo 等[22]在使用 Mn-C@Fe 催化剂催化 O_3 氧化草酸时发现，随催化剂用量从 0.1 g/L 增加到 0.5 g/L，草酸的降解效率显著提升。但催化剂投加过量时，使底部曝气不均匀，气液传质效率下降，不利于反应的进行。同时，使用过多的催化剂也增加运行成本。因此需要选择合适的催化剂用量。

（5）温度

反应温度对催化 O_3 氧化起着重要作用。随着温度的升高，O_3 分解速率增加，水中有机分子活性提高，促进了污染物的降解。但温度升高，O_3 的溶解度和稳定性降低，导致水中 O_3 的浓度降低，影响了·OH 的产生并降低了污染物的降解效率。这两种效应的综合结果决定了温度变化对催化反应的影响。有研究考察了在温度为 0.5～61 ℃下碱性黄 87 的 O_3 催化氧化降解效果，发现室温（25℃）为反应进行的最佳温度[23]。

5.2.3 臭氧催化材料在环境污染控制中的应用

5.2.3.1 臭氧催化材料在 VOCs 控制中的应用

臭氧催化工艺是低温下降解 VOCs 的有效技术，具有运行简单、成本低的特点。利用氧化锰（MnO）催化 O_3 氧化苯，在有效处理苯的同时，降低了处理苯所需的温度[24]。利用 Al_2O_3 负载的 MnO 催化剂催化 O_3 去除空气中低浓度的甲醛，也获得了理想的去除效果[25]。此外，有研究人员使用不同载体（Al_2O_3、TiO_2、SiO_2、CeO_2 和 ZrO_2）制备了负载型 Mn 催化剂，用于对氯苯（CB）的臭氧催化氧化，发现 Mn/Al_2O_3 具有最佳的催化性能，对 CB 的降解效率可以达到 82.92%，且连续运行 300 h 后活性保持率超过 90% [26]。

5.2.3.2 臭氧催化材料在水中有机污染控制中的应用

（1）酚类污染物

臭氧催化氧化技术是处理酚类污染物的有效技术。有研究人员使用锌碳纳米管催化剂（Zn-CNTs）催化 O_3，发现可以有效氧化降解 4-氯-3-甲基苯酚（4-chloro-3-methylphenol，CMP），而 Zn-CNTs/O_3 系统中产生的·OH 是提高 CMP 矿化率的主要原因[27]。另外，有研究人员以 $CeO_{2\,(f)}$ 为催化剂，臭氧催化降解水中的 4-氯苯酚（4-chlorophenol，4-CPh）和 4-酚磺酸（4-phenolsulfonic acid，4-SPh），也获得了理想的矿化率[28]。

（2）医药中间体类污染物

医药废水中的污染物具有持久性、生物蓄积性、不可生物降解性和毒性，对动物和人体健康具有潜在的危害。Dai 等[29]采用水热法制备了新型纳米 $ZnAl_2O_4$ 催化剂，用于催化 O_3 降解医药废水中的污染物 5-磺基水杨酸（5-sulfosalicylic acid，SSal），1 h 内 SSal 降解率可以达到 64.8%。Zhang 等[30]合成了负载 Ce 的天然沸石催化剂，并利用其催化 O_3 氧化青霉素 G（penicillin G，PG），15 min 内 PG 的降解率可以达到 99.5%。

（3）农药类污染物

随着农业的发展，农药的生产和应用日益增多，越来越多的农药废水排入环境并造成环境污染问题。臭氧催化技术已被广泛应用于农药的降解。有研究人员发现，铁刨花[31]和通过水热法制备的 O@g-C_3N_4 催化剂[32]均能有效催化 O_3 氧化降解水中的除草剂 ATZ，且 ATZ 在 ZVI/O_3 系统和 O@g-C_3N_4/O_3 系统中的降解效率远高于 O_3 系统。

（4）染料类污染物

染料通常含有芳香族分子结构，结构稳定且具有难生物降解性和毒性，在水体中的染料会对人类健康和生态系统造成严重威胁。Ghuge 等[33]采用介孔材料 SBA-15 负载铜催化剂（Cu/SBA-15）催化 O_3 氧化降解 RO4，Cu/SBA-15/O_3 系统中 RO4 的降解效率高于 O_3 系统且矿化率可以达到 86%。Xu 等[34]采用 $CuAl_2O_4$ 催化剂催化 O_3 降解水中染料，$CuAl_2O_4$/O_3 系统中的染料在 25 min 内几乎完全脱色，COD 去除率达 87.2%。

（5）邻苯二甲酸酯类污染物

邻苯二甲酸酯（phthalic acid esters，PAEs）通常被用作增塑剂、黏合剂、印刷油墨等，在生产、使用和处置过程中进入环境，影响人类的生殖系统。臭氧催化工艺能够显著提高其去除效率。有研究发现，通过溶胶-凝胶法合成的掺杂 Mn 的 $ZnFe_2O_4$（$Mn_{0.5}Zn_{0.5}Fe_2O_4$）复合材料显著提高了 O_3 存在下 DBP 的降解效率[35]。

5.3　芬顿催化技术与芬顿催化材料

芬顿（Fenton）催化技术是经典的 AOPs 技术。1894 年，法国科学家 Fenton[36]发现 Fe^{2+} 在酸性条件下能够促进 H_2O_2 氧化酒石酸（TA）。为纪念这位伟大的科学家，后人将“Fe^{2+}+H_2O_2”命名为 Fenton（芬顿）试剂，将 Fe^{2+} 催化 H_2O_2 分解的体系称为 Fenton（芬顿）系统。芬顿催化法工艺简单、试剂容易获得、处理效果好、环境友好，被广泛用于各种工业废水的深度处理过程中。

5.3.1　均相芬顿催化技术

5.3.1.1　均相芬顿催化技术

（1）传统均相芬顿催化技术

芬顿催化技术利用 Fe^{2+} 催化氧化 H_2O_2 产生具有强氧化性的·OH（E_0=2.80 V），将大多数有机污染物降解为小分子无毒物质，进一步矿化为 CO_2、H_2O 和无机盐[37]，其反应机理如式（5-16）所示。

$$Fe^{2+} + H_2O_2 \longrightarrow Fe^{3+} + OH^- + \cdot OH \tag{5-16}$$

均相芬顿催化体系以 Fe^{2+}为催化剂、H_2O_2 为氧化剂，反应如式（5-17）～式（5-23）所示。整个反应过程中，H_2O_2 将 Fe^{3+}还原为 Fe^{2+}的过程是整个反应过程的限速步骤。

$$Fe^{3+} + H_2O_2 \longrightarrow Fe^{2+} + H^+ + HOO\cdot \tag{5-17}$$

$$Fe^{2+} + \cdot OH \longrightarrow Fe^{3+} + OH^- \tag{5-18}$$

$$\cdot OH + H_2O_2 \longrightarrow HOO\cdot + H_2O \tag{5-19}$$

$$\cdot OH + \cdot OH \longrightarrow H_2O_2 \tag{5-20}$$

$$Fe^{3+} + HOO\cdot \longrightarrow Fe^{2+} + O_2H^+ \tag{5-21}$$

$$Fe^{2+} + HOO\cdot + H^+ \longrightarrow Fe^{3+} + H_2O_2 \tag{5-22}$$

$$HOO\cdot + HOO\cdot \longrightarrow H_2O_2 + O_2 \tag{5-23}$$

使用传统芬顿催化技术处理污水时，先按一定比例加入 H_2O_2 和 Fe^{2+}，然后将溶液的 pH 调节至酸性（2～4）进行反应。反应结束后加入一定量的絮凝剂，将铁离子絮凝沉淀，再通过固液分离槽进一步分离，得到处理后的水。

（2）有机物络合改性的均相类芬顿催化技术

传统的芬顿催化技术受 pH 的影响大，仅在酸性条件下（pH＜4）适用；当溶液为中性或碱性时，Fe^{3+}沉淀，催化剂无法循环，进而失去催化效果。为了拓宽芬顿催化技术的使用范围，一些有机络合物［包括柠檬酸盐[38]、乙二胺四乙酸（EDTA）[39]、乙二胺二琥珀酸（EDDS）[40]及腐殖酸（HAs）[41]等］被引入芬顿体系中以提高 Fe^{3+}沉淀的 pH，如 EDTA-Fe^{3+}/H_2O_2 体系中降解孔雀石绿的最佳 pH 可提高到中性范围[42]。

（3）光、电等耦合类芬顿催化技术

为了提高·OH 的产生速率和产量，UV、电、微波、超声等耦合的类芬顿催化技术被广泛研究并取得了良好的污染物去除效果。有研究人员使用电芬顿（Electro-Fenton，EF）法降解乙酰水杨酸（acetylsalicylic acid，ASA），10 min 内实现了乙酰水杨酸的完全降解[43]；另外，还有研究在光和超声的协同作用下，利用 Fe_3O_4/ZnO/Gr/H_2O_2 系统在 1 h 内实现了 MB 和刚果红（congo red，CR）的完全降解[44]。

5.3.1.2 均相芬顿催化过程的控制因素

H_2O_2 和 Fe^{2+}投加量决定·OH 的产生量。过低的 H_2O_2 和 Fe^{2+}投加量导致·OH 的产量较低。然而，过量的 Fe^{2+}和 H_2O_2 消耗·OH[式（5-18）和式（5-19）]，导致·OH 的利用率降低。同时，过高的 Fe^{2+}浓度造成水排放时色度的增加。此外，过高浓度的·OH 发生自淬灭[式（5-20）]，也会降低处理效果。因此，在实际应用中要严格控制 H_2O_2 和 Fe^{2+}的投加量。

自然水体和污水中含有的大量无机阴离子（如 PO_4^{3-}、F^-、SO_4^{2-}、Cl^-、Br^-）影响芬顿反应的速率。PO_4^{3-}、F^-、SO_4^{2-}等可以与 Fe^{3+}反应生成络合物，影响 Fe^{2+}的再生，影响体系的反应效率。而 Cl^-、Br^-等可以淬灭·OH，抑制芬顿催化的效果。不同阴离子对芬顿体系催化效率的影响不同，在利用芬顿催化技术降解 DDVP 的研究中，发现阴离子抑制 DDVP 的降解，抑制效应顺序为 $H_2PO_4^- \gg Cl^- > NO_3^- \approx ClO_4^-$[45]。

5.3.2　非均相芬顿催化过程与材料的构效关系

5.3.2.1　非均相芬顿催化过程的机理

为了解决均相芬顿和类芬顿催化过程造成的催化剂浪费以及铁泥的二次污染问题，研究人员开发了非均相芬顿催化材料。在非均相芬顿催化材料表面，·OH 是通过 H_2O_2 与催化剂中的可变价过渡金属之间发生电子转移产生的。基于表面配位化学的 H_2O_2 分解机理目前被广泛接受[46]。以铁氧化物催化剂为例，异相芬顿反应中·OH 的产生原理如下列各式所示。

$$Fe^{3+} + H_2O_2 \longrightarrow Fe^{3+}\text{-}H_2O_2 \quad (5\text{-}24)$$

$$Fe^{3+}\text{-}H_2O_2 \longrightarrow Fe^{2+} + HOO\cdot + H^+ \quad (5\text{-}25)$$

$$Fe^{2+} + H_2O_2 \longrightarrow Fe^{3+} + \cdot OH + OH^- \quad (5\text{-}26)$$

$$Fe^{2+} + \cdot OH \longrightarrow Fe^{3+} + OH^- \quad (5\text{-}27)$$

$$Fe^{3+} + HOO\cdot \longrightarrow Fe^{2+} + H^+ + O_2 \quad (5\text{-}28)$$

$$H_2O_2 + \cdot OH \longrightarrow HOO\cdot + H_2O \quad (5\text{-}29)$$

$$Fe^{3+}\text{-}H_2O_2 + \cdot OOH \longrightarrow Fe^{2+}\text{-}OH + H^+ + \cdot OH + O_2 \quad (5\text{-}30)$$

$$\cdot OH + \cdot OH \longrightarrow H_2O_2 \quad (5\text{-}31)$$

$$HOO\cdot + HOO\cdot \longrightarrow H_2O_2 + O_2 \quad (5\text{-}32)$$

$$\cdot OH + \cdot OOH \longrightarrow H_2O + O_2 \quad (5\text{-}33)$$

首先，固体催化剂表面的 Fe^{3+}与 H_2O_2 形成表面配合物 Fe^{3+}-H_2O_2[式（5-24）]。伴随电子从配体到金属的转移，生成还原态的 Fe^{2+}和 HOO·[式（5-25）]。随后，生成的 Fe^{2+}催化 H_2O_2 产生·OH[式（5-26）]。生成的·OH 和 HOO·与催化剂表面的 Fe^{2+}和 Fe^{3+}反应，如式（5-27）、式（5-28）所示，并与催化剂表面吸附的 H_2O_2 反应，如式（5-29）、式（5-30）所示。同时，反应过程中产生的·OH 和 HOO·之间也能发生反应，如式（5-31）～式（5-33）所示。与均相芬顿反应类似，H_2O_2 将 Fe^{3+}还原至 Fe^{2+}的过程是整个反应的限速步骤。上述反应在催化剂表面活性位点（如 Lewis 酸性位点）发生，Fe^{3+}的电子构型变化是 H_2O_2 分解的关键限速步骤。

5.3.2.2　非均相芬顿催化材料的种类

常见的非均相芬顿催化材料按照活性组分主要可以分为两类：第一类是过渡金属氧

化物，如 Fe_3O_4、Cu_2O 和 Co_3O_4 等；第二类是含有丰富含氧基团或缺陷的改性碳材料，如经过热处理或者碱液刻蚀的 AC 及碳布、羧基化的 GO 等。

（1）铁基非均相芬顿催化剂

铁氧化物是最常用的一类非均相芬顿催化剂，广泛存在于自然界，具有无毒、廉价、环境友好等优点。常见的铁氧化物催化剂包括α-FeOOH、α-Fe_2O_3 及 Fe_3O_4 等。

α-FeOOH 以针铁矿的形式广泛存在于自然界，具有 pH 适用范围宽、热稳定性较高、价格低廉等优点。针铁矿能有效催化 H_2O_2 降解 50 mg/L 橙 G（Orange G，OG），在 3 h 内达到 99.6%的脱色效率[47]。铁矿催化 H_2O_2 降解污染物的速率随针铁矿颗粒尺寸的减少而增加，因为尺寸的减少提高了针铁矿比表面积，暴露更多催化活性位点，提高了催化效率[48]。

α-Fe_2O_3 属于六方晶系，具有比其他铁氧化物更高的化学稳定性和热稳定性。研究表明，AA/Fe@Fe_2O_3/ H_2O_2 可以成功催化降解 RhB、甲草胺、MB、ATZ、西脲隆、林可霉素、氯霉素等多种污染物，且在 pH 为 3.8 时，该体系中污染物的降解速率常数是常规芬顿体系的 38～53 倍[49]。

Fe_3O_4 属于立方晶系，具有反尖晶石结构。Fe_3O_4 结构中存在的 Fe^{2+}可以加速·OH 的产生；同时，晶体表面的八面体结构共同存在 Fe^{2+}和 Fe^{3+}，加速了电子的转移。纳米 Fe_3O_4 催化剂具有比传统 Fe_3O_4 催化剂更高的比表面积，暴露更多的活性位点，因此具有更高的催化活性。有研究报道，使用准球形纳米 Fe_3O_4 降解水中的邻苯二酚和 4-氯苯二酚，在 3 h 内两种污染物几乎都被彻底氧化[50]。

为了进一步提高非均相芬顿催化剂的催化活性，复合铁氧化物催化剂（包括双金属铁氧化物催化剂和铁/碳复合催化剂）被开发应用。双金属 Fe_3O_4/CeO_2 催化剂在催化 H_2O_2 降解 4-CP 的研究中表现了比单一 Fe_3O_4 更高的催化活性，这是因为 CeO_2 的存在加快了 Fe_3O_4 上铁离子的溶出，促进了·OH 的生成[51]。而将高比表面积的碳材料与铁催化剂复合，可以分散催化剂并增加活性位点的暴露，促进污染物与活性位点的接触，提高污染物的降解效率。有研究发现，利用介孔碳包覆的 Fe_3O_4 纳米复合材料（Fe-HCNA300）催化 H_2O_2 氧化降解苯酚，碳壳中的介孔为苯酚与 Fe_3O_4 的接触提供了空间，提高了苯酚的降解效率[52]。

（2）其他非均相芬顿催化剂

除铁氧化物外，其他过渡金属氧化物（如 CuO、MnO_2、Co_3O_4 及其衍生物）也常被用作非均相芬顿反应的催化剂（这里的芬顿反应特指广义的芬顿反应，即在经典的 Fe^{2+}/H_2O_2 体系的基础上衍生的过渡金属/碳催化剂催化 H_2O_2 分解产生·OH 的所有芬顿反应）。Kim 等[53]制备的铜-二氧化硅纳米粒子催化剂在 pH 为 3～7 内高效催化 H_2O_2 分解生成·OH，且其活性高于传统均相芬顿催化剂。Xiong 等[54]以 Cu 金属有机框架为模板，通过两步煅烧法制备了多孔的 Cu_xO/C 复合材料，并将其用于催化 H_2O_2 降解 RhB，在 40 min 内实现了接近 90%的 RhB 降解效率。由于 Cu_xO/C 的比表面积较高，具有更多催化活性位点，同时催化剂中碳的石墨化程度较高，促进了反应过程中的电子传递，提高了催化剂的催化活性。

此外，为了避免非均相金属催化剂金属离子浸出造成水体二次污染等问题，非均相碳催化剂受到了越来越多的关注。这些碳催化剂的催化活性通常归因于材料中的碱性含氧官能团，这些基团激活 H_2O_2 并产生·OH，并进一步氧化降解有机污染物。将 4-苯氧基苯酚掺杂于 rGO 得到 rGO-4-PP Nc 催化剂，在 120 min 内降解了 75%的 BPA 及 91.8%的 2-CP[55]。有研究表明，g-C_3N_4 作为芬顿催化剂可以高效去除 RhB，这归因于 g-C_3N_4 上富含电子的 Lewis 碱官能团[56]。

5.3.2.3 非均相芬顿催化效率的改进方法

在芬顿反应中，·OH 的生成速率与 Fe^{3+}还原为 Fe^{2+}的速率密切相关，有必要提高 Fe^{3+}还原为 Fe^{2+}的速率，以提高非均相芬顿反应的效率。

UV 的协同可以有效加速 Fe^{3+}的还原（即光芬顿反应）。在芬顿体系中，溶液中部分 Fe^{3+}以 $Fe(OH)_2^+$形式存在，而 $Fe(OH)_2^+$是一种光敏物质，在 UV 照射下分解生成·OH 和 Fe^{2+}，促进了 Fe^{3+}的还原。有研究报道，在 UV 的协同作用下，Fe^{3+}-HY/H_2O_2 系统在 60 min 内降解了 100%的苯酚，这归因于在 UV 作用下，部分 Fe^{3+}-HY 被还原为 Fe^{2+}-HY，加快了·OH 的产生速率[57]。

在类芬顿反应体系中加入氧化还原介体或还原剂，可以加快 Fe^{3+}还原为 Fe^{2+}的速率。其中，氧化还原介体起电子传递媒介的作用，将电子从 H_2O_2 传递给 Fe^{3+}；而还原剂则通过自身与 Fe^{3+}的氧化还原反应将 Fe^{3+}还原为 Fe^{2+}。

过渡金属（Mn、Co、V、Cu、Cr、Ti 等）不仅可以催化 H_2O_2 生成·OH，同时能与铁氧化物中的 Fe^{3+}发生氧化还原反应，加快 Fe^{3+}与 Fe^{2+}之间的转换，因此过渡金属掺杂的铁氧化物具有理想的催化活性。在 V 掺杂的 Fe_3O_4 的类芬顿系统（$Fe_{2.66}V_{0.34}O_4/H_2O_2$）中，MB 的降解效率为 93%，而 Fe_3O_4/H_2O_2 系统中 MB 的降解效率仅为 41%[58]。

5.3.3 芬顿催化材料在水中难降解有机污染控制中的应用

芬顿催化技术能够产生氧化性极强的自由基，其操作简单、启动快、设备投资少，在许多废水处理场景中展现了较低的运行成本和设备投资需求。

5.3.3.1 焦化废水

焦化废水排放量大、污染物成分复杂，包含酚类化合物、氰化物、多环芳烃等难降解有机物，采用生化法处理时出水水质很难达标，铁粉/H_2O_2 的芬顿系统结合传统的生物降解被用于处理焦化废水[59]。经过处理，废水中的呋喃、喹啉、间苯二酚和苯并呋喃被完全去除，焦化废水的可生物降解性得到了明显改善。在处理过程中，随着初始 pH 的降低和 H_2O_2 投加量的增加，COD 去除率有所提高。

5.3.3.2 酒精废水

酒精废水是一种典型的高浓度有机废水，经过常规处理后，出水 COD 浓度仍高达数百毫克每升，难以达到水质排放标准。采用芬顿试剂对该废水进行预处理，110 min 内，初始 COD_{Cr} 浓度为 760 mg/L 的废水的去除率为 58.6%～61.4%，可生化性（BOD_5/COD_{Cr}）由 8.9%～9.7%提高到 62.6%～68.3%[60]。

5.3.3.3 印染废水

印染废水具有色度高、成分复杂、排放量大、pH 变化大、污染物浓度高等特点。常规的物理吸附法、化学法、混凝法、电解法等以及生物处理法很难对其处理达标。研究发现，利用间歇式反应器，芬顿催化技术能对印染废水实现有效脱色[61]。

5.3.3.4 制药废水

芬顿催化技术对反应底物没有选择性、反应迅速，是处理制药废水的有效方法。Tekin 等[62]采用芬顿氧化法增加生物处理制药废水的可生化性。在 H_2O_2/Fe^{2+}摩尔比为 155 时，COD 去除率为 45%～65%。在实际工程中，采用芬顿催化技术和序批反应器（sequencing batch reactor，SBR）的污水处理厂，芬顿催化技术对制药废水中 COD 的去除率为 45%～50%，整个系统 COD 去除率达到 98%，并符合排放限值。

5.3.3.5 农药废水

农药废水中含有大量芳香族化合物，毒性大，可生化性较差。研究发现，芬顿氧化技术可以有效降解典型农药林丹（lindane）。以 Fe^{2+}为催化剂，在 15 min 内可实现 10 mg/L 林丹的完全降解并在 4 h 内实现 80%的林丹矿化率[63]。

5.3.4 总结和展望

芬顿催化技术能有效处理实际工业废水，并展现了巨大的优势，但也存在一些不足。芬顿催化技术对设备和环境的要求高，因为反应过程通常在酸性环境中进行，因此其对设备的耐腐蚀要求很高；同时，该技术运行成本高、在反应过程中产生大量的 Fe^{3+}，易造成二次污染，且使出水的色度升高。

近年来，越来越多的研究人员将芬顿试剂与生物法、超声波法、混凝法以及 AC 等处理方法结合，为芬顿试剂的进一步发展与应用开拓了新的方向。但是由于设备的不完善和技术的不成熟，反应能耗和成本较高，因此仍需进一步提高反应效率和降低成本。芬顿催化技术在今后的难降解工业废水处理领域仍具有很大的市场空间，应开发廉价的催化剂，研发高性能设备，使其得到广泛推广和应用。

5.4　零价金属技术与零价金属材料

零价金属技术利用零价金属材料的还原性去除水体中的污染物，是有效的污染物处理技术。零价金属材料尤其是 ZVI 价格便宜、来源广泛、应用方便、对人体无害，利用其还原作用能处理水中的多种污染物，如卤代有机物、重金属、放射性有害物质以及水体中的硝酸盐和亚硝酸盐等。

5.4.1　零价金属材料

零价金属材料主要包括 ZVI、Zn、Al、Ni、Ca、Mg 等，其中 ZVI 的研究历史最久、应用范围最广，因此仅对 ZVI 做重点介绍。

5.4.1.1　ZVI 的发展

1882 年，Gould 等[64]利用金属铁还原六价铬；1991 年，加拿大部队基地（Canadian Force Bases，CFBs）[65]首次将 ZVI 应用于渗透反应格栅（permeable reactive barrier，PRB）处理地下水中的三氯乙烯（trichloroethylene，TCE）和四氯乙烯（perchloroethylene，PCE），TCE 和 PCE 的去除率分别达到 95%和 91%；1997 年，Wang 等[66]率先使用纳米铁颗粒降解卤代有机物，为纳米零价铁（nanoscale zero-valent iron，nZVI）的发展奠定了基础。

5.4.1.2　ZVI 的种类

ZVI 主要包括铁屑、铁粉等，但这类材料的比表面积较小，反应活性较低且容易产生表面钝化层。针对这些局限性，研究人员设计了新型的 ZVI，包括 nZVI、表面改性的 nZVI、负载 nZVI 的复合材料、掺杂其他金属的 ZVI 复合材料等。

nZVI 特指直径在 1～100 nm 的 ZVI，其具有比表面积大、吸附性能优越、还原活性高、表面结合位点丰富、还原性强等优点。此外，nZVI 特有的表面效应和小尺寸效应提高了其反应活性和反应速率。利用 nZVI 可消除多种卤代烷烃、卤代衍生物、卤代芳香烃、有机氯农药等难降解有机污染物，将其转化为无毒或低毒的化合物并提高其可生化性。

由于弱范德华力、高表面能和自身磁性的相互作用，nZVI 在溶液中容易发生团聚，限制了其在实际废水处理中的应用。为解决此问题，研究人员将表面稳定剂涂覆在 nZVI 的表面，增加了 nZVI 颗粒之间的静电斥力，减少了 nZVI 的团聚并增加其在环境重金属离子原位修复中的迁移率。此外，将 nZVI 负载在碳材料、天然矿物、沸石等载体上得到的复合材料也能有效防止 nZVI 的团聚，这些负载 nZVI 的复合材料还具有丰富的活性位点和理想的反应活性。此外，Cu、Ni、Pt 等金属掺杂的双金属复合 nZVI 在去除污染物（特别是对氯代有机物的还原脱卤化）方面具有重要作用。这些双金属颗粒具有反应动力学快、腐蚀产物在颗粒表面沉积慢等优点。

5.4.1.3 nZVI 的制备方法

常规 nZVI 的制备方法分为物理法和化学法。物理法包括高能球磨法和蒸发冷凝法等[67]；化学法包括化学还原法、热解法和电化学法等[68]。

高能球磨法制备 nZVI 是利用机械球磨机对铁金属粉末进行强烈的撞击、研磨和搅拌，使大晶粒变成小晶粒，最后成为纳米级颗粒[69]。高能球磨法具有工艺简单、环保（无其他化学试剂添加）、产量高、颗粒的粒径可控（晶粒粒度随球磨时间的延长而降低）等特点[70]。

蒸发冷凝法利用真空蒸发、激光加热蒸发、电子束照射、溅射等方法使原料气化或形成等离子体，并在惰性气体介质下，通过液氮冷凝得到 nZVI[67]。这种方法能很好地控制粒子粒径和分布，但是实验条件苛刻（高温、高压和采用大量冷却剂）且能耗高、产率低。

化学还原法中最常见的方法是高价铁的液相化学还原法，在液相体系中利用强还原剂[如硼氢酸盐（KBH_4、$NaBH_4$）、联氨（N_2H_4）等]还原金属离子 Fe^{2+}、Fe^{3+}为 nZVI 颗粒，反应式如式（5-34）和式（5-35）所示[71]。在反应过程中加入足量的还原剂以加速合成反应并确保铁晶粒的均衡生长。

$$2Fe^{2+} + BH_4^- + 3H_2O \longrightarrow 2Fe^0 + H_2BO_3^- + 2H_2 + 4H^+ \tag{5-34}$$

$$4Fe^{3+} + 3BH_4^- + 9H_2O \longrightarrow 4Fe^0 + 3H_2BO_3^- + 6H_2 + 12H^+ \tag{5-35}$$

热解法是在气态还原剂存在的情况下，使铁化合物在高温下被还原为 nZVI。该方法操作简单、所合成的纳米粒子尺寸小、均匀性好。热解法施加的还原剂一般是 H_2、CO 或碳基材料（炭黑、生物炭、碳纳米颗粒）热分解过程中产生的气体。Fe^0 是在高温（大于 500℃）下的吸热反应过程中形成的，具体反应式如式（5-36）和式（5-37）所示[72]。

$$Fe(C_2H_3O_2)_2 + C \longrightarrow Fe^0 + 2CH_2CO + CO + H_2O \tag{5-36}$$

$$Fe_3O_4 + 2C \longrightarrow 3Fe^0 + 2CO_2 \tag{5-37}$$

相比于其他化学还原法制备 nZVI，电化学法制备 nZVI 具有操作简便、快速、成本低廉等特点。电化学法的反应过程是电解含有 Fe^{2+}/Fe^{3+}的溶液，随着施加电流，ZVI 颗粒在阴极不断生成。由于 Fe^0 倾向于团聚形成团簇大颗粒，所以需要加入阳离子表面活性剂（稳定剂），并结合超声技术（频率为 20 kHz），将 nZVI 从阴极分离。反应式如下[71]：

$$Fe^{3+} + 3e^- + \text{稳定剂} \longrightarrow nFe^0 \tag{5-38}$$

5.4.2 ZVI 还原过程与材料的构效关系

5.4.2.1 ZVI 反应机理

ZVI 是一种活性金属，标准氧化还原电位（standard oxidation-reduction potential，SORP）为−0.44 V vs. SHE，ZVI 可以作为一种有效的还原剂与污染物发生反应。在 ZVI 与污染物的反应过程中，电子从 ZVI 向污染物转移，并将污染物转化为无毒或毒性较小的物质。

（1）去除重金属的反应机理

ZVI 具有独特的“核-壳”结构，因此可通过还原、吸附以及沉淀/共沉淀去除重金属。当重金属离子的电极电位高于−0.44 V vs. SHE（标准氢电极电位）时，可通过直接还原去除；当重金属离子的电极电位接近−0.44 V vs. SHE 时，可结合外界条件（如调控 pH）使其达到吸附共沉淀去除；当重金属离子的电极电位低于−0.44 V vs. SHE 时，可通过吸附作用去除。在反应过程中，水中的羟基覆盖铁氧化物，使重金属离子被吸附在 ZVI 的表面上，而中心位置的铁还原性较强，可为反应提供所需电子，将重金属还原到较低价态。在碱性条件下，低价态的重金属离子与 OH^-发生反应，生成沉淀或者共沉淀，从而被去除。

（2）去除卤代有机物的反应机理

使用 ZVI 处理卤代有机物主要涉及氢解［式（5-39）］、还原消除［式（5-40）］和偶联还原脱卤［式（5-41）］3 个过程。实际上，卤代有机物的还原脱氯反应可能同时包括以上 3 种或者其中 2 种机理。

$$RCl_n + H^+ + 2e^- \longrightarrow RHCl_{n-1} + Cl^- \tag{5-39}$$

$$CCl_n + 2e^- \longrightarrow CCl_{n-2} + 2Cl^- \tag{5-40}$$

$$RClC\text{–}CClR + 2e^- \longrightarrow RC{=}CR + 2Cl^- \tag{5-41}$$

（3）去除硝酸盐的反应机理

向溶液中加入 ZVI，H^+和硝酸盐被吸附在 ZVI 表面上，电子从 ZVI 中释放、还原硝酸盐。ZVI 还原硝酸盐的过程如式（5-42）～式（5-49）所示。

$$Fe^0 \longrightarrow Fe^{2+} + 2e^- \tag{5-42}$$

$$5Fe^0 + 2NO_3^- + 12H^+ \longrightarrow 5Fe^{2+} + N_2 + 6H_2O \tag{5-43}$$

$$4Fe^0 + NO_3^- + 10H^+ \longrightarrow 4Fe^{2+} + NH_4^+ + 3H_2O \tag{5-44}$$

$$Fe^0 + NO_3^- + 2H^+ \longrightarrow Fe^{2+} + NO_2^- + H_2O \tag{5-45}$$

$$6Fe^{2+} + NO_2^- + 8H^+ \longrightarrow 6Fe^{3+} + NH_4^+ + 2H_2O \tag{5-46}$$

在酸性条件下：

$$Fe^0 + 2H^+ \longrightarrow Fe^{2+} + H_2 \tag{5-47}$$

在中性条件下：

$$Fe^{3+} + Fe^{2+} + H_2O \longrightarrow \text{铁氧化物} + 5H^+ \tag{5-48}$$

$$Fe^0 + H_2O \longrightarrow \text{铁氧化物} + H_2 \tag{5-49}$$

（4）去除硝基芳香族化合物的反应机理

ZVI 能还原降解多种硝基芳香族化合物（nitroaromatic compounds，NACs），如硝基苯、二硝基苯、2,4-二硝基甲苯、2,4,6-三硝基甲苯等。硝基苯一般被 ZVI 还原为苯胺，中间产物为亚硝基苯（nitrosobenzene，NOB）和苯胲（phenylhydroxylamine，NHA）[反应式如式（5-50）～式（5-53）所示]。其中，苯胺可生化性较好，对苯胺继续进行生物处理可以实现其彻底降解。

$$C_6H_5NO_2 + Fe^0 + 2H^+ \longrightarrow C_6H_5NO + Fe^{2+} + H_2O \tag{5-50}$$

$$C_6H_5NO + Fe^0 + 2H^+ \longrightarrow C_6H_5NHOH + Fe^{2+} \tag{5-51}$$

$$C_6H_5NHOH + Fe^0 + 2H^+ \longrightarrow C_6H_5NH_2 + Fe^{2+} + H_2O \tag{5-52}$$

$$\text{总方程式：}C_6H_5NO_2 + 3Fe^0 + 6H^+ \longrightarrow C_6H_5NH_2 + 3Fe^{2+} + 2H_2O \tag{5-53}$$

5.4.2.2 ZVI 还原过程的关键控制因素

（1）pH

pH 影响 ZVI 还原的速率及还原产物选择性。此外，某些污染物（如硝酸盐等）的还原也需要质子参与。nZVI 还原污染物的速率通常随 pH 的降低而增大。pH 降低不仅加速铁的腐蚀并产生新的活性中心，还可以溶解 ZVI 表面的钝化层，加速电子转移。而当 pH 升高时，ZVI 表面的氧化铁增多，抑制了 ZVI 的传质。然而，过低的 pH（pH＜2）会降低 ZVI 的性能，因为这会加速 ZVI 的溶解，导致 ZVI 的腐蚀加剧。

（2）温度

通常情况下，ZVI 去除污染物的效率随着反应温度的升高而增加。污染物在 ZVI 表面的扩散和吸附、在 ZVI 表面的化学反应以及产物在溶液中的扩散等步骤影响整个反应，提高反应温度能促进污染物在 ZVI 颗粒表面的迁移。此外，提高反应温度可提供较多的能量来克服活化能垒。

（3）溶解氧（DO）

溶解氧是水中的高活性氧化剂，对 ZVI 的腐蚀以及污染物的去除至关重要。溶液中的 DO 与污染物竞争电子，降低污染物的去除率，同时氧还原产物干扰铁的溶解，进而影响污染物的还原过程。另外，DO 可以通过强烈的铁腐蚀反应，加速表面结合 Fe^{2+}的生成，促进污染物的还原。DO 还可以加速氧化铁的生成，促进污染物的吸附。

（4）水体中的其他成分

水体中的无机阴离子（如 Cl^-、HCO_3^-、SO_4^{2-}、HPO_4^{2-}）和天然有机物（natural organic matter，NOM）等影响 ZVI 对污染物的还原。在 ZVI 还原硝酸盐的研究中，发现大多数阴离子促进铁的腐蚀而加速硝酸盐的还原，促进作用依次为柠檬酸（$C_6H_5O_7^{2-}$）＞乙酸根（CH_3COO^-）＞SO_4^{2-} ＞ $Cl^- \approx HCO_3^- \approx C_2O_4^{2-}$，但 PO_4^{3-}对 ZVI 还原硝酸盐表现为抑制作用[73]。

（5）ZVI 的尺寸与形态结构

ZVI 颗粒的大小影响系统各组分的流动性、稳定性和反应活性，从而影响污染物的降解。根据粒径大小，ZVI 可以分为粗零价铁（cZVI）、微米零价铁（mZVI）和纳米零价铁（nZVI）。cZVI 的粒径在 0.2～5 mm，nZVI 的粒径一般小于 100 nm，而 mZVI 的粒径在两者之间。尺寸较小的颗粒通常具有更大的有效比表面积和更高的还原效率。一般认为比表面积较大的 nZVI 具有更好的还原活性，但也有研究发现，mZVI 颗粒在中性 pH 下不仅对苯酚的降解效果理想，还能有效地避免 nZVI 的团聚[74]。

5.4.2.3 ZVI 材料与其他技术的联合应用

将 ZVI 还原技术与其他处理方法［如弱磁场（weak magnetic field，WMF）、超声和电场等］结合，可以有效提高 ZVI 的分散效果。同时，ZVI 联用的技术在实际工程中简单可行、节能高效、适用规模大，展现了巨大的潜力。

（1）ZVI 与 WMF 技术联合应用

利用 WMF 改善 ZVI 的性能，无须额外能量且高效环保。磁力可以有效控制 nZVI 在水中的团聚，提高污染物的去除率。研究表明，利用 WMF 提高 ZVI 对饮用水中三氯乙酰胺（trichloroacetamide，TCAM）的去除能力，明显改善了 TCAM 的去除效果，顺磁性的 O_2 在磁场梯度力下迁移到 ZVI 的表面，促进了 TCAM 与 ZVI 的水解反应[75]。

（2）ZVI 与超声技术联合应用

超声空化作用和其引发的一系列自由基氧化反应能迅速将 ZVI 分散为颗粒，从而增大溶液中 ZVI 的比表面积；同时超声产生气穴，并通过物理化学作用及时清理颗粒表面上的杂质，从而提高污染物的吸附率并加快传质速率，并提高 ZVI 的还原反应速率。有研究报道了利用 nZVI 联用超声技术处理 100 mg/L 的铬蓝黑 R（eriochrome blue black R，EBR）的实验研究，发现在初始 pH=3、nZVI 投加量为 0.3 g/L 的条件下，20 min 内可实现 EBR 的完全脱色[76]。

（3）ZVI 与电场联合应用

高能电子束（high energy electron beam，HEEB）辐射法具有处理规模大且二次污染少的优点。有研究发现，在引入 HEEB 后，nZVI 分散效果理想且无须添加任何有机溶剂，同时 nZVI 的还原效率提升了 27.65 个百分点，且能够在 2 个月内保持活性稳定[77]。

5.4.3 ZVI 在环境污染控制中的应用

5.4.3.1 ZVI 在无机污染控制中的应用

六价铬（Cr^{6+}）来源于冶金、皮革和电镀行业，具有毒性和致癌性，对环境危害极大。ZVI 可将 Cr^{6+} 还原为 Cr^{3+}，再利用 OH^- 与 Cr^{3+} 反应生成沉淀。有研究使用负载在醋渣上的 nZVI 复合材料（nZVI@VR）修复被 Cr^{6+} 污染的土壤，对 Cr^{6+} 的固定效果理想且改善了土壤的性质[78]。还有研究使用铁粉处理土壤中的铅，在加入 10 g/L ZVI、连续处理 48 h 后，对 300 mg/L Pb^{2+} 的去除率为 98%[79]。有研究人员将 nZVI/纳米 α-羟基氧化铁负载在

K_2CO_3 活化多孔生物炭上的复合材料，发现生物炭与该材料具有较强的协同作用，提高了水中 Cd 的去除率[80]。水中的砷以 As^{3+}和 As^{5+}的形态存在，具有毒性和致癌性。ZVI 除砷的主要机理包括吸附、还原、表面沉淀以及与各种铁腐蚀产物的共沉淀。此外，ZVI 也被广泛应用于处理地下水和地表水中的硝酸盐/亚硝酸盐污染，如新型的 Cu_2O-Cu^0@Fe^0 复合材料被用于与 HCOOH 和 UV-A 协同还原硝酸盐，对硝酸盐的去除率接近 100%[81]。

5.4.3.2 ZVI 在有机污染控制中的应用

ZVI 能有效还原硝基苯、二硝基苯、硝基苯酚、2,4-DNT 以及 TNT 等多种 NACs。陈海峰等[82]制备了 nZVI、铜均匀负载的碳基复合材料，并将其用于三氯硝基甲烷（TCNM）的去除，TCNM 的去除率可以达到 99.7%。有研究开发了一种用于处理水中的 2,4,6-三氯苯酚（2,4,6-TCP）的负载型 ZVI 催化剂（Fe^0/CS-T），发现 2,4,6-TCP 的去除率可达 88.94%[83]。

可渗透反应格栅（PRB）技术是以活性填料组成垂直于地下水水流方向的地下构筑物，通过物理、化学或生物的反应去除地下水中污染物的技术。其中，以 ZVI 为活性填料的 PRB（ZVI-PRB）被广泛应用于地下水原位修复技术，如图 5-2 所示。

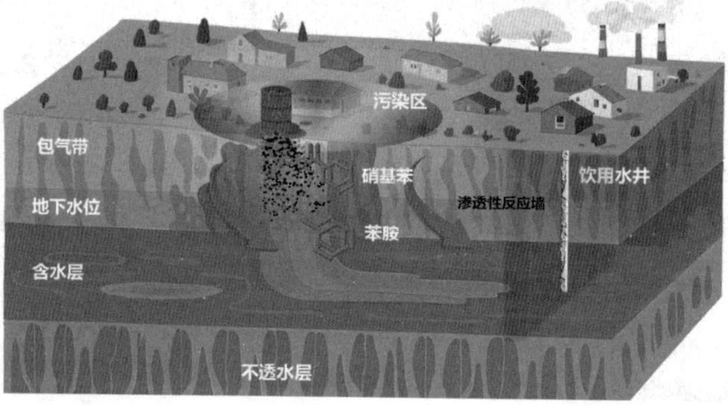

图 5-2 可渗透反应格栅示意图

ZVI-PRB 可以用于还原地下水中的有机污染物、无机阴离子和重金属。ZVI 去除地下水中有机污染物和无机阴离子时主要起还原剂的作用，可以有效地还原地下水中的氯取代碳氢化合物、偶氮染料、硫酸根、硝酸根等。而在处理重金属时主要的机理为吸附和共沉淀。ZVI 活性填料在水中发生腐蚀，生成多种形式的铁的（氢）氧化物沉淀，这些沉淀的比表面积大、反应活性强，可以吸附截留水中的重金属离子。ZVI-PRB 无须异地处理，维护容易，不会阻断水流，对地下水环境的影响小，在经济和工程应用上都显示了显著优势，在地下水污染控制中具有广阔的应用前景。

5.5　过氧化物催化与过氧化物催化材料

5.5.1　过氧化物催化

传统的芬顿法以·OH 为主要活性物种，但需消耗大量的 H_2O_2 和铁盐，pH 适用范围比较小（一般为 2～4），且不稳定的氧化物增加了储存和运输的成本。使用芬顿法后还需对含铁污泥进行后处理，限制了其实际应用。

以硫酸根自由基（$SO_4\cdot^-$）为主要活性物种的高级氧化法（SR-AOPs）逐渐成为替代传统芬顿法的方法。$SO_4\cdot^-$的结构如图 5-3 所示，其具有一个孤对电子，具有很高的氧化还原电位（E_0 为 2.5～3.1 V vs. NHE），在中性或碱性条件下甚至高于·OH（E_0 为 1.9～2.7 V），反应式如式（5-54）～式（5-56）所示。$SO_4\cdot^-$在中性和酸性水溶液中较稳定，但当溶液 pH 大于 8.5 时，$SO_4\cdot^-$与 H_2O 或 OH^-反应生成·OH，反应式如式（5-57）、式（5-58）所示。$SO_4\cdot^-$的半衰期最长可达 4 s，具有更好的稳定性，在反应过程中有更大的传输距离，使其有足够的时间迁移到有机物表面并与其充分接触而被有机物充分利用[84]。SR-AOPs 的 pH 适用范围优于传统的 AOPs。此外，相比于·OH 无选择性的氧化降解能力，$SO_4\cdot^-$对含有不饱和键的有机物具有更好的选择性[85]。

$$\cdot OH + e^- \longrightarrow OH^- \text{（1.8 V vs. NHE）} \tag{5-54}$$

$$\cdot OH + e^- + H^+ \longrightarrow H_2O \text{（2.7 V vs. NHE）} \tag{5-55}$$

$$SO_4\cdot^- + e^- \longrightarrow SO_4^{2-} \text{（2.5～3.1 V vs. NHE）} \tag{5-56}$$

$$SO_4\cdot^- + H_2O \longrightarrow HSO_4^- + \cdot OH \tag{5-57}$$

$$SO_4\cdot^- + OH^- \longrightarrow SO_4^{2-} + \cdot OH \text{（2.5～3.1 V vs. NHE）} \tag{5-58}$$

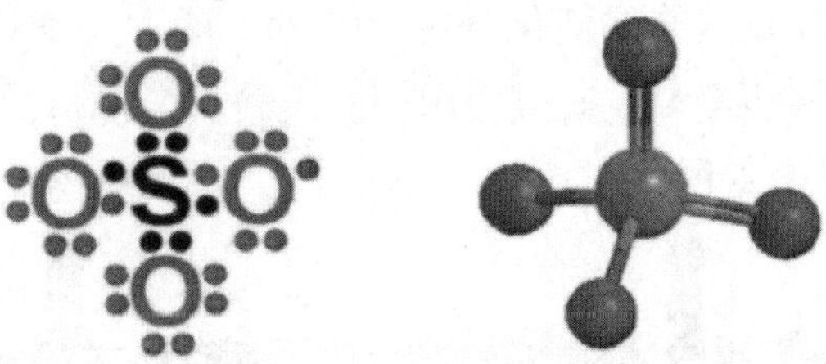

图 5-3　$SO_4\cdot^-$结构图

$SO_4\cdot^-$产生于过硫酸盐（PS）活化。PS 可分为过二硫酸盐（peroxydisulfate，PDS）和过一硫酸盐（peroxymonosulfate，PMS）两种，均属于 H_2O_2 的衍生物，三者均含有过氧键（O–O），结构如图 5-4 所示。PMS 中 O–O 的键长（1.46 Å）与固态 H_2O_2（1.45 Å）相近，但比 PDS（1.49 Å）短。H_2O_2 和 PDS 中 O–O 的键能分别为 213.2 kJ/mol 和

140.2 kJ/mol，而 PMS 中 O-O 的键能介于二者之间。PMS 是一种不对称的过氧化物，因此容易被活化。

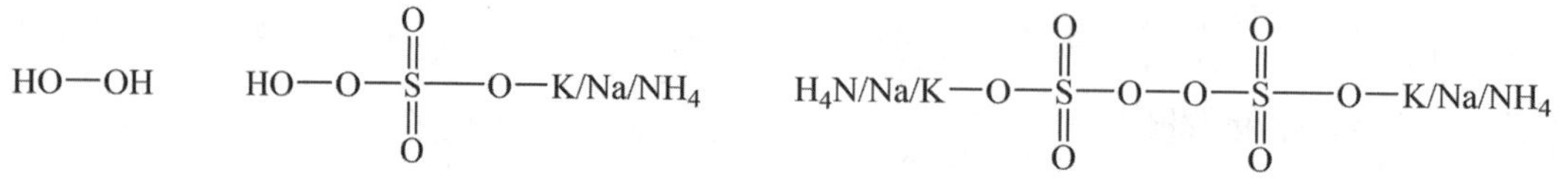

（a）H_2O_2　　（b）PMS　　（c）PDS

图 5-4　H_2O_2、PMS 和 PDS 的分子结构图

PDS 在常温条件下稳定，溶于水产生的过二硫酸根离子（$S_2O_8^{2-}$）具有一定的氧化能力，但降解污染物的效果不显著。PDS 经过光、热及过渡金属离子（Fe^{2+}等）活化后产生 $SO_4\cdot^-$。常见的 PDS 包括 $Na_2S_2O_8$、$K_2S_2O_8$ 和$(NH_4)_2S_2O_8$。PMS 的化学性质不稳定，市售产品通常以复合盐的形式存在，如 $2KHSO_5\cdot KHSO_4\cdot K_2SO_4$ 可溶于水中产生过一硫酸根离子（HSO_5^-）。PMS 和 PDS 在使用过程中各有优势。PMS 具有不对称结构，很容易被激活产生 $SO_4\cdot^-$。而常温下，PDS 比 PMS 和 H_2O_2 稳定，不易发生自身分解，更适宜储存。同时，在等摩尔浓度的 PDS 和 PMS 溶液中，PDS 体系中产生的 $SO_4\cdot^-$是 PMS 体系的两倍，自由基产生效率更高，因此在实际场地应用中更具优势。

5.5.2　过氧化物催化材料

5.5.2.1　均相过渡金属催化材料

过渡金属离子（Fe^{2+}、Fe^{3+}、Ag^+、Cu^{2+}、Ce^{3+}、Co^{2+}、Ni^{2+}、Ru^{3+}、V^{3+}等）在反应中能提供或者接受孤对电子，是活化氧化剂产生自由基以降解有机污染物的良好选择。在过渡金属离子/PS 反应体系中，过渡金属离子通过向 PDS 或 PMS 转移 1 个电子使 PS 中的 O–O 断裂并被活化。过渡金属活化 PS 产生 $SO_4\cdot^-$的方法反应体系简单，反应条件温和，能耗低且无须额外输入能量，在研究应用中具有较大的优势，其机理如图 5-5 所示。

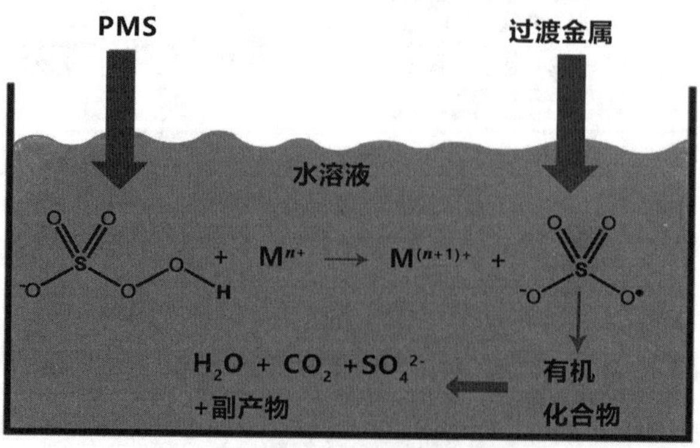

图 5-5　均相反应中过渡金属离子活化 PMS 原理图[86]

研究发现，在 Fe^{2+}、Fe^{3+}、Ag^{+}、Mn^{3+}、Ce^{3+}、Co^{2+}、Ni^{2+}、Ru^{3+}、V^{3+}这 9 种过渡金属离子中，Fe^{2+}和 Fe^{3+}对 H_2O_2 的活化效果最好，Co^{2+}和 Ru^{3+}对 PMS 的活化效果最好，Ag^{+}则对 PDS 具有最高的催化活性[87]。常见金属离子与 HSO_5^-发生的反应如式（5-59）～式（5-67）所示。

$$Fe^{2+} + HSO_5^- \longrightarrow Fe^{3+} + SO_4^{\cdot -} + OH^- \tag{5-59}$$

$$Fe^{3+} + HSO_5^- \longrightarrow Fe^{2+} + SO_5^{\cdot -} + H^+ \tag{5-60}$$

$$Mn^{3+} + HSO_5^- \longrightarrow Mn^{2+} + SO_5^{\cdot -} + H^+ \tag{5-61}$$

$$Ce^{3+} + HSO_5^- \longrightarrow Ce^{4+} + SO_4^{\cdot -} + OH^- \tag{5-62}$$

$$Co^{2+} + HSO_5^- \longrightarrow Co^{3+} + SO_4^{\cdot -} + OH^- \tag{5-63}$$

$$Ni^{2+} + HSO_5^- \longrightarrow Ni^{3+} + SO_4^{\cdot -} + OH^- \tag{5-64}$$

$$Ru^{3+} + HSO_5^- \longrightarrow Ru^{4+} + SO_4^{\cdot -} + OH^- \tag{5-65}$$

$$V^{3+} + HSO_5^- \longrightarrow V^{4+} + SO_4^{\cdot -} + OH^- \tag{5-66}$$

$$V^{3+} + HSO_5^- \longrightarrow V^{4+} + SO_4^{2-} + \cdot OH \tag{5-67}$$

（1）均相 Co^{2+}

Co^{2+}/PMS 属于类芬顿体系，与传统芬顿体系相比，其应用简单、pH 适用范围更广，克服了传统芬顿体系受环境 pH 影响大的缺点。早在 1956 年，Co^{2+}/PMS 系统就被用于去除水中的 2,4-DCP[88]。之后，学者研究了 Co^{2+}/PMS 系统动力学及反应机理并提出自由基链式反应机理（如图 5-6 所示）[89]。Co^{2+}与 PMS 反应产生自由基和 Co^{3+}，之后反应生成的 Co^{3+}被 PMS 还原为 Co^{2+}，这一链式反应机理被广泛认可。

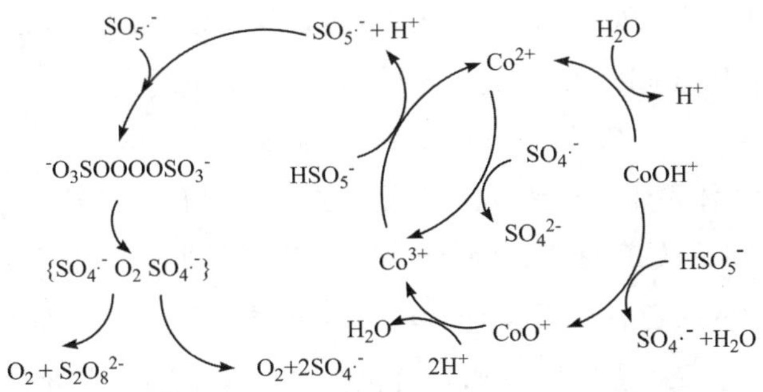

图 5-6 Co^{2+}/PMS 体系自由基链式反应机理

Anipsitakis 等[90]将 Co^{2+}/PMS 体系引入水处理领域并比较了不同过渡金属活化 PMS 降解 2,4-DCP 的效果。结果显示 Co^{2+}活化 PMS 的效果最好，仅 72.3 μg/L 的 Co^{2+}即可活化 PMS，实现 50 mg/L 的 2,4-DCP 的完全降解。Co^{2+}/PMS 体系优良的性能与其链式反应有关，反应机理如式（5-68）～式（5-75）所示。

$$Co^{2+} + H_2O \rightleftharpoons CoOH^+ + H^+ \tag{5-68}$$

$$CoOH^+ + HSO_5^- \longrightarrow CoO^+ + SO_4\cdot^- + H_2O \tag{5-69}$$

$$CoO^+ + 2H^+ \rightleftharpoons Co^{3+} + H_2O \tag{5-70}$$

$$Co^{3+} + HSO_5^- \longrightarrow Co^{2+} + SO_5\cdot^- + H^+ \tag{5-71}$$

$$Co^{2+} + SO_4\cdot^- \longrightarrow Co^{3+} + SO_4^{2-} \tag{5-72}$$

$$2SO_5\cdot^- \rightleftharpoons {}^-O_3SOOOOSO_3^- \longrightarrow \{SO_4\cdot^-O_2\cdot SO_4\cdot^-\} \tag{5-73}$$

$$\{SO_4\cdot^-O_2\cdot SO_4\cdot^-\} \longrightarrow O_2 + S_2O_8^{2-} \tag{5-74}$$

$$\{SO_4\cdot^-O_2\cdot SO_4\cdot^-\} \longrightarrow O_2 + 2SO_4\cdot^- \tag{5-75}$$

阴离子及 pH 影响 Co^{2+}/PMS 系统中污染物的降解。研究表明，Cl^-影响污染物在 Co^{2+}/PMS 系统中的降解效果；在极酸（pH＜3）和极碱（pH＞10）条件下，Co^{2+}不能有效活化 PMS 降解污染物[91]。另外需要注意的是 Co^{2+}具有毒性且不易被回收，容易造成水体二次污染，这限制了其在污水处理中的应用。

（2）均相 Fe^{2+}

由于 Fe^{2+}价格低廉、无毒无害，被广泛应用于活化 PS。其中，$Fe^{2+}/K_2S_2O_8$ 被认为是最具应用前景的过硫酸盐氧化体系。在 22℃条件下，Fe^{2+}活化 PDS 所需的活化能为 50.23 kJ/mol，其反应式如式（5-76）所示。

$$Fe^{2+} + S_2O_8^{2-} \longrightarrow SO_4\cdot^- + SO_4^{2-} + Fe^{3+} \tag{5-76}$$

研究表明，Fe^{2+}/PDS 系统可以有效地降解地下水中的 TCE[92]。而污染物在 Fe^{2+}/PDS 系统中的降解效果随 PDS 或 Fe^{2+}初始浓度的增大而升高，但当 Fe^{2+}浓度继续增加时，降解效果下降[93]。有研究人员认为，过量的 Fe^{2+}与污染物竞争自由基，影响自由基氧化有机污染物的效率，其反应式如式（5-77）[94]所示，这一反应所需的活化能为−18 kJ/mol，反应速率常数为 4.6×10^9 mol/（L·s），远大于 $SO_4\cdot^-$的产生速度。

$$Fe^{2+} + SO_4\cdot^- \longrightarrow SO_4^{2-} + Fe^{3+} \tag{5-77}$$

在均相 Fe^{2+}/PDS 体系中，溶液 pH 随反应的进行而升高，导致 Fe^{3+}沉淀，影响污染物处理效果，增加污泥的处理成本。因此，Fe^{2+}浓度的控制以及 Fe^{2+}/Fe^{3+}的转化成为控制该技术在实际应用中的关键性问题。针对这样的问题，研究人员提出了催化剂 Fe^{2+}序批投加、加入还原剂促进 Fe^{2+}再生以及加入有机络合剂调节 Fe^{2+}浓度[95,96]的解决方法。

研究表明[92]，将催化剂分 5 次等间隔加入 PDS 溶液中对目标污染物 TCE 的降解效果远好于将催化剂一次投加的效果。该研究还发现，在序批式投加催化剂的均相体系中，Fe^{2+}的用量对污染物处理效果的影响更大。在体系中反应物的摩尔比 n（Fe^{2+}）∶n（TCE）分别为 1∶1、2∶1 和 5∶1 时，一次投加体系中 TCE 的降解率分别为 26%、27%和 31%，而在序批式投加的体系中，TCE 降解效率分别达到 73%、84%和 95%。对比两个体系，PDS 的分解并没有增加，表明序批式投加 Fe^{2+}可以有效提高自由基的有效利用率。

5.5.2.2　非均相过渡金属催化材料

在均相体系中，传质的限制不明显，水溶液中的催化剂也能与 PMS 自由反应。但是均相催化剂难以从溶液中分离回收，造成水体的二次污染，导致其在技术和经济上的可行性差；同时，在对较高浓度的废水进行处理时，需要消耗大量的均相催化剂，增加了应用成本。非均相催化剂以固态形式存在，容易从水相中分离，稳定性好，二次污染少，得到了研究人员的广泛关注。

非均相 PS 活化过程主要涉及 5 个步骤：第一步，有机污染物从液相扩散到固体催化剂表面；第二步，有机污染物吸附在催化剂表面；第三步，在固体催化剂表面发生催化反应；第四步，反应物从固体催化剂表面解吸；第五步，反应物从固体催化剂表面扩散到溶液中。常见用于 PS 活化的非均相催化剂包括过渡金属催化剂和非金属催化剂。

（1）基于铁的非均相催化剂

常见的铁基催化剂包括 Fe_2O_3、Fe_3O_4、ZVI 等，大部分铁基催化剂都具有经济环保、稳定高效的特点。如 Fe_2O_3 能与 PMS 反应产生 $SO_4\cdot^-$，合成的纳米 Fe_2O_3 可以有效活化 PMS 降解 2,4-D，且可以通过分离回收被重复使用[97]。Fe_3O_4 具有反尖晶石晶体结构，由 FeO 和 Fe_2O_3 组成，其结构中 Fe^{2+}和 Fe^{3+}之间的电子转移赋予其铁磁性。Fe_3O_4 纳米磁颗粒制备简单、稳定性高及毒性小，可以有效活化 PS 降解对乙酰氨基酚[98]等多种有机污染物，还能通过外磁场作用从水中分离，是一种有前景的 PMS 活化催化剂。ZVI 在水中被 PS 氧化，从而缓慢释放 Fe^{2+}并进一步活化 PMS。该过程基于 Haber-Weiss 反应机理，电子从 Fe^0 直接转移到 PMS，随氧化还原反应的不断进行，实现类似持续投加 Fe^{2+}的效果。其反应式如式（5-78）所示。

$$Fe^0 + 2HSO_5^- \longrightarrow 2OH^- + 2SO_4\cdot^- + Fe^{2+} \tag{5-78}$$

在 Fe^0/PS 体系中，除了活性物质对有机污染物的氧化降解作用外，还存在 Fe^0 对污染物的还原降解作用，这两种作用对污染物的降解与污染物本身的结构密切相关。在 ZVI 活化 PDS 的过程中，PCA 的降解归因于产生自由基的氧化作用[99]，而 2,4-二硝基甲苯的降解归因于 Fe^0 的还原[100]。但 nZVI 在水中容易发生团聚，从而导致活性较低。有研究将 ZVI 封装在碳球中，得到了 nano-Fe^0@CS 催化剂并将其用于活化 PMS 降解苯酚[101]，此时碳的包埋效应避免了 ZVI 的团聚，提高了催化剂的催化活性。

（2）非均相钴氧化物

Anipsitakis 等[102]将两种市售的钴氧化物作为非均相催化剂活化 PMS 降解 2,4-DCP，结果表明两种氧化物均能活化 PMS 有效降解 2,4-DCP，但在酸性条件下，CoO/PMS 体系中 Co^{2+}的浸出量高达 3.01 mg/L。Chen 等[103]制备了纳米 Co_3O_4 催化剂以活化 PMS 降解 OG，在中性条件下，当催化剂投加量为 0.5 g/L 时，Co^{2+}的浸出量仅为 0.05 mg/L，但在酸性条件下 Co^{2+}的浸出量高达 0.61 mg/L。上述研究表明，尽管钴氧化物可以活化有效

PMS 产生自由基，但钴氧化物在酸性条件下的催化活性和稳定性较差。有报道指出，负载在 TiO_2 纳米颗粒上的 Co 催化剂（Co/TiO_2）可被用于活化 PMS 降解 2,4-DCP[104]，其催化活性远高于 Co_3O_4 催化剂且 Co^{2+} 的浸出可以忽略不计，具有良好的稳定性。同时，在研究了 Al_2O_3、TiO_2、SiO_2 等多种载体后，发现能提供表面羟基的载体有利于钴负载催化剂对 PMS 的活化[105]。

5.5.2.3 非均相碳基催化材料

近年来，非金属碳基催化剂（如 AC、GO、rGO 和 CNTs 等）为金属离子浸出问题提供了潜在的解决方案。AC 价格低廉、比表面积大且表面含有醌、酮、羰基和羧基等多种官能团，被认为是最有前景的 PS 活化碳基催化剂。研究表明，AC 表面的羧基有利于有机物的吸附，羰基有利于污染物的氧化。一般来说，AC 活化 PS 的机制类似于其活化 H_2O_2，是通过离域 π 电子的传递作用实现的[106]。因此，表面离域 π 电子密度越高，其催化活性越高。其反应式如式（5-79）～式（5-82）所示。

$$\text{AC surface–OOH} + S_2O_8^{2-} \longrightarrow \text{AC surface–OO}\cdot + SO_4\cdot^- + HSO_4^- \quad (5\text{-}79)$$

$$\text{AC surface–OH} + S_2O_8^{2-} \longrightarrow \text{AC surface–O}\cdot + SO_4\cdot^- + HSO_4^- \quad (5\text{-}80)$$

$$\text{C–}\pi + HSO_5^- \longrightarrow \text{C–}\pi^+ + SO_4\cdot^- + OH^- \quad (5\text{-}81)$$

$$\text{C–}\pi^+ + HSO_5^- \longrightarrow \text{C–}\pi + SO_5\cdot^- + H^+ \quad (5\text{-}82)$$

AC 表面的氨基、羧基、羰基、醌、内酯和酚类等基团均可强化 AC 的催化活性[107]，但这些表面基团容易被 PS 和自由基氧化，通常需要后处理工艺（例如热处理或化学活化）来恢复其功能活性。CNTs 和 GO/rGO 也被广泛应用于 PS 活化的领域，但与 AC 相比，CNTs 相对昂贵，如不经过改性则效果较差；而 GO/rGO 的表面酸度较高，不利于 PMS 活化，因此需要进行化学修饰增加碱性活性位点来提高 GO/rGO 催化活性。碱性基团修饰后的 GO/rGO 催化剂具有更高的比表面积和导电性，提高了材料的吸附和电子转移能力，同时修饰的催化剂表面缺陷密度增加。此外，还有报道，具有光滑和锯齿形边缘的表面缺陷 rGO（I_D/I_G＞1.4，石墨缺陷）含有高浓度的氧化还原活性基团，这些基团带有的可移动的 π 电子可用于 PMS 活化，提高了催化剂的催化活性。

5.5.2.4 其他活化方式

活化 PS 的方式很多，除上述介绍的方法外，还包括热活化、光活化、碱活化、电化学活化等。热活化是 PDS 活化最有效的方式之一。在热激发作用下，$S_2O_8^{2-}$ 分子中的 O–O 发生断裂，产生两个 $SO_4\cdot^-$，这一过程需要的热活化能约为 140.2 kJ/mol，反应式如下：

$$S_2O_8^{2-} + \text{heat} \longrightarrow 2SO_4\cdot^- \quad (5\text{-}83)$$

研究表明，随温度的升高，PDS 的活化速率和污染物的去除速率都提高。热活化 PDS 快速有效，且可通过控制温度来调节有机污染物降解速率。随着射频加热、水蒸气注入加热和电加热等新型技术的发展和成熟，热活化 PDS 技术在实际地下水和土壤修复中的应用越来越广泛。尽管温度升高有利于 PDS 的活化，但是污染物的去除率与温度之间并不符合线性关系，因为产生的大量自由基并不能瞬时迁移到污染物表面，而自由基互相反应造成自由基的淬灭，降低了污染物对自由基的利用效率。因此，在热活化 PDS 产生 $SO_4\cdot^-$ 的过程中，设置合适的温度至关重要。

光活化也是经典的 PS 活化技术（如图 5-7 所示）。UV 活化被认为是激发 PS 产生自由基最快速的方法之一。UV 波长为 180～400 nm，可提供 300～648 kJ/mol 的能量，可直接导致 PS 中的 O–O 断裂，产生氧化能力强于·OH 的 $SO_4\cdot^-$。其反应式如式（5-84）～式（5-85）所示。

$$S_2O_8^{2-} + UV \longrightarrow 2SO_4\cdot^- \tag{5-84}$$

$$HSO_5^- + UV \longrightarrow SO_4\cdot^- + OH^- \tag{5-85}$$

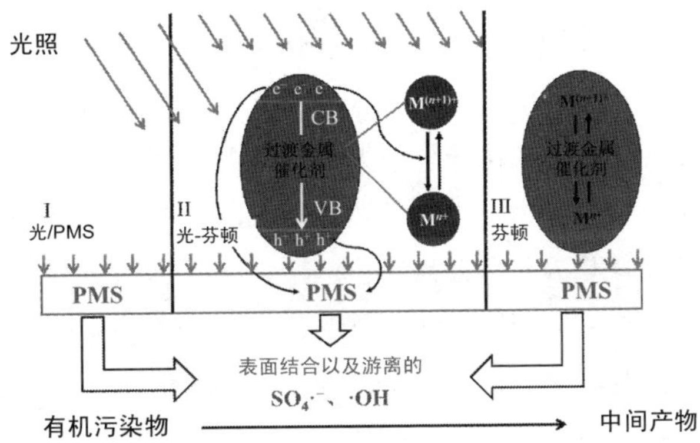

图 5-7 光活化 PS 机理示意图

碱活化是通过投加 NaOH 或者 KOH，将体系的 pH 提高至 11 以上，活化 PDS 水解产生 $SO_4\cdot^-$，并在碱性环境中转化为·OH。该过程中需要加入大量的 KOH 或 NaOH 以中和酸性产物并维持体系 pH 在 11 以上，这一过程对地下水和土壤的本底 pH 也造成严重破坏，限制了碱活化的实际应用。其反应式如式（5-86）、式（5-87）所示。

$$S_2O_8^{2-} + OH^- \longrightarrow SO_4\cdot^- + \cdot OH + SO_4^{2-} \tag{5-86}$$

$$SO_4\cdot^- + OH^- \longrightarrow SO_4^{2-} + \cdot OH \tag{5-87}$$

电活化 PDS 可以产生 $SO_4\cdot^-$，同时可以在阳极被氧化重新生成 $S_2O_8^{2-}$。比较发现，电活化体系比传统 PS 活化的效果更好，TOC 去除率更高，且电活化与传统的电催化或电芬顿过程存在协同作用，进一步提高污染物的去除效果。其反应式如式（5-88）、式（5-89 所示）。

$$S_2O_8^{2-} + e^- \longrightarrow SO_4\cdot^- + SO_4^{2-} \tag{5-88}$$

$$2SO_4^{2-} \longrightarrow S_2O_8^{2-} + 2e^- \tag{5-89}$$

根据有机污染物的特点选择多种活化方式的组合可更有效地活化 PS 降解有机污染物。目前研究较多的复合活化方式包括过渡金属离子-热活化、光辐射-过渡金属离子组合活化、超声-过渡金属催化剂活化、光辐射-碱活化、碱活化-热活化等方式。通过活化方式组合，可强化 PS 活化效果，进而提高污染物的去除效率，同时缩短氧化降解的反应时间。此外，PS 可以和其他氧化剂（如 H_2O_2、O_3）形成双氧化剂体系，弥补单一活化方式的缺陷，提高氧化体系的氧化深度。

5.5.3 过氧化物催化过程与材料的构效关系

5.5.3.1 过氧化物催化反应机理

随着 SR-AOPs 研究的不断深入，$SO_4\cdot^-$与有机物的反应机理得到了较多关注。$SO_4\cdot^-$与有机物反应的机理和·OH 与有机物类似，主要通过加成、电子转移及氢提取这 3 种反应机制。其中，与芳香类化合物的反应主要倾向于电子转移反应；与醇类、烷烃、醚以及脂类化合物的反应大部分通过抽氢的方式；而与不饱和烯烃类化合物的反应通常是加成反应。$SO_4\cdot^-$活性很强，虽然可以像·OH 氧化降解绝大多数有机污染物，但是两者与有机物的反应相差很大。$SO_4\cdot^-$更倾向于与有机物发生电子转移反应，生成有机自由基阳离子，而·OH 更倾向于与 C–H 发生加成反应以及抽氢反应。这是由于 $SO_4\cdot^-$是存在空间位阻的亲电子基团，当有机物中存在氨基（$-NH_3$）、羟基（–OH）、烷氧基（–OR）等供电子基团时，更容易与 $SO_4\cdot^-$发生反应。相反，硝基（$-NO_3$）、羰基（C=O）等则不利于与 $SO_4\cdot^-$反应。

早在 1977 年，就有研究人员采用脉冲辐射光谱的方法研究了 $SO_4\cdot^-$和多种芳香族化合物的反应活性，并测出 $SO_4\cdot^-$和 21 种化合物的反应速率常数[108]，结果表明 $SO_4\cdot^-$与有机物的反应速率取决于取代基上的 Hammett 常数，$SO_4\cdot^-$与苯甲醚的反应活性最高，反应速率常数为 4.9×10^9 mol/（L·s）；相反，硝基苯与 $SO_4\cdot^-$的反应速率常数小于或等于 10^6 mol/（L·s）。对于 C_3～C_6 环状单酯和二酯，$SO_4\cdot^-$与由偶数碳组成的环状单酯（如 C_4 和 C_6）的反应速率最快，其次为奇数碳组成的环状单酯，而环状二酯的反应速率最慢[109]。相对于烷烃，酯类更易发生抽氢反应。此外，含 C=C 双键或含苯环的有机物易被 $SO_4\cdot^-$攻击而快速降解；而饱和脂肪烃和卤代饱和脂肪烃较稳定，不易被氧化分解[110]。由此可见，有机污染物的降解机理及效率与有机物自身的结构有关。因此，在使用 PDS 氧化法处理有机物时，先分析有机物的种类，再根据有机物的种类选择适合的 PDS 活化方法，不仅可以提高处理效果，还能降低处理成本。

5.5.3.2 均相体系过氧化物催化过程的关键控制因素

（1）PS 添加量的影响

在反应动力学中，反应物浓度越高，反应速率越快，效率越高。在 nZVI/BC 催化剂活化 PS 降解壬基酚（nonylphenol）的探究中[111]，当 PS 添加量从 1 mmol/L 提高到 5 mmol/L

时，其降解效率从 42.5%提高到 92.6%。但过量的 $S_2O_8^{2-}$ 也会淬灭 $SO_4\cdot^-$，进而抑制反应的活性，如式（5-90）所示。

$$S_2O_8^{2-} + SO_4\cdot^- \longrightarrow SO_4^{2-} + S_2O_8\cdot^- \tag{5-90}$$

（2）初始 pH

初始 pH 在 PS 活化体系中起着重要的作用。在热活化 PS 降解氯霉素（chloramphenicol，CAP）的过程中[112]，当初始 pH 为 3 时，CAP 降解效果最好。进一步研究发现，$SO_4\cdot^-$ 是主要的活性物质。随着 pH 升至 7，CAP 的降解效率仍大于 95%，但当 pH 进一步升至 10 时，CAP 降解效率大幅下降，仅为 35.7%，说明反应机制发生了根本性变化。此外，从实际应用角度考虑，虽然在酸性条件下，CAP 降解效果显著，但过低的 pH 伤害水体及土壤微生物种群，因此初始 pH 控制在 7.0 左右为宜。

（3）水中无机阴离子

阴离子（如 HCO_3^-、Cl^- 等）是水体的常见组成成分，已被证实对 PS 活化性能存在影响。HCO_3^- 易与·OH 或 $SO_4\cdot^-$ 结合淬灭，产生弱氧化活性的自由基，影响有机物的去除[112]。Cl^- 同样影响有机污染物的降解效果。研究表明，适量添加 Cl^- 能促进热、碱等活化 PS 降解有机污染物，但过高浓度的 Cl^- 与 $SO_4\cdot^-$ 反应同样生成低活性的 Cl·和 $Cl_2\cdot^-$，抑制污染物的降解。

5.5.4 过氧化物催化材料在水中难降解有机污染控制中的应用

SR-AOPs 被广泛应用于废水、地下水及土壤中的难降解有机污染物（包括抗生素、内分泌干扰物以及挥发性有机污染物等）的治理；此外，该技术在污泥分解、泳池水消毒及净化等方面也得到了有效利用。最初对活化 PS 氧化有机物的研究集中在实验室模拟废水方面，但实际废水中存在阴离子和还原剂，这些物质可以淬灭 $SO_4\cdot^-$ 和·OH，使实验室的处理效率未必能在实际情况下复现。随着研究的不断深入，研究人员逐渐将 SR-AOPs 应用到实际的废水处理中。Fagier 等[113]采用混凝法和 SR-AOPs 联合工艺处理酒糟废水。在 PMS 与 Fe^{2+} 的摩尔比为 1∶2.5、pH=7 时，废水中 TOC 去除率为 33%。随着 PMS 剂量增加到 0.72 mmol/L，TOC 去除率达到 69.9%。为了进一步强化 SR-AOPs 实际应用效果，有研究通过光催化协同 PS 活化，经 ZrO_2/UV/PS 的光催化过程，将印染废水的平均氧化态（average oxidation state，AOS）从−1.50 提高到+1.33[114]。还有研究人员使用 UVC/PMS 系统[115]和 UVC/PMS/Co_3O_4 系统[116]处理制浆造纸废水，处理后废水的生物降解性得到提高，BOD_5/COD＞0.4。

5.5.5 总结和展望

SR-AOPs 成为当下研究的热点，然而大多数研究仍停留在实验阶段且处理对象单

一、评价指标不一致、较少考虑降解副产物的毒性。同时，对氧化机理的研究虽多但不够系统，甚至有时存在截然相反的结论。因此，对 SR-AOPs 未来的研究需在以下几个方面进行。

①开发制备简单、高效稳定、便于回收的过硫酸盐活化催化剂是 SR-AOPs 在实际应用中的关键，因此有必要降低金属催化剂在使用过程中的金属离子浸出，提高催化剂的重复使用性。同时，碳基催化剂制备复杂，需要高温煅烧，消耗大量的能量，因此需要进一步研究以简化制备过程并降低制备成本。

②SR-AOPs 与其他的污染物处理技术（如膜过滤技术、PRB 技术、光催化技术、电催化技术等）的结合具有实际应用的前景。SR-AOPs 与膜过滤技术结合，制备的催化膜不仅能实现对难降解有机污染物的高效去除，还省去了粉末状催化剂所需的分离回收步骤，降低了运行成本。

③不同的活性物质和降解途径影响不同种类污染物的处理效果。通过理论计算的方法来探索污染物的降解路径，构建催化剂结构、污染物结构和活性物质之间的联系，对活化机理进行系统性的研究，给出针对不同污染物种类的活化方法的理论指导。

④进行混合体系或实际废水处理的研究，考虑多种影响因素对污染物降解效果的影响，为实际工程的应用提供数据参考，推进 SR-AOPs 在实际废水处理中的应用。

5.6 化学能驱动环境功能材料存在的问题与展望

化学能驱动环境功能材料正在成为废水处理领域的重要手段，主要包括臭氧催化、芬顿催化和过氧化物催化技术，以及零价金属催化还原等高级还原技术。这些技术因其高效降解难处理的有机污染物的能力而备受关注，但大多仍处于理论研究和实验室阶段，实际推广面临诸多挑战。首先，制备成本高昂、催化剂稳定性差以及对操作条件要求苛刻是主要限制因素。例如，臭氧催化虽然在处理抗生素、农药等污染物方面表现出色，但由于 O_3 的高能耗和易分解特性，其经济性和效率受限。其次，催化剂失活或中毒问题也是制约其广泛应用的关键瓶颈。因此，开发高活性、稳定且抗中毒的新型催化剂，并优化反应器设计以降低运行成本，将是未来研究的重点方向。

针对芬顿催化技术，尽管其在处理难降解工业废水中展现了显著优势，但仍存在 Fe^{2+} 增加出水色度、H_2O_2 易燃易爆及 pH 要求严格等问题。为克服这些问题，研究人员需致力于开发能在更广泛的 pH 范围内工作的芬顿技术及其类似技术，并探索铁泥回收资源化的新途径。同样地，零价金属还原技术虽具有绿色环保的优点，但在实际应用中面临金属腐蚀钝化和二次污染的风险。通过开发复合零价金属材料来增强抗腐蚀性和稳定性，不仅可以延长使用寿命，还能提高反应活性。对过氧化物催化技术而言，催化剂的高制备成本和不稳定性是主要障碍。未来的研究应聚焦于开发简单、高效的催化剂制备方法，并结合其他水污染控制技术构建联合处理体系，以减少环境因素对反应的影响并提升整体处理效能。

为了推动化学能驱动环境功能材料在废水处理领域的工业化应用，还需解决一系列关键科学和技术问题。首先，需深入系统地研究各技术的机理和污染物降解路径，为其实际应用奠定坚实的理论基础。其次，开发绿色高效的复合技术，降低对入水初始理化性质的要求，同时提高出水水质，减少二次污染风险。最后，研发配套高性能设备也是实现上述技术规模化应用不可或缺的一环。总之，通过跨学科合作，整合材料学、化学工程和环境学等多领域的知识与技术，有望突破现有“瓶颈”，使化学能驱动环境功能材料在废水处理领域发挥更大的作用，助力实现可持续发展目标。这不仅需要科研人员的不懈努力，也需要政策制定者和产业界的大力支持，共同推进技术创新与应用实践。

参考文献

[1] Schönbein C F. Bericht über die Verhandlungen der Naturforschenden Gesellschaft in Basel[J]. 1839，4（58）：1838-1840.

[2] Coxe J. New York city in the morning, and the American Electric Manu[J]. The Electrical Engineer，1887，6：67.

[3] Hower H S. The production of ozone by Becquerel Rays passing through oxygen[J]. Physical Review，1906，23（3）：253.

[4] Rice R G，Robson C M，Miller G W，et al. Uses of ozone in drinking water treatment[J]. Journal AWWA，1981，73（1）：44-57.

[5] Hill G R. Kinetics，mechanism，and activation energy of the cobaltous ion catalyzed decomposition of ozone[J]. Journal of the American Chemical Society，1948，70（4）：1306-1307.

[6] Chen J W，Hui C，Keller T，et al. Catalytic ozonation in aqueous system[J]. AIChE Symposium series，AIChE，1977，73：206-212.

[7] El-Raady A，Nakajima T. Decomposition of carboxylic acids in water by O_3，O_3/H_2O_2，and O_3/catalyst[J]. Ozone：Science and Engineering，2005，27：11-18.

[8] Matheswaran M，Balaji S，Chung S J，et al. Studies on cerium oxidation in catalytic ozonation process：A novel approach for organic mineralization[J]. Catalysis Communications，2007，8（10）：1497-1501.

[9] Pines D，Reckhow D. Effect of dissolved cobalt（II） on the ozonation of oxalic acid[J]. Environmental Science & Technology，2002，36：4046-4051.

[10] Nawaz F，Cao H B，Xie Y B，et al. Selection of active phase of MnO_2 for catalytic ozonation of

4-nitrophenol[J]. Chemosphere，2017，168：1457-1466.

[11] Sui M H，Sheng L，Lu K X，et al. FeOOH catalytic ozonation of oxalic acid and the effect of phosphate binding on its catalytic activity[J]. Applied Catalysis B：Environmental，2010，96（1）：94-100.

[12] Ni C H，Chen J N. Heterogeneous catalytic ozonation of 2-chlorophenol aqueous solution with alumina as a catalyst[J]. Water Science and Technology，2001，43（2）：213-220.

[13] Wu Z W，Zhang G Q，Zhang R Y，et al. Insights into mechanism of catalytic ozonation over practicable mesoporous Mn-CeO_x/γ-Al_2O_3 catalysts[J]. Industrial & Engineering Chemistry Research，2018，57（6）：1943-1953.

[14] Liu Z Q，Ma J，Cui Y H，et al. Influence of different heat treatments on the surface properties and catalytic performance of carbon nanotube in ozonation[J]. Applied Catalysis B：Environmental，2010，101（1）：74-80.

[15] Fan X L，Restivo J，Órfão J J M，et al. The role of multiwalled carbon nanotubes（MWCNTs） in the catalytic ozonation of atrazine[J]. Chemical Engineering Journal，2014，241：66-76.

[16] Beltrán F J，Rivas F J，Montero-de-Espinosa R. Iron type catalysts for the ozonation of oxalic acid in water[J]. Water Research，2005，39（15）：3553-3564.

[17] Sui M H，Xing S C，Sheng L，et al. Heterogeneous catalytic ozonation of ciprofloxacin in water with carbon nanotube supported manganese oxides as catalyst[J]. Journal of Hazardous Materials，2012，227-228：227-236.

[18] Yuan L，Shen J M，Chen Z L，et al. Pumice-catalyzed ozonation degradation of *p*-chloronitrobenzene in aqueous solution[J]. Applied Catalysis B：Environmental，2012，117-118：414-419.

[19] Huang Y X，Cui C C，Zhang D F，et al. Heterogeneous catalytic ozonation of dibutyl phthalate in aqueous solution in the presence of iron-loaded activated carbon[J]. Chemosphere，2015，119：295-301.

[20] Moussavi G，Mahmoudi M. Degradation and biodegradability improvement of the reactive red 198 azo dye using catalytic ozonation with MgO nanocrystals[J]. Chemical Engineering Journal，2009，152（1）：1-7.

[21] Ma Z C，Zhu L，Lu X Y，et al. Catalytic ozonation of *p*-nitrophenol over mesoporous Mn-Co-Fe oxide[J]. Separation and Purification Technology，2014，133：357-364.

[22] Guo Z Y，Zhang Y，Wang D. A core-shell Mn-C@Fe nanocatalyst under ozone activation for efficient organic degradation：Surface-mediated non-radical oxidation[J]. Chemosphere，2021，281：130895.

[23] Zhu H，Ma W C，Han H J，et al. Catalytic ozonation of quinoline using nano-MgO：Efficacy，pathways，mechanisms and its application to real biologically pretreated coal gasification wastewater[J]. Chemical Engineering Journal，2017，327：91-99.

[24] Naydenov A，Mehandjiev D. Complete oxidation of benzene on manganese dioxide by ozone[J].

Applied Catalysis A：General，1993，97（1）：17-22.

[25] Zhu B，Li X S，Sun P，et al. A novel process of ozone catalytic oxidation for low concentration formaldehyde removal[J]. Chinese Journal of Catalysis，2017，38（10）：1759-1769.

[26] Chen G Y，Wang Z，Lin F W，et al. Comparative investigation on catalytic ozonation of VOCs in different types over supported MnO_x catalysts[J]. Journal of Hazardous Materials，2020，391：122218.

[27] Liu Y，Zhou A L，Liu Y L，et al. Enhanced degradation and mineralization of 4-chloro-3-methyl phenol by Zn-CNTs/O_3 system[J]. Chemosphere，2018，191：54-63.

[28] Guzmán I C，Rodríguez J L，Poznyak T，et al. Catalytic ozonation of 4-chlorophenol and 4-phenolsulfonic acid by CeO_2 films[J]. Catalysis Communications，2020，133：105827.

[29] Dai Q Z，Zhang Z，Zhan T T，et al. Catalytic ozonation for the degradation of 5-sulfosalicylic acid with spinel-type $ZnAl_2O_4$ prepared by hydrothermal，Sol-Gel，and coprecipitation methods：A comparison study[J]. ACS Omega，2018，3（6）：6506-6512.

[30] Zhang J L，Xiong Z K，Wei J，et al. Catalytic ozonation of penicillin G using cerium-loaded natural zeolite（CZ）：Efficacy，mechanisms，pathways and toxicity assessment[J]. Chemical Engineering Journal，2020，383：123144.

[31] Li H S，Zhou B. Degradation of atrazine by catalytic ozonation in the presence of iron scraps：Performance，transformation pathway，and acute toxicity[J]. Journal of Environmental Science and Health，Part B，2019，54（5）：432-440.

[32] Yuan X J，Xie R L，Zhang Q，et al. Oxygen functionalized graphitic carbon nitride as an efficient metal-free ozonation catalyst for atrazine removal：Performance and mechanism[J]. Separation and Purification Technology，2019，211：823-831.

[33] Ghuge S P，Saroha A K. Ozonation of Reactive Orange 4 dye aqueous solution using mesoporous Cu/SBA-15 catalytic material[J]. Journal of Water Process Engineering，2018，23：217-229.

[34] Xu Y，Lin Z Y，Zheng Y Y，et al. Mechanism and kinetics of catalytic ozonation for elimination of organic compounds with spinel-type $CuAl_2O_4$ and its precursor[J]. Science of the Total Environment，2019，651：2585-2596.

[35] Zhao Y，An H Z，Dong G J，et al. Elevated removal of di-n-butyl phthalate by catalytic ozonation over magnetic Mn-doped ferrospinel $ZnFe_2O_4$ materials：Efficiency and mechanism[J]. Applied Surface Science，2020，505：144476.

[36] Fenton H J H LXXIII.—Oxidation of tartaric acid in presence of iron[J]. Journal of the Chemical Society，Transactions，1894，65：899-910.

[37] Haber F，Weiss J，Pope W J. The catalytic decomposition of hydrogen peroxide by iron salts[J]. Proceedings of the Royal Society of London Series A — Mathematical and Physical Sciences，1934，

147（861）：332-351.

[38] Ruales-Lonfat C，Barona J F，Sienkiewicz A，et al. Bacterial inactivation with iron citrate complex：A new source of dissolved iron in solar photo-Fenton process at near-neutral and alkaline pH[J]. Applied Catalysis B：Environmental，2016，180：379-390.

[39] Messele S A，Bengoa C，Stüber F，et al. Enhanced degradation of phenol by a Fenton-like system（$Fe/EDTA/H_2O_2$） at circumneutral pH[J]. Catalysts，2019，9：474.

[40] Ye Z H，Brillas E，Centellas F，et al. Expanding the application of photoelectro-Fenton treatment to urban wastewater using the Fe（III）-EDDS complex[J]. Water Research，2020，169：115219.

[41] Porras J，Giannakis S，Torres-Palma R A，et al. Fe and Cu in humic acid extracts modify bacterial inactivation pathways during solar disinfection and photo-Fenton processes in water[J]. Applied Catalysis B：Environmental，2018，235：75-83.

[42] Hu Y，Li Y L，He J Y，et al. EDTA-Fe（III） Fenton-like oxidation for the degradation of malachite green[J]. Journal of Environmental Management，2018，226：256-263.

[43] Yang H J，Zhou M H，Yang W L，et al. Rolling-made gas diffusion electrode with carbon nanotube for electro-Fenton degradation of acetylsalicylic acid[J]. Chemosphere，2018，206：439-446.

[44] Saleh R，Taufik A. Degradation of methylene blue and congo-red dyes using Fenton，photo-Fenton，sono-Fenton，and sonophoto-Fenton methods in the presence of iron（II，III） oxide/zinc oxide/graphene（Fe_3O_4/ZnO/graphene） composites[J]. Separation and Purification Technology，2019，210：563-573.

[45] Lu M C，Chen J N，Chang C P. Effect of inorganic ions on the oxidation of dichlorvos insecticide with Fenton's reagent[J]. Chemosphere，1997，35（10）：2285-2293.

[46] Lin S S，Gurol M D. Catalytic decomposition of hydrogen peroxide on iron oxide：Kinetics，mechanism，and implications[J]. Environmental Science & Technology，1998，32：1417-1423.

[47] Wu H H，Dou X W，Deng D Y，et al. Decolourization of the azo dye Orange G in aqueous solution via a heterogeneous Fenton-like reaction catalysed by goethite[J]. Environmental Technology，2012，33（14）：1545-1552.

[48] Lu M C. Oxidation of chlorophenols with hydrogen peroxide in the presence of goethite[J]. Chemosphere，2000，40（2）：125-130.

[49] Hou X J，Huang X P，Ai Z H，et al. Ascorbic acid/Fe@Fe_2O_3：A highly efficient combined Fenton reagent to remove organic contaminants[J]. Journal of Hazardous Materials，2016，310：170-178.

[50] He J，Yang X F，Men B，et al. Heterogeneous Fenton oxidation of catechol and 4-chlorocatechol catalyzed by nano-Fe_3O_4：Role of the interface[J]. Chemical Engineering Journal，2014，258：433-441.

[51] Xu L J，Wang J L. Magnetic nanoscaled Fe_3O_4/CeO_2 composite as an efficient Fenton-like heterogeneous catalyst for degradation of 4-chlorophenol[J]. Environmental Science & Technology，

2012，46：10145-10153.

[52] Mani A，Kulandaivellu T，Govindaswamy S，et al. Fe_3O_4 nanoparticle-encapsulated mesoporous carbon composite：An efficient heterogeneous Fenton catalyst for phenol degradation[J]. Environmental Science and Pollution Research，2018，25（21）：20419-20429.

[53] Kim K，Yi D K，Paik U. CuO embedded silica nanoparticles for tungsten oxidation via a heterogeneous Fenton-like reaction[J]. Microelectronic Engineering，2017，183-184：58-63.

[54] Xiong Y，Che L Y，Fu Z Y，et al. Preparation of Cu_xO/C composite derived from Cu-MOFs as Fenton-like catalyst by two-step calcination strategy[J]. Advanced Powder Technology，2018，29（6）：1331-1338.

[55] Yu G F，Lyu L，Zhang F G，et al. Theoretical and experimental evidence for rGO-4-PP Nc as a metal-free Fenton-like catalyst by tuning the electron distribution[J]. RSC Advances，2018，8（6）：3312-3320.

[56] Zhu G X，Lu T L，Han L，et al. Graphitic carbon nitride（g-C_3N_4）as an efficient metal-free Fenton-like catalyst for degrading organic pollutants：The overlooked non-photocatalytic activity[J]. Water Science and Technology，2020，81（3）：518-528.

[57] Noorjahan M，Durga Kumari V，Subrahmanyam M，et al. Immobilized Fe（III）-HY：An efficient and stable photo-Fenton catalyst[J]. Applied Catalysis B：Environmental，2005，57（4）：291-298.

[58] Liang X L，Zhong Y H，Zhu S Y，et al. The decolorization of Acid Orange II in non-homogeneous Fenton reaction catalyzed by natural vanadium-titanium magnetite[J]. Journal of Hazardous Materials，2010，181（1）：112-120.

[59] Chu L B，Wang J L，Dong J，et al. Treatment of coking wastewater by an advanced Fenton oxidation process using iron powder and hydrogen peroxide[J]. Chemosphere，2012，86（4）：409-414.

[60] Xiao Y T，Xu S S，Li Z H. Degradation of polyvinyl-alcohol wastewater by Fenton's reagent：Condition optimization and enhanced biodegradability[J]. Journal of Central South University of Technology，2011，18（1）：96-100.

[61] Wu H F，Wang S H. Impacts of operating parameters on oxidation-reduction potential and pretreatment efficacy in the pretreatment of printing and dyeing wastewater by Fenton process[J]. Journal of Hazardous Materials，2012，243：86-94.

[62] Tekin H，Bilkay O，Ataberk S S，et al. Use of Fenton oxidation to improve the biodegradability of a pharmaceutical wastewater[J]. Journal of Hazardous Materials，2006，136（2）：258-265.

[63] Dominguez C M，Oturan N，Romero A，et al. Optimization of electro-Fenton process for effective degradation of organochlorine pesticide lindane[J]. Catalysis Today，2018，313：196-202.

[64] Gould J P. The kinetics of hexavalent chromium reduction by metallic iron[J]. Water Research，1982，

16（6）：871-877.

[65] Lawrinenko M，Kurwadkar S，Wilkin R T. Long-term performance evaluation of zero-valent iron amended permeable reactive barriers for groundwater remediation — A mechanistic approach[J]. Geoscience Frontiers，2023，14（2）：101494.

[66] Wang C B，Zhang W X. Synthesizing nanoscale iron particles for rapid and complete dechlorination of TCE and PCBs[J]. Environmental Science & Technology，1997，31：2154.

[67] Alazaiza M Y D，Albahnasawi A，Copty N K，et al. Nanoscale zero-valent iron application for the treatment of soil，wastewater and groundwater contaminated with heavy metals：A review[J]. Desalination and Water Treatment，2022，253：194-210.

[68] Sun Y P，Li X Q，Cao J，et al. Characterization of zero-valent iron nanoparticles[J]. Advances in Colloid and Interface Science，2006，120（1）：47-56.

[69] Yan W，Lien H L，Koel B E，et al. Iron nanoparticles for environmental clean-up：Recent developments and future outlook[J]. Environmental Science：Processes & Impacts，2013，15（1）：63-77.

[70] Li Q，Chen Z S，Wang H H，et al. Removal of organic compounds by nanoscale zero-valent iron and its composites[J]. Science of the Total Environment，2021，792：148546.

[71] 陈海军，黄舒怡，张志宾，等. 功能性 nZVI 的构筑及其对环境放射性核素铀的富集应用研究进展[J]. 化学学报，2017，75（6）：560-574.

[72] Arabi S. Review on synthesis of NZVI as an effective adsorbent for environmental remediation[J]. International Journal of New Chemistry，2023，10（2）：134-139.

[73] Tang C L，Zhang Z Q，Sun X N. Effect of common ions on nitrate removal by zero-valent iron from alkaline soil[J]. Journal of Hazardous Materials，2012，231-232：114-119.

[74] Ambika S，Devasena M，Nambi I M. Synthesis，characterization and performance of high energy ball milled meso-scale zero valent iron in Fenton reaction[J]. Journal of Environmental Management，2016，181：847-855.

[75] Chen S H，Wang F F，Chu W H，et al. Weak magnetic field accelerates chloroacetamide removal by zero-valent iron in drinking water[J]. Chemical Engineering Journal，2019，358：40-47.

[76] Khaloo S S，Fattahi S. Enhancing decolorization of Eriochrome Blue Black R during nano-size zero-valent iron treatment using ultrasonic irradiation[J]. Desalination and Water Treatment，2014，52（16-18）：3403-3410.

[77] Zhang J，Zhang G L，Wang M，et al. Reduction of aqueous Cr（VI） using nanoscale zero-valent iron dispersed by high energy electron beam irradiation[J]. Nanoscale，2013，5（20）：9917-9923.

[78] Pei G P，Zhu Y，Wen J G，et al. Vinegar residue supported nanoscale zero-valent iron：Remediation of hexavalent chromium in soil[J]. Environmental Pollution，2020，256：113407.

[79] 徐晓晶，魏闻语，张宇，等. 零价铁对重金属铅吸附特性的影响[J]. 林业工程学报，2018，3（6）：142-148.

[80] Zhu L，Tong L H，Zhao N，et al. Coupling interaction between porous biochar and nano zero valent iron/nano α-hydroxyl iron oxide improves the remediation efficiency of cadmium in aqueous solution[J]. Chemosphere，2019，219：493-503.

[81] Zhang D F，Wang B Q，Gong X B，et al. Selective reduction of nitrate to nitrogen gas by novel Cu_2O-Cu^0@Fe^0 composite combined with HCOOH under UV radiation[J]. Chemical Engineering Journal，2019，359：1195-1204.

[82] 陈海峰，龚婷婷，鲜啟鸣. 碳基纳米零价铁-铜复合材料去除水中三氯硝基甲烷[J]. 环境化学，2019，38（6）：1385-1395.

[83] 冯馨，张衡，王传娅，等. 负载型零价铁对水体中 2,4,6-三氯苯酚的去除[J]. 四川师范大学学报（自然科学版），2018，41（5）：654-661.

[84] Zhang A P，Gu Z P，Chen W M，et al. Removal of refractory organic pollutants in reverse-osmosis concentrated leachate by Microwave-Fenton process[J]. Environmental Science and Pollution Research，2018，25（29）：28907-28916.

[85] Antoniou M G，de la Cruz A A，Dionysiou D D. Degradation of microcystin-LR using sulfate radicals generated through photolysis，thermolysis and e-transfer mechanisms[J]. Applied Catalysis B：Environmental，2010，96（3）：290-298.

[86] Ghanbari F，Moradi M. Application of peroxymonosulfate and its activation methods for degradation of environmental organic pollutants：Review[J]. Chemical Engineering Journal，2017，310：41-62.

[87] Anipsitakis G P，Dionysiou D D. Radical generation by the interaction of transition metals with common oxidants[J]. Environmental Science & Technology，2004，38（13）：3705-3712.

[88] Ball D L，Edwards J. The kinetics and mechanism of the decomposition of Caro’s Acid. I[J]. Journal of the American Chemical Society，1956，78：1125-1129.

[89] Kim J，Edwards J O. A study of cobalt catalysis and copper modification in the coupled decompositions of hydrogen peroxide and peroxomonosulfate ion[J]. Inorganica Chimica Acta，1995，235（1）：9-13.

[90] Anipsitakis G，Dionysiou D. Degradation of organic contaminants in water with sulfate radicals generated by the conjunction of peroxymonosulfate with cobalt[J]. Environmental Science & Technology，2003，37：4790-4797.

[91] Chan K H，Chu W. Degradation of atrazine by cobalt-mediated activation of peroxymonosulfate：Different cobalt counteranions in homogenous process and cobalt oxide catalysts in photolytic heterogeneous process[J]. Water Research，2009，43（9）：2513-2521.

[92] Liang C，Bruell C J，Marley M C，et al. Persulfate oxidation for in situ remediation of TCE. I. Activated

by ferrous ion with and without a persulfate-thiosulfate redox couple[J]. Chemosphere，2004，55（9）：1213-1223.

[93] Jiang X X，Wu Y L，Wang P，et al. Degradation of bisphenol A in aqueous solution by persulfate activated with ferrous ion[J]. Environmental Science and Pollution Research，2013，20（7）：4947-4953.

[94] Liang C，Huang C F，Chen Y J. Potential for activated persulfate degradation of BTEX contamination[J]. Water Research，2008，42（15）：4091-4100.

[95] Xiao S，Cheng M，Zhong H，et al. Iron-mediated activation of persulfate and peroxymonosulfate in both homogeneous and heterogeneous ways：A review[J]. Chemical Engineering Journal，2020，384：123265.

[96] Zhang K J，Zhou X Y，Zhang T Q，et al. Degradation of the earthy and musty odorant 2,4,6-trichloroanisole by persulfate activated with iron of different valences[J]. Environmental Science and Pollution Research，2018，25（4）：3435-3445.

[97] Jaafarzadeh N，Ghanbari F，Ahmadi M. Catalytic degradation of 2,4-dichlorophenoxyacetic acid（2,4-D）by nano-Fe_2O_3 activated peroxymonosulfate：Influential factors and mechanism determination[J]. Chemosphere，2017，169：568-576.

[98] Tan C Q，Gao N Y，Deng Y，et al. Radical induced degradation of acetaminophen with Fe_3O_4 magnetic nanoparticles as heterogeneous activator of peroxymonosulfate[J]. Journal of Hazardous Materials，2014，276：452-460.

[99] Hussain I，Zhang Y Q，Huang S B，et al. Degradation of *p*-chloroaniline by persulfate activated with zero-valent iron[J]. Chemical Engineering Journal，2012，203：269-276.

[100] Oh S Y，Kang S G，Chiu P C. Degradation of 2,4-dinitrotoluene by persulfate activated with zero-valent iron[J]. Science of the Total Environment，2010，408（16）：3464-3468.

[101] Sun H Q，Zhou G L，Liu S Z，et al. Nano-Fe^0 encapsulated in microcarbon spheres：Synthesis，characterization，and environmental applications[J]. ACS Applied Materials & Interfaces，2012，4（11）：6235-6241.

[102] Anipsitakis G P，Stathatos E，Dionysiou D D. Heterogeneous activation of oxone using Co_3O_4[J]. The Journal of Physical Chemistry B，2005，109（27）：13052-13055.

[103] Chen X Y，Chen J W，Qiao X L，et al. Performance of nano-Co_3O_4/peroxymonosulfate system：Kinetics and mechanism study using Acid Orange 7 as a model compound[J]. Applied Catalysis B：Environmental，2008，80（1）：116-121.

[104] Yang Q J，Choi H，Dionysiou D D. Nanocrystalline cobalt oxide immobilized on titanium dioxide nanoparticles for the heterogeneous activation of peroxymonosulfate[J]. Applied Catalysis B：Environmental，2007，74（1）：170-178.

[105] Zhu Y Q，Chen S，Quan X，et al. Cobalt implanted TiO_2 nanocatalyst for heterogeneous activation of

peroxymonosulfate[J]. RSC Advances，2013，3（2）：520-525.

[106] Oh W D，Dong Z L，Lim T T. Generation of sulfate radical through heterogeneous catalysis for organic contaminants removal：Current development，challenges and prospects[J]. Applied Catalysis B：Environmental，2016，194：169-201.

[107] Yang S Y，Li L，Xiao T，et al. Promoting effect of ammonia modification on activated carbon catalyzed peroxymonosulfate oxidation[J]. Separation and Purification Technology，2016，160：81-88.

[108] Neta P V，Zemel H，Fessenden R W. Rate constants and mechanism of reaction of sulfate radical anion with aromatic compounds[J]. Journal of the American Chemical Society，1977，99（1）：163-164.

[109] Huie R E，Clifton C L，Kafafi S A. Rate constants for hydrogen abstraction reactions of the sulfate radical，$SO_4^{\cdot -}$：experimental and theoretical results for cyclic ethers[J]. The Journal of Physical Chemistry，1991，95（23）：9336-9340.

[110] Huang K C，Zhao Z，Hoag G E，et al. Degradation of volatile organic compounds with thermally activated persulfate oxidation[J]. Chemosphere，2005，61（4）：551-560.

[111] Hussain I，Li M Y，Zhang Y Q，et al. Insights into the mechanism of persulfate activation with nZVI/BC nanocomposite for the degradation of nonylphenol[J]. Chemical Engineering Journal，2017，311：163-172.

[112] Nie M H，Yang Y，Zhang Z J，et al. Degradation of chloramphenicol by thermally activated persulfate in aqueous solution[J]. Chemical Engineering Journal，2014，246：373-382.

[113] Fagier M A，Ali E A，Tay K S，et al. Mineralization of organic matter from vinasse using physicochemical treatment coupled with Fe^{2+}-activated persulfate and peroxymonosulfate oxidation[J]. International Journal of Environmental Science and Technology，2016，13（4）：1189-1194.

[114] Moradi M，Ghanbari F，Manshouri M，et al. Photocatalytic degradation of azo dye using nano-ZrO_2/UV/Persulfate：Response surface modeling and optimization[J]. Korean Journal of Chemical Engineering，2016，33（2）：539-546.

[115] Jaafarzadeh N，Omidinasab M，Ghanbari F. Combined electrocoagulation and UV-based sulfate radical oxidation processes for treatment of pulp and paper wastewater[J]. Process Safety and Environmental Protection，2016，102：462-472.

[116] Jaafarzadeh N，Ghanbari F，Ahmadi M，et al. Efficient integrated processes for pulp and paper wastewater treatment and phytotoxicity reduction：Permanganate，electro-Fenton and Co_3O_4/UV/peroxymonosulfate[J]. Chemical Engineering Journal，2017，308：142-150.

思考题

概念题

1．解释臭氧催化技术中的非均相催化材料。

2．简述芬顿（Fenton）试剂的基本组成。

3．什么是零价金属材料的“核-壳”结构？

4．过硫酸盐（PDS 和 PMS）活化生成硫酸根自由基（$SO_4\cdot^-$）的两种主要活化方式及其特点是什么？

判断题

1．臭氧催化过程中，催化剂的投加量越大，有机污染物的降解效率一定越高。（　　）

2．均相芬顿反应的最佳 pH 范围是中性至碱性环境（pH 为 7～9）。（　　）

3．纳米零价铁（nZVI）因高比表面积和表面效应，其反应活性远高于普通零价铁。（　　）

4．在过硫酸盐活化体系中，$SO_4\cdot^-$的氧化还原电位（ORP）在任何条件下均高于·OH。（　　）

5．零价金属材料与超声技术联用仅通过物理分散作用提高反应效率，不涉及化学机制。（　　）

选择题

1．下列哪项是臭氧催化氧化技术的关键控制因素？（　　）

A. 光照强度　　B. 初始溶液 pH

C. 催化剂颜色　　D. 污染物分子量

2．以下哪种材料常用于非均相芬顿反应？（　　）

A. Fe^{3+}溶液　　B. 纳米 Fe_3O_4 颗粒

C. 溶解性 EDTA 络合物　　D. 均相 Co^{2+}溶液

3．关于零价铁（ZVI）还原硝酸盐的机理，下列哪项描述正确？（　　）

A. ZVI 直接吸附硝酸盐并生成 N_2O

B. 硝酸盐通过电子转移被还原为 NH_4^+或 N_2

C. ZVI 仅在酸性条件下与硝酸盐反应

D. 反应过程中无须质子（H^+）参与

简答题

1. 列举 3 种影响零价金属材料（如 ZVI）还原效率的关键因素，并简要说明其作用机制。
2. 简述臭氧催化过程中·OH 的生成路径及其对污染物降解的作用。
3. 为什么基于硫酸根自由基的高级氧化技术（SR-AOPs）被认为比传统芬顿技术更具 pH 适应性？

论述题

1. 近年来，纳米零价铁（nZVI）在地下水修复中的应用备受关注。请结合文献案例，论述 nZVI 在修复有机氯污染物（如三氯乙烯）中的优势、局限性及改进策略。
2. 2023 年某地化工厂违规排放导致水体中检测出高浓度抗生素（如环丙沙星）。若采用过硫酸盐催化技术处理，请从催化剂选择、活化方式、成本效益等角度设计解决方案，并评估该方案潜在的环境风险。

第 6 章　表面能驱动环境功能材料

6.1　表面能驱动环境功能材料及其应用

6.1.1　表面及表面能

在凝聚态物理中，表面指的是凝聚相（如固体）与气相或真空状态之间的分界面。在恒温、恒压及恒组成的热力学条件下，固体的表面能是指可逆地扩展物质系统表面积所需执行的、非体积性质的功。在固体物理学的理论框架下，表面原子相较于体相原子拥有更高的能量状态，依据能量最小化原理，原子倾向于自发地迁移至物质内部以降低整体能量。因此，表面能是由于表面原子或分子处于不饱和状态，其能量高于内部的能量。

表面能的另一表述则是材料表面相较于其内部所额外承载的能量。例如，将固体材料分割为更小的片段，需克服其内部化学键的束缚力，此过程伴随能量的耗散。若此分割过程是可逆的，则分割所需能量与新增表面积所对应的表面能增量相等，体现了表面能的增加。然而，新生成的表面因其高度不稳定性，通过表面原子的重新排列、相互反应，或是对外界分子或原子的吸附（即表面吸附现象，表现为外界物质趋向表面聚集的驱动力）来降低表面能量。此过程中，表面层原子因向外键合的趋势未充分得到补偿，相较于体内原子具有更高的势能状态，此额外势能即被定义为表面能。

6.1.2　表面能级及表面化学

表面能级源于晶体表面三维周期性结构的中断，是晶体表面的特征电子态，也称为表面态。由于表面层电子所处的表面势场与晶体内部的三维周期性势场存在显著差异，这些电子展现了独特的量子态特性。描述此类表面电子态的波函数展现了强烈的局域化特征，主要局限于表面数个原子层厚度内，随着深入晶体内部而迅速衰减。

对一般晶体而言，由于晶格结构在表面处的非自然截断，最外层原子往往存在未配对的电子，即形成未饱和的化学键，这类键被称为悬挂键。这些悬挂键可给出电子（类似于半导体中的施主杂质）或接受电子（类似于受主杂质），从而在能带结构中引入与施主能级或受主能级相类似的表面能级。在理想状态下，未经任何外界干扰的清洁表面所展现的表面能级被称为本征表面态。然而，当表面结构经历重构、吸附外来原子或存在各类缺陷时，表面能级的密度与分布将发生显著变化，这些变化深刻影响表面的电子传输、化学反应活性等物理性质与化学性质。

表面化学是物理化学研究的一部分，主要研究表面能驱动下的吸附、离子交换、催化及膜分离等现象，以及其中所包含的原理和方法等。与之相关的内容包括：表面吸附；表面腐蚀、摩擦、氧化、钝化；材料表面改性、镀层涂层、膜分离、表面离子注入；表面化学、催化、固气反应、表面（界面态及能带、界面扩散）等。

6.1.3　表面能与界面能的区别与联系

界面能是另外一个重要的物理概念。关于界面能与表面能的区分，需从微观与宏观两个层面进行深入理解。界面能主要用于描述微观界面，是指两相（固气、固液或液液）交界处分子作用力不平衡导致的自由能增量，这部分能量反映了界面处原子与内部原子的环境差异所产生的额外能量负担。对晶体而言，界面上的原子因其独特的周边环境而具有比晶粒-内部原子更高的自由焓，单位面积上的这种自由焓增量被定义为界面能。在纯金属或单合金系统中，晶界角度与界面能成正比，而共格孪晶界面展现了最低的界面能，非共格相界则具有最高界面能，半共格相界则介于两者之间。

相对而言，表面能则侧重于描述宏观物体表面原子相较于内部原子所额外持有的势能，这种势能的来源主要是表面未饱和或不稳定的化学键。值得注意的是，上述关于界面能与表面能的差异性讨论主要适用于微米级尺度，超出微米级尺度，界面能对系统宏观性质的影响显著减弱。

6.1.4　表面能驱动材料与环境相关应用的关系

自 20 世纪 80 年代以来，表面能作为驱动力在材料学领域的应用范围逐步扩展至生物工程、化学工程、材料工程以及能源与动力等多个交叉学科，特别是在环境保护与先进材料科学领域展现了重要的应用价值。

表面能驱动过程的三要素为界面类型、材料特性、作用力类型。界面类型一般指的是固气界面和固液界面，由于材料的不同，产生的作用力也不同，而将表面过程分为不同的过程，因而不同材料的表面能也随之不同；若两相之间通过分子间作用力、静电力或者形成化学键相结合，则该过程一般为吸附或吸收过程；若作用力为静电引力导致的离子交换，则该过程为离子交换过程；若作用力是由两相之间粒子的浓度差驱动，则该过程属于膜分离过程。吸附、吸收、离子交换和膜分离过程在环境污染控制过程中均扮演了重要的角色，以下分别予以介绍。

6.2 吸附与吸附材料

6.2.1 吸附现象

当流体与多孔固体介质相互作用时，流体中的特定组分在固体表面发生积聚的现象，即称为吸附作用。此过程涵盖了固体表面吸引并保留其周边液体或气体介质中的分子、离子，形成一层或多层覆盖层。若此吸附过程涉及化学键的强烈作用，导致吸附质紧密结合于表面，则称为化学吸附。化学吸附特征在于单层分子覆盖、不可逆性（常伴随脱附后的化学性质变化）及较慢的吸附速率，需较长时间才能达到平衡状态，且升高温度可显著加速此过程。物理吸附则基于较弱的物理相互作用力（如范德华力），通常形成多层分子吸附层。吸附作为一种传质现象，源于物质表面分子与内部分子间相互作用力的不平衡，使表面具有吸引并保留其他介质中的分子的能力。在表面积显著增大的情况下，这种效应尤为显著，因此在工业上常利用高比表面积材料（如活性炭）进行高效吸附。随着环境温度的上升，气体或液体分子的动能增加，导致其更容易从吸附表面解吸、进入气相或液相，此过程称为脱附，是物理吸附中常见的可逆现象。

6.2.2 吸附材料的种类

6.2.2.1 活性炭

活性炭是一种经特殊处理的炭，是将有机原料（果壳、煤、木材等）在隔绝空气的条件下加热，以减少非碳成分，然后与气体反应，表面被侵蚀，产生微孔发达的结构（活化）。由于活化的过程是一个微观过程，即大量的分子碳化物产生点状侵蚀，造成活性炭表面具有数量众多的细小孔隙。活性炭表面的介孔直径大多在 2～50 nm，比表面积为 500～1 500 m^2/g，活性炭的一切应用几乎都基于活性炭的这一特点[1]。活性炭在环保领域用途广泛，主要包括工业烟气脱硫、脱硝、脱汞，室内空气净化，汽车尾气净化，废水除臭、脱色和有害物质回收等；此外，活性炭广泛用作某些催化反应的载体等（如表 6-1 所示）。

表 6-1　不同类型活性炭的主要用途

原材料分类	产品类型	用途
煤质活性炭	柱状煤质颗粒活性炭	气体分离与精制、溶剂回收、烟气净化、脱硫脱硝、水质净化、污水处理、催化剂载体等
	破碎状煤质颗粒活性炭	气体净化、溶剂回收、水体净化、污水处理等
	粉状煤质活性炭	水污染应急处理、垃圾焚烧废气处理、化工脱色、烟气净化等
	球形煤质颗粒活性炭	碳分子筛、催化剂载体、防毒面具、气体分离与精制、军用吸附等
木质活性炭	柱状木质颗粒活性炭	气体分离与精制、黄金提取、水质净化、食品饮料脱色等
	破碎状木质颗粒活性炭	净化空气、溶剂回收、水质净化、味精精制、乙酸乙烯合成催化剂等
	粉状木质活性炭	水体净化、注射针剂脱色、糖液脱色、味精及饮料脱色、药用等
	球形木质颗粒活性炭	碳分子筛、催化剂载体、防毒面具、气体分离与精制、军用吸附剂等
合成材料活性炭	柱状颗粒活性炭	气体分离与净化、水体净化、烟气净化、污水处理等
	破碎状颗粒活性炭	空气净化、异味脱除、饮用水与污水处理等
	粉状活性炭	水质净化、化工脱色、烟气净化等
	成形活性炭	净水滤芯、净水滤棒、净空蜂窝体、过滤吸附等

6.2.2.2　树脂

树脂是一类高分子聚合物，可用于除去废水中的有机物，如糖液脱色、天然产物和生物化学制品的分离与精制等。吸附树脂品种很多，单体的变化和单体上官能团的变化可赋予树脂各种特殊的性能。常用的有聚苯乙烯树脂和聚丙烯酸酯树脂等高分子聚合物。吸附树脂的应用主要有：大孔树脂对中药单方有效成分的提取；废水处理与资源回收；食品加工行业的分离精制；生物工程、医学及放射性核素的提取。大孔吸附树脂的特点包括：吸附容量大、吸附速率快、易解吸、易再生，物理稳定性与化学稳定性高，不溶于酸、碱及有机溶剂，对有机物选择性好，不受无机盐类及其他强离子、小分子存在的影响。

6.2.2.3　硅胶

硅胶是无机硅氧烷聚合物的统称。硅胶属于非晶态物质，不溶于水和任何溶剂，无毒无味，化学性质稳定，除强碱、氢氟酸外不与任何物质发生反应。硅胶化学式为 $x\mathrm{SiO_2}\cdot y\mathrm{H_2O}$。硅胶为透明或乳白色粒状固体，具有开放的多孔结构，吸附性强，可用于气体干燥、气体吸收、液体脱水、色层分析等，也可用作催化剂载体。硅胶应用范围非常广泛。硅胶不仅作为航空、尖端技术、军事技术部门的特种材料使用，也用于传统国民经济各部门。

6.2.3 吸附过程与吸附材料的构效关系

6.2.3.1 吸附作用机理

根据吸附原理的不同，吸附可分为化学吸附和物理吸附两大类。物理吸附是由范德华力引起的，是一个可逆过程。化学吸附是由化学键引起的，一般不可逆。物理吸附热较小（8.4～41.8 kJ/mol），与液化焓数量级相当；化学吸附热大，相当于反应热。物理吸附在界面上通常形成多层吸附；而化学吸附一般为单层吸附。物理吸附受温度影响小，一般来说低温吸附量大；而化学吸附发生在温度较高时，温度越高，吸附越快。物理吸附速率较快（通常数分钟至数小时达到平衡）；化学吸附速率慢，很难达到吸附平衡。物理吸附的选择性差，可完全脱附；化学吸附的选择性强，很难脱附。在实际的污染处理过程中，往往伴随物理吸附和化学吸附两种吸附，多为两种吸附的共同作用[2]。化学吸附和物理吸附的对比如表 6-2 所示。

表 6-2 化学吸附与物理吸附的特性对比

指标	化学吸附	物理吸附
吸附热	大于 84 kJ/mol， 这是化学吸附的充分非必要条件	8.4～41.8 kJ/mol
吸附速率	需要活化，速率慢	不需要活化，速率快
脱附活化能	大于化学吸附热	等于凝聚热
发生温度	在高温下（高于气体的液化点）	接近气体的液化点
选择性	有选择性，与吸附质、吸附剂的本性有关	无选择性，任何气体可在任何吸附线上吸附
吸附层	单层	多层

吸附质与吸附剂之间的相互作用称为吸附作用力，其主要由色散力、偶极子相互作用力、四极子相互作用力、氢键、静电力、共价键力等 6 种作用力组成[3]。其中，色散力、偶极子相互作用力和四极子相互作用力统称为范德华力。影响范德华力的主要因素为取向力和诱导力，都与分子的偶极矩平方成正比；诱导力还与被诱导的非极性分子或极性分子本身的变形性有关，分子越易变形，作用力越大；色散力主要与相互作用分子的变形性有关，一般分子的体积越大，其变形性也越大，分子间的色散力随之增强；除了取向力与温度有关（温度越高，取向力越弱）外，色散力和诱导力受温度的影响不大。

氢键是一种永久偶极之间的作用力。氢键的强度比化学键弱，但比一般分子间作用力强，键长大于一般化学键，也具有方向性和饱和性。氢键具有方向性是由于电偶极矩 X–H 与原子 Y 的相互作用；由于 H 的体积小，所以不能容纳第 3 个电负性较大的原子与其靠近。

静电力指静止带电体之间的相互作用力。带电体可看作是由许多点电荷构成的，每一对静止点电荷之间的相互作用力遵循库仑定律。静电力又称为库仑力。静电力是以电场为媒介传递的，即带电体在其周围产生电场，电场对置于其中的另一带电体施以作用力，且两个带电体受到的静电力相等。

6.2.3.2　吸附理论

吸附是一个动态过程，当吸附速率等于脱附速率时达到吸附平衡[4]。此时，在恒定的压力、温度下，吸附速率等于脱附速率。在特定温度下，盖度（相对吸附量）的变化是压强的函数，这种函数关系曲线称为吸附等温线（如图 6-1 所示）。吸附等温线是对吸附现象以及固体的表面与孔特征的研究基础，可基于此计算比表面积与孔径分布。描述吸附量和压强的关系有不同的理论，对应不同的吸附公式。

（1）吸附等温线

IUPAC 定义的 6 种典型吸附等温线如图 6-1 所示。

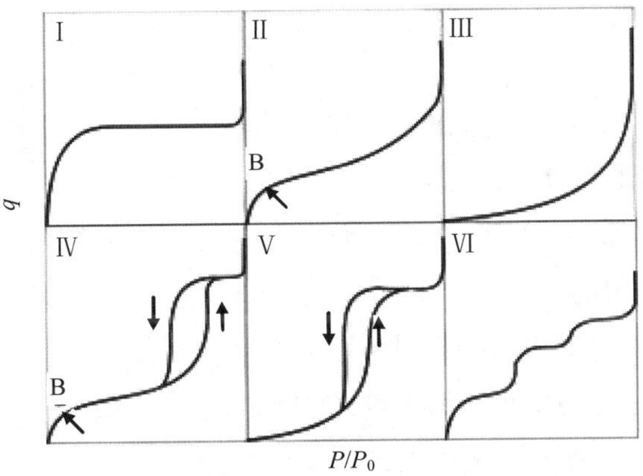

图 6-1　IUPAC 定义的 6 种典型吸附等温线示意图

注：P_0——吸附温度 T 下的吸附质饱和蒸气压，Pa；

P——恒定温度 T 下，每个试验点下的压强，Pa；

q——吸附量，L/kg。

图中 I 型吸附等温线可以用 Langmuir 等温方程描述。当压强 P 升高时，吸附量也升高；当 P/P_0 趋近于 1 时，吸附量趋近饱和（monolayer saturation），所得的吸附量可认为是吸附质粒子在吸附剂表面上的单层饱和吸附量。此类型吸附等温线一般为化学吸附。II 型吸附等温线和III型吸附等温线是多层吸附。II 型吸附等温线又称为 S 形等温线，当 P/P_0 较小时，II 型吸附等温线的盖度随着 P/P_0 的增加而增加，在达到特定的 P/P_0 后，盖度近乎呈指数增长。III型吸附等温线的盖度在所有的 P/P_0 下均呈指数增长，在整个 P/P_0

范围内凸向下，曲线没有拐点。Ⅳ型吸附等温线和Ⅴ型吸附等温线则描述了多层吸附。Ⅳ型吸附等温线和Ⅱ型吸附等温线相似，在一定的 P/P_0 下，盖度达到饱和。Ⅴ型吸附等温线的盖度最初是指数变化，后来和Ⅳ型吸附等温线相似。Ⅴ型吸附等温线的特征是向相对压强轴凸起。与Ⅲ型吸附等温线不同，在更高 P/P_0 下存在 1 个拐点。Ⅴ型吸附等温线来源于微孔和介孔固体上的弱气-固相互作用，微孔材料的水蒸气吸附常见此类线型。Ⅵ型吸附等温线呈阶梯状，通常源于原子级平整、均一的固体表面上发生的多层吸附。

（2）吸附等温方程

Langmuir 吸附等温方程是一种理想的化学吸附模型，是描述理想表面上等温吸附过程中吸附量和吸附质蒸气压力的关系，适用于物理吸附和化学吸附。Langmuir 等温方程的假设前提条件包括：吸附的表面是理想的、均匀的，各吸附位点的能量相同；吸附质粒子间的相互作用可以忽略；吸附质粒子与空的吸附位点碰撞才有可能被吸附，1 个吸附质粒子只能占据 1 个吸附位点；吸附质是单分子层的；在一定条件下，吸附速率与脱附速率相等，从而达到吸附平衡。其具体形式如下：

$$q = (k_1 q_m p) / (1+k_1 p) \tag{6-1}$$

式中：q——吸附量，L/kg；

q_m——吸附质的单分子层吸附量，L/kg；

p——吸附质的平衡分压；

k_1——Langmuir 常数，与吸附剂和吸附质的性质和温度有关，该值越大表示吸附剂的吸附能力越强。

当固体表面的吸附作用相当均匀且吸附限于单分子层时，Langmuir 吸附等温方程能较好地拟合实验结果，但是由于其假定非常理想化，具有相当的局限性。

Freundlich 吸附等温方程有两种形式，第一种形式为：

$$q = \lambda p^{1/n} \tag{6-2}$$

式中：q——平衡吸附量，L/kg；

p——吸附质在气相中的平衡分压，Pa；

λ——与吸附剂种类、特性、温度以及所用单位有关的常数，$\mathrm{L}/\left(\mathrm{Pa}^{\frac{1}{n}} \cdot \mathrm{kg}\right)$；

n——常数，与温度有关，量纲一。

第二种形式为：

$$x/m = k_1 p^{1/n} \tag{6-3}$$

式中：x——吸附质的质量，g；

m——吸附剂质量，g；

k_1，n——与温度、体系有关的常数。

Freundlich 吸附等温方程没有饱和吸附量，不适用于吸附质的蒸气压较高或盖度较大的情况，$1/n$ 的数值一般在 0～1，其值大小表示吸附质浓度对吸附量的影响的强弱。$1/n$ 越小，吸附性能越好。$1/n$ 在 0.1～0.5 表示易于吸附，$1/n$ 大于 2 表示难以吸附。

BET吸附等温方程是基于Langmuir理论扩展得到的，仅适用于相对压力为0.05～0.35的物理吸附。其基本假设为：固体表面是均匀的；吸附分子间无作用力；当 $P\rightarrow P_0$ 时，吸附剂孔隙完全充满吸附质液体，第一层吸附分子与固体表面作用，吸附热较大，其余各吸附分子层相互作用，与气体凝聚相似；吸附平衡时，每一层的蒸发速率等于其凝聚速率。其方程形式为：

$$V/V_m = C(P/P_0)/\{(1-P/P_0)[1-(1-C)(P/P_0)]\} \tag{6-4}$$

式中：V——压强为 P 时的平衡吸附量，L/kg；

V_m——单层覆盖时的吸附量，L/kg。

当 $C>20$ 时，气体在固体表面的吸附热与冷凝热差值较大，说明气体与固体表面相互作用强；当 $C\approx 1$ 时，气体在固体表面的吸附热与冷凝热差值较小，说明气体与固体表面相互作用弱。

（3）吸附动力学

一般来说，吸附动力学可用准一级动力学方程、准二级动力学方程进行拟合。其方程形式如下。

准一级动力学方程：

$$\ln(q_e-q_t) = \ln q_e-k_1t \tag{6-5}$$

准二级动力学方程：

$$t/q_e = 1/(k_2q_e^2) + t/q_t \tag{6-6}$$

式中：q_e——平衡吸附量拟合值，mg/g；

q_t——t 时刻吸附量，mg/g；

k_1——准一级吸附速率常数，1/min；

k_2——准二级吸附速率常数，g/（mg·min）。

准一级动力学模型基于吸附质在液膜中的扩散控制，认为吸附质的吸附反应速率与系统中平衡吸附量及吸附量之间的差值成正比例关系。准二级动力学模型基于吸附速率受化学吸附控制，反映吸附质与吸附剂之间的电荷转移。

准二级动力学模型包含吸附的所有过程，如外部液膜扩散、表面吸附和颗粒内扩散。其中颗粒内扩散模型最早由 Weber 等提出，其表达式为：

$$q_t = k_pt^{1/2} \tag{6-7}$$

式中：k_p——颗粒内扩散速率常数，mg/（g·min$^{1/2}$）；

q_t——t 时刻吸附量，mg/g；

t——时间，min。

其中 k_p 的值越大，吸附质越易在吸附剂内部扩散。若存在颗粒内扩散，则 q_t 与 $t^{1/2}$ 为线性关系，若直线通过原点，则速率控制过程仅由内部扩散控制，否则其他吸附机制将伴随内部扩散同步进行。当吸附过程为液膜控制时，t 与 ln（q_e–q_t）成直线关系，并通过坐标原点。

Elovich 方程是描述非均相表面吸附动力学的经验方程，适用于活化能变化较大的过程，如溶质在溶液体相或界面处的扩散、表面的活化与去活化作用等：

$$q_t = \ln(1+\alpha\beta t) \tag{6-8}$$

式中：α、β—— Elovich 常数，分别表示初始吸附速率[mg/（g·min）]及解吸常数（g/mg）。

6.2.3.3 吸附过程的关键控制因素

吸附剂的性质具体由吸附材料本身的比表面积、粒度大小、极性等要素构成[5]。吸附材料本身对吸附过程的影响很大，如非极性材料的吸附树脂自身比表面积大、偶极矩小、孔隙较大、疏水性强且不带特殊的功能性基团。而含有 N、O、S 及其他酰氨基、酚羟基等功能性基团的极性吸附树脂可以通过静电力或者氢键作用对非极性溶剂（如有机溶剂）中的极性物质进行吸附。对于交联吸附树脂，本身携带亲疏水性两性基团，其可以兼顾两者的吸附性能。吸附剂上的活性基团对甲壳素和壳聚糖等有机吸附材料尤为重要，这些材料内部的空间结构类似笼子，表面存在大量的–COOH、$-NH_2$ 等基团，可以络合大多数的重金属离子，适合作为重金属的吸附捕获剂。

温度对吸附过程是至关重要的，吸附过程通常是放热过程，温度越低越有利于吸附作用的发生。但当吸附过程在常温下进行时，吸附热效应较小，温度变化不明显。pH 也是吸附过程很重要的因素，pH 影响吸附质在吸附剂中的解离度、溶解度，pH 的改变甚至可能从本质上决定吸附过程是否发生。

6.2.4 吸附材料在环境污染控制中的应用

6.2.4.1 吸附材料在水中重金属类污染控制中的应用

碳基材料稳定性高，在环境修复领域应用早，技术成熟，被广泛研究应用。如 GO/壳聚糖复合材料对多种金属离子具有较好的吸附性能。Fe_3O_4 磁性纳米颗粒制备原料来源广泛、价格低廉、制作工艺简单，在处理重金属污染的应用中展现了优良的特性，同时便于回收和脱附，也是应用最多的磁性纳米材料之一。此外，环境友好型天然吸附材料也成为研究热点之一。利用蒙脱石、凹凸棒石黏土矿物和工业废料粉煤灰制备的复合颗粒吸附材料可用于电镀工业废水中重金属的去除，同时为黏土矿物与工业废料粉煤灰的综合利用开辟了有效途径。

6.2.4.2 吸附材料在水中有机污染控制中的应用

活性炭作为一种具有发达孔隙结构、极大的比表面积以及种类丰富的表面官能团的吸附材料，被广泛应用于饮用水处理及地下水环境修复等方面。活性炭吸附法对疏水性有机物和亲水性小分子有机物有较好的去除效果，且吸附过程几乎不受水中腐殖酸的影响。

6.2.4.3 吸附材料在大气中挥发性有机污染控制中的应用

在控制 VOCs 的各类方法中，吸附法的应用最为广泛，即使在 VOCs 浓度较低的情况下也可达到较好的去除效果。利用微波改性椰壳活性炭可引入含氧官能团（如-COOH、-OH），其表面特性可发生较大改善，提高对 VOCs 的吸附性能；还可以利用碱液改性椰壳活性炭表面结构和表面官能团，提高其比表面积和孔容，改善其表面含氧基团，降低其对甲烷的吸附亲和力。

6.3 离子交换与离子交换材料

离子交换是一种化学分离过程，是溶液中的离子与某种离子交换材料上的离子进行交换的作用或现象[6]。离子交换法利用固体离子交换材料中的可交换离子与溶液中的同电荷离子发生等当量交换，是一种属于传质分离过程的操作方式。通过离子交换处理，可以达到提取或去除溶液中某些离子的目的。离子交换法的优点在于其具有良好的针对性和选择性、能耗低、化学试剂使用少、无污泥产生，而且操作非常方便。但其缺点是难以找到合适的、针对特定体系的高性能离子交换材料，而且生产周期长、生产过程中 pH 变化较大。离子交换法的主要功能包括：去除废水中有害的重金属离子，回收废水中的贵金属，如 Au、Ag、Cu 等；化学处理后脱除废水中的盐分；实现废水再生，提高水的循环利用率。

6.3.1 离子交换材料

6.3.1.1 离子交换材料的发展

最早在 1850 年，人们发现了土壤吸收铵盐时的离子交换现象。直到 20 世纪，离子交换技术才得到充分的发展。20 世纪 30 年代，诞生了第一批商品化的离子交换树脂。目前，离子交换树脂已经有了成熟的细分商业树脂市场，可以精准匹配多种应用场景。而且，为了进一步提高离子交换树脂对某些离子的交换容量和选择性，还可以利用特定的功能基团对商业离子交换树脂表面进行功能性修饰，即离子交换树脂改性。

6.3.1.2 离子交换材料的种类

离子交换材料的种类繁多，按母体材质分类，可分为无机和有机两大类。无机离子交换材料分为天然产品（如天然沸石、高岭土、膨润土等）和人工合成产品（如水合氧化物、人工合成沸石等）。有机离子交换材料主要指以离子交换树脂为代表的一类高分子化合物。

离子交换树脂作为离子交换材料的代表，研究最为成熟，应用也最为广泛。离子交换树脂是含有活性基团的合成功能高分子材料，是交联的高分子共聚物引入不同性质离子交换基团而成的，在溶液中可将自身的离子与溶液中的同号离子进行交换。离子交换树脂的化学性质稳定，不溶于水、酸、碱或有机溶剂。从结构上来看，离子交换树脂由不溶性的三维空间网状骨架、连接在骨架上的功能基团以及与功能基团所带电荷相反的可交换离子（也称反离子，如 H^+等）三部分组成。

按结构特性分类，离子交换树脂可以分为凝胶型离子交换树脂和大孔型离子交换树脂两种。凝胶型离子交换树脂孔隙小、孔数少、溶胀度较大，水溶胀后呈凝胶状，具有交换容量大、离子交换速率快等优点。大孔型离子交换树脂孔隙率高、比表面积大，具有交换速率快和抗有机物污染能力强等优点。按照主要成分的不同分类，离子交换树脂可以分为聚苯乙烯型树脂、丙烯酸型树脂、酚醛型树脂、环氧型树脂、乙烯吡啶型树脂等。根据离子选择性的不同，离子交换树脂可分为阳离子交换树脂、阴离子交换树脂、螯合型树脂和其他特种树脂四大类。根据所含官能团性质的不同，离子交换树脂可进一步分为强酸性阳离子交换树脂、弱酸性阳离子交换树脂、强碱性阴离子交换树脂、弱碱性阴离子交换树脂、螯合型树脂、酸碱两性离子交换树脂和氧化还原树脂共七类树脂。强酸性阳离子交换树脂含有强酸性基团，如磺酸基（$-SO_3H$），这种树脂离解能力强，容易离解产生 H^+，且无论在酸性溶液还是碱性溶液中都能发生离解。弱酸性阳离子交换树脂含有弱酸性基团，如羧基（–COOH），在 $pH>6$ 的溶液中可有效离解。强碱性阴离子交换树脂含有强碱性基团，如季铵盐（$-NR_3OH$），此类树脂的离解性很强，可以在任意的 pH 下正常地工作。弱碱性阴离子交换树脂对离子的选择规律取决于溶液中的离子价态、水合离子半径和离子结构。但弱碱性阴离子交换树脂对 OH^-具有更强的选择性。螯合型树脂是一种专门与金属离子形成螯合物的树脂，其机理为树脂上的功能原子与金属离子发生配位反应，形成螯合物的稳定结构，因此这种树脂和金属离子的结合能力更强。

6.3.1.3 离子交换树脂的理化性能

离子交换树脂的外观一般为透明或不透明的颗粒，有黄色、褐色、白色等各种颜色，当树脂受到污染时，其颜色发生变化，变化程度与受污染程度成正比。在水中，由于溶胀作用，其粒度发生变化，对运行效果影响较大。粒度大，比表面积小，交换速率变慢；粒度太小，虽然交换速率快，但流体阻力加大，反洗困难。此外，各种树脂对温度的承受范围各不相同，超过最高使用温度，对其寿命有一定的影响。树脂的密度也是树脂的重要特性，主要取决于功能基团的性质、离子形态以及共聚物的结构交联度。根据含水情况的不同，密度可分为湿态密度与干态密度，湿态密度又可分为湿视密度和湿真密度。树脂的湿真密度可用于选择双层床和混合床的树脂型号以及确定交换柱反洗膨胀率。由此可知，树脂的密度影响交换柱中树脂填装量及水处理工艺。树脂的交联度与含水量也是树脂的主要理化指标，两者之间有密切关系。交联度越低，含水率越高。交联度的大小决定树脂的性能，交联度越高，网孔越小，机械强度越大，树脂对离子的选择性越强，但离子的交换速率越慢。树脂的含水量主要取决于功能基团的结构、离子形态以及树脂的骨架。湿树脂在水中充分膨胀后所含溶胀水的质量与树脂本身质量的比值是树脂含水率，即：

$$含水率=（溶胀水质量/湿树脂质量）\times 100\% \tag{6-9}$$

交换容量是离子交换树脂最重要的一项性能，用于表示树脂与溶液中的离子进行交换的能力，是设计离子交换工艺所必需的参数。通常用单位质量干树脂所能交换的离子毫克当量来表示树脂的交换能力。离子交换树脂的离子交换与溶液中离子的种类和浓度关系很大。在稀溶液中，不同的离子交换树脂对相同离子浓度溶液的交换能力一般不同，此即为树脂的交换选择性。在浓度高的溶液中，树脂对不同离子的选择性的差异很小。选择性与离子水合半径及所带电荷有关，离子水合半径越小或所带电荷越多，越容易进行离子交换反应。

6.3.1.4　离子交换树脂的制备方法与使用步骤

离子交换树脂的合成属于反应性高分子合成的一个分支。加聚法是以两个或多个带有双键或三键的单体分子为原料，在引发剂和稳定剂的作用下，在含有分散剂的介质中搅拌加热进行悬浮聚合，得到立体网状的柱体，然后进行化学反应，引入活性基团，即可得到离子交换树脂。缩聚法是两个或多个带有功能基团的单体通过功能基团之间的相互作用进行反应，一般伴随低分子物（如水、醇、酸等）的析出。缩聚法合成球形树脂通常以透平油和二氯苯作为分散介质进行悬浮聚合而成。

离子交换树脂在使用时，首先需要经过预处理，先用蒸馏水反复冲洗，至出水无杂物后，再根据选用的离子交换树脂类型的不同，选择合适的顺序放在酸溶液、碱溶液中浸泡，最后用去离子水冲洗树脂到中性后待用。离子交换通常在离子交换柱中进行，离子交换树脂经装柱使用后，再进行反冲洗，去除杂物。然后再顺向或逆向通入再生剂，进行树脂的再生处理，使吸附饱和的树脂恢复交换能力，最后淋洗冲净后，可进行下一步的交换工序。

6.3.2　离子交换与离子交换材料的构效关系

6.3.2.1　离子交换过程

以离子交换树脂为例，离子交换速率主要取决于树脂的结构、粒度，功能基的性质、数量，溶剂的性质、组成等因素。造成交换速率差异的原因可用离子交换过程来说明，包括以下 7 个步骤：①树脂颗粒外围液体中交换离子的对流扩散；②树脂颗粒附近液膜中交换离子的扩散；③树脂颗粒内部交换离子的扩散；④交换离子与树脂固定基团进行化学反应；⑤被交换离子在树脂颗粒中的扩散；⑥被交换离子穿过液膜的扩散；⑦被交换离子在主流液体中的扩散。

其中，第①步与第⑦步、第②步与第⑥步、第③步与第⑤步都是离子扩散过程，第④步是离子交换反应，并且可以认为是瞬间完成的。所以在实际使用中，整个离子交换反应过程的速率取决于离子扩散的速率。由于离子交换过程中溶液不停地在交换剂颗粒间流动，故第①步和第⑦步都很快。所以实际控制交换速率的是离子穿过液膜扩散和穿过颗粒内部孔隙扩散时受到的阻力。前一种阻力大时称为膜扩散控制，后一种阻力大时称为颗粒扩散控制。当在液相中溶质的浓度较低且无搅拌、离子交换剂的交换容量较高、交换剂的粒度较小、交换剂的交联度较低这几种情况下，离子交换速率的主要控制因素是膜扩散。反之，离子交换速度的主要控制因素为颗粒扩散。

6.3.2.2 离子交换树脂的作用机理

不同类型的离子交换树脂在进行离子交换时，所能交换的离子基团有所不同。阳离子交换树脂中的强酸性阳离子交换树脂含有大量的强酸性基团，容易在溶液中离解出 H^+，故呈强酸性。树脂离解后，本体所含的负电基团（如$-SO_3^-$）能吸附结合溶液中的其他阳离子。因此就可以使树脂中的 H^+与溶液中的阳离子互相交换。强酸性树脂的离解能力很强，在酸性或碱性溶液中均能离解和产生离子交换作用。弱酸性阳离子交换树脂[以含羧酸基（–COOH）为例]离解后剩下的负电基团（如 R–COO–）能与溶液中的其他阳离子吸附结合，从而产生阳离子交换作用。这种树脂的离解性较弱，只能在碱性、中性或微酸性溶液中起作用。常用的钠离子交换软化处理的原理是将原水通过钠型阳离子交换树脂，使水中的硬度成分 Ca^{2+}、Mg^{2+}与树脂中的 Na^+交换，从而吸附水中的 Ca^{2+}、Mg^{2+}，使水得到软化。如以 RNa 代表钠型树脂，其交换过程如下：

$$2RNa + Ca^{2+} \longlongequal R_2Ca + 2Na^+ \tag{6-10}$$

$$2RNa + Mg^{2+} \longlongequal R_2Mg + 2Na^+ \tag{6-11}$$

即水通过钠离子交换器后，水中的 Ca^{2+}、Mg^{2+}被置换成 Na^+。当钠型阳离子交换树脂失效之后，为恢复其交换能力，就要进行再生处理。再生剂通常为饱和食盐溶液。

常用的 H^+型阳离子交换树脂的交换过程如下：

$$2RH + Ca^{2+} \rightleftharpoons R_2Ca + 2H^+ \tag{6-12}$$

$$2RH + Mg^{2+} \rightleftharpoons R_2Mg + 2H^+ \tag{6-13}$$

其基本原理为交换树脂中的 H^+可置换水中的 Ca^{2+}、Mg^{2+}等金属离子，H^+型阳离子交换树脂因其交换出的 H^+可中和水中 OH^-而适于软化碱度较高的硬水。

而在阴离子交换树脂中，强碱性阴离子交换树脂含有强碱性基团，其在水中能离解出 OH^-而呈碱性。这种树脂的正电基团能与溶液中的阴离子吸附结合，从而产生阴离子交换作用。这种树脂的离解性很强，在不同 pH 下都能正常工作。而弱碱性阴离子交换树脂仅含有弱碱性基团，这种树脂能与水中强酸根离子发生交换，而且交换很彻底，但只能在中性或酸性条件下工作。

6.3.2.3　离子交换过程的影响因素

影响离子交换扩散速率的因素如下：树脂的交联度越大，网孔越小，则内扩散越慢；树脂颗粒越小，由于内扩散距离缩短和液膜扩散的表面积增大，使扩散速率变快；溶液离子浓度是影响扩散速率的重要因素，浓度越大，扩散速率越快，但溶液离子浓度过高后，离子扩散速率成为反应速度决定阶段；提高水温能使离子的动能增加，水的黏度减小，液膜变薄，这些都有利于离子扩散。

6.3.3　离子交换材料在环境污染控制中的应用

6.3.3.1　离子交换材料在水中重金属类污染控制中的应用

在处理冶金工业、采矿业、电子工业等的废水时，离子交换材料可被用于去除废水中的 Cr、Ni、Zn、Cu 等重金属污染物，还可以用于回收废水中的贵金属。从二次资源回收贵金属的技术中，利用树脂进行离子交换是最重要的方法之一。例如，采用 $(NH_4)_2S_2O_3$ 溶液和离子交换树脂从废印刷电路板中回收 Au、Ag、Cu 三种元素，在一定条件下，树脂上 Au 的回收率大于 80%，银的回收率大于 90%，铜的回收率大于 30%。

6.3.3.2　离子交换材料在水中有机污染控制中的应用

离子交换树脂对多种染料有较好的处理效果，并在不同 pH 下保持良好吸附性。经过多次吸附、解吸循环后，可以恢复其大部分原始吸附能力。在食品加工行业，离子交换材料被广泛应用于糖类脱色，酒类去浊、去酸、去碱、去 SO_2，食品添加剂及染料的提纯等；此外，离子交换树脂可以用于去除水中常用的抗生素类微污染物，其中阴离子交换机制主要控制抗生素的吸附，抗生素与树脂之间形成氢键也可使吸附容量增加。在该领域，树脂具有吸附容量大、吸附速率快、可重复使用等优点，是很有潜力的微污染物净化剂。

6.4　膜分离与膜材料

6.4.1　膜分离现象与膜材料

近年来，膜技术发展迅速，主要包括微滤（microfiltration，MF）、超滤（ultrafiltration，

UF）、纳滤（nanofiltration，NF）、反渗透（reverse osmosis，RO）、电渗析（electrodialysis，ED）、气体分离和渗透汽化等。这些技术的应用产生了巨大的经济效益和社会效益，目前已成为分离科学的重要手段之一[7]。

6.4.1.1 膜材料的发展

膜可以描述为两相之间的半渗透屏障，隔绝部分物质但允许某些分子通过。这种屏障可以是固体、液体甚至气体，其半透性主要是为了确保一定分离度，其分离依据可以是分子直径、渗透系数、电荷和溶解度等不同特性。膜技术的发展历程展现了从基础研究到广泛应用的逐步演进。MF 技术的历史可以追溯到 20 世纪初，但其广泛应用始于 20 世纪六七十年代，随着聚合物材料的进步，MF 膜成本降低、效率提升，主要应用于细菌和悬浮颗粒的去除。紧随其后的是 UF 技术，该技术在 20 世纪 60 年代开始受到重视，并于 1965 年由美国 Amicon 公司首次商业化，用于生物大分子的浓缩和纯化，有效去除蛋白质和病毒等大尺寸物质。NF 技术则起源于 20 世纪 80 年代中期，作为介于 UF 技术和 RO 技术之间的一种膜分离过程，NF 技术能在较低的操作压力下实现多价离子的选择性去除。1988 年，首个多层复合 NF 膜的成功制备显著扩展了 NF 技术在水软化和有机物去除方面的应用。RO 技术的发展始于 20 世纪 50 年代末，1960 年 Loeb 和 Sourirajan 发明的非对称醋酸纤维素 RO 膜标志着这一技术的重大突破。随后，20 世纪 70 年代合成高分子材料的进步使 RO 膜性能大幅提升，并被广泛应用于海水淡化和工业废水处理。进入 21 世纪，薄层复合膜（thin film composite membrane，TFCM）的出现进一步提高了 RO 的脱盐率和耐久性。膜技术和膜材料的蓬勃发展体现了材料学、工程技术与市场需求的共同推动作用。

6.4.1.2 膜材料的种类

利用膜的选择性分离实现料液不同组分的分离、纯化、浓缩的过程称为膜分离。膜分离与传统过滤的不同在于膜分离可以在分子范围内进行分离，是一种物理过程，无须发生相的变化和添加助剂。依据膜孔径的不同，可将膜分为 MF 膜、UF 膜、NF 膜和 RO 膜等。根据材料的不同，可将膜分为无机膜和有机膜，无机膜则多为微滤级别的膜，主要是陶瓷膜和金属膜；有机膜主要是由高分子材料（如醋酸纤维素、芳香族聚酰胺、聚醚砜、聚氟聚合物）构成的。

MF 技术是历史上应用最早、使用最广泛的废水处理方式，MF 技术主要用于饮用水生产的预处理或初级处理，能有效去除水中的悬浮颗粒物（suspended substance，SS）、纤维、细菌、真菌等污染物。UF 技术是 21 世纪在饮用水处理领域新兴的处理技术，与 MF 膜的分离原理相同，UF 膜孔径小于 MF 膜孔径，因此 UF 膜对微生物和大分子有更好的截留效果，但对原水中的溶解性有机物的去除效果并不理想。NF 技术是 20 世纪 80 年代中期发展起来的介于 UF 技术和 RO 技术之间的一种新型膜技术，膜本体上带有电荷，这使膜在很低的压力下也具有较高的脱盐性能。NF 膜可有效去除饮用水中的重金属，对微量有机污染物、内分泌干扰物也有较好的去除效果，同时还能降低饮用水的硬度、提高饮用水的生物稳定性、改善饮用水的口感。一般来说，在处理工艺中，MF 技术、UF 技术、NF 技术及 RO 技术两两结合或串联使用，以实现系统性处理。膜分离技术因造价成本低、适用广泛、处理效果好而具有较好的发展前景。

6.4.2　膜分离过程与材料的构效关系

6.4.2.1　膜分离作用机理

膜分离的过程可以概述为在某种推动力作用下，选择性地让混合液中的某种组分（如颗粒、分子、离子等）透过。即物质的分离是通过膜的选择透过性实现的，利用膜的选择透过性来进行组分分离。如图 6-2 所示。

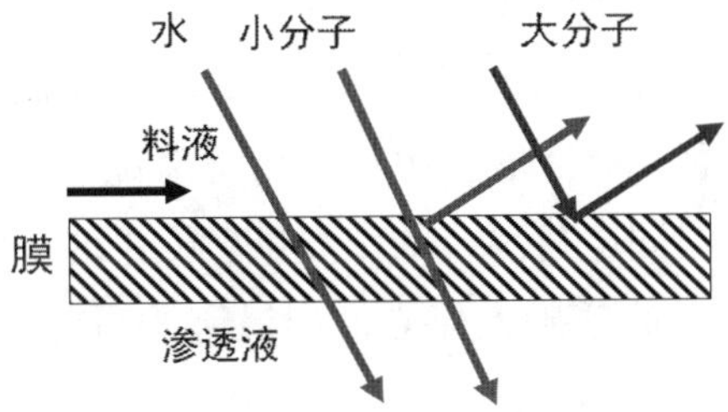

图 6-2　反渗透膜分离作用机理示意图

一般来说，在膜分离过程中，原料中的溶质透过膜的现象称为渗析，溶剂透过膜的现象称为渗透。膜是膜分离过程的核心，根据分离机理不同，主要分为筛分机理、溶解-扩散机理、优先吸附-毛细管流理论、氢键理论和反离子迁移等。

筛分机理可以进一步细分为机械截留、吸附截留、架桥作用和网络内部截留作用。机械截留是指膜具有截留比其孔径大或与其孔径相当的微粒等杂质的作用。吸附截留是指膜表面的荷电性及电位影响其对水中颗粒物的去除效果。水中颗粒物一般表面带负电荷，膜的表面所带电荷的性质及大小决定其对水中颗粒物产生的静电力的大小。此外，膜表面力场的不平衡性也使膜本身具有一定的物理吸附性能。架桥作用是指粒径大于膜孔的颗粒会在膜的表面形成滤饼层，起到架桥的作用，从而使膜能将粒径小于膜孔的某些物质截留。此外，网络内部截留作用可以将微粒截留在膜孔的内部，而不是在膜的表面。

溶解-扩散机理与筛分机理不同，其假定膜是无缺陷的“完整的膜”，溶剂与溶质透过膜的机理是由于溶剂与溶质在膜中的溶解，然后在化学位差的推动力下，从膜的一侧向另一侧进行扩散，直至透过膜。溶质和溶剂在膜中的扩散服从 Fick 定律。物质的渗透能力取决于扩散系数及其在膜中的溶解度。

优先吸附-毛细管流机理认为膜表面是不均匀和多孔的，基于等温吸附方程，表面力导致界面上产生浓度梯度，水优先被吸附在膜表面层后，在压差推动下，有可能通过膜的毛细管（孔）连续流出。此理论是 RO 膜的重要传质理论之一。由此表明，RO 分离受限于两个因素：一是与膜表面优先吸附的平衡效应，即与膜表面吸附势和排斥势梯度有关；二是与溶剂或溶质通过膜孔的可运动性有关，即动力学效应，受位阻效应（分子的结构、大小与毛细孔结构、大小的综合效应）与势梯度两者的影响。

氢键理论可以较好地解释醋酸纤维素膜的透过机理。一般认为，在压力作用下，溶液中的水分子和醋酸纤维素的表面基团——羰基上的氧原子形成氢键，而原来水分子形成的氢键被断开，水分子解离并随之转移到下一个活化点，形成新的氢键。通过这样一连串氢键的形成与断开，使水分子离开膜表面致密活性层，进入膜的多孔层，并最终迁移至膜外。

反离子迁移：固定离子与聚合物膜基相结合，由于静电互斥作用，膜内固定离子将阻止其他相同电荷离子进入膜内。由于电中性原则，膜表面被其周围流动的反离子平衡。因此，在电渗析过程中，只有反离子能在电场作用下透过离子交换膜。与金属晶格相似，反离子可在膜内自由移动，但同电荷离子的浓度则较低，这种效应被称为道南排斥效应。离子交换膜的选择透过性即在此基础上建立，但道南排斥效应需在膜中的固定离子浓度高于周围溶液中的离子浓度时才有效。

6.4.2.2 膜分离过程的关键控制因素

膜分离过程的有效性和效率受到多种因素的影响[8]，以下是其中的 3 个关键控制因素。

首先，膜材料的选择至关重要，直接影响分离性能和应用范围。不同材料具有不同的化学稳定性和物理特性，如孔径大小、亲疏水性等，这些特性决定了膜对特定物质的选择透过性。例如，聚酰胺材料因其高选择性和良好的耐化学性，常被用于反渗透过程。

其次，操作条件也是决定膜分离效果的重要因素，包括操作压力、温度和流速等参数，影响膜通量和截留率。提高操作压力通常可以增加通量，但过高的压力可能导致膜的压缩或损坏，而适宜的温度能提升分子扩散速率，从而优化分离效率。此外，适当的流速有助于减少浓差极化现象，保证稳定的分离效果。

最后，膜污染与清洗策略不容忽视，膜表面的污染物显著降低膜的分离能力和寿命。污染物类型多样，包括有机物、无机盐以及微生物等，因此需要根据具体的污染情况制订相应的清洗方案。定期进行物理清洗（如反冲洗）和化学清洗（如使用酸、碱溶液）是保持膜性能的关键措施，这有助于延长膜的使用寿命并维持长期稳定的分离性能。

6.4.3 膜分离材料在环境污染控制中的应用

6.4.3.1 膜分离材料在水中污染控制中的应用

UF 膜以其对大分子有机物、胶体颗粒和细菌的高效截留能力，成为去除污水中悬浮固体和微生物的首选技术。在城市污水处理中，UF 膜的应用不仅提高了出水水质，还减少了后续处理过程中污泥的产生量，降低了运营成本。此外，UF 膜通过其表面的吸附作用，间接去除了部分与悬浮固体结合的重金属离子，进一步提升了水质净化效果。

NF 膜则凭借其介于 UF 膜与 RO 膜之间的孔径和离子选择性，在去除小分子有机物和离子方面表现出色。特别是在处理含残留农药、环境内分泌干扰物等有机污染物的水体时，NF 膜能有效降低这些有害物质的浓度，提高水体的安全性。同时，NF 膜还通过电荷效应和尺寸排阻机制，实现了对重金属离子等无机污染物的有效去除，拓宽了其在水处理中的应用范围。在地下水处理中，NF 膜通过电荷效应和尺寸排阻机制，实现了对硝酸盐、砷等无机污染物的高效去除。NF 膜不仅可以降低水质硬度，还保留了水体中对人体有益的矿物质，提高了饮用水的品质。此外，在对水质要求不高的情况下，NF 膜可直接用于废水的循环再生。

RO 膜以其极高的截留精度和分离效率，成为污废水深度净化领域的核心技术[9]。在污水脱盐领域，RO 膜通过施加外部压力，使水分子从高浓度盐水侧透过半透膜向低浓度淡水侧流动，实现了对盐分的有效去除。这一过程不仅高效、环保，还能生产符合人类饮用和工业用水标准的淡水。此外，RO 膜通过优化操作条件和膜材料的选择，能实现对废水中有机污染物和无机污染物的高效去除，为废水的高品质循环利用提供了可能。

6.4.3.2 膜分离材料在气体分离中的应用

膜分离技术在环境污染控制和气体分离领域的应用日益广泛，其核心在于利用特定材料的物理化学性质实现不同气体分子的选择性透过。这一过程依赖于膜材料的孔径大小、表面化学性质以及操作条件等因素。

在空气分离方面，膜分离技术被用于制备氧气和氮气。通过使用聚合物膜，如聚酰亚胺或聚二甲基硅氧烷（PDMS），可以有效地将空气中的氧气和氮气分离。这类膜通常具有微孔结构，允许较小的氧气分子更快地透过，而相对较大的氮气分子则被滞留在另一侧。这种选择性透过基于分子尺寸差异及膜材料与气体分子间的相互作用力，使膜分离成为一种经济高效的替代传统低温蒸馏的方法。

对于工业酸性尾气的去除，如 CO_2 和 H_2S，膜分离同样表现出色[10]。这些气体分子通常比其他非极性气体更容易溶解并扩散通过膜材料，特别是具有高亲水性的膜。例如，含有氨基官能团的膜材料对酸性气体有特别高的亲和力，这有助于提高分离效率。此类技术已被应用于天然气净化、生物沼气提纯等场景中，以减少温室气体排放，并回收有价值的气体成分。

除此之外，膜分离技术也被用于有机蒸气的回收。工业生产过程中产生的 VOCs 不仅污染环境，还可能造成资源浪费。通过采用适当的膜材料，如复合膜或陶瓷膜，可以在较低能耗下高效地回收这些有机蒸气。此外，膜分离技术可集成到现有的废气处理系统中，与其他方法（如吸附、冷凝）联用，进一步提升整体处理效果。

6.4.3.3 膜分离材料在其他领域的应用

膜分离材料在环境工程领域的应用近年来取得了显著进展，特别是在膜与生化结合方面。通过将膜分离技术与生物处理工艺相结合，膜生物反应器（membrane bioreactor，MBR）已成为废水处理领域的重要工具。通过优化微生物群落结构和活性污泥特性，可以显著提高 MBR 系统的处理效率和稳定性。一些研究探索了使用纳米材料改性膜表面以增强其抗污染性能，同时保持高通量和选择性，使其更高效地降解复杂有机污染物，进一步提升了 MBR 系统的效能。

新型催化膜材料的研发为环境污染控制提供了新的解决方案。催化膜集成了分离和催化功能，能在单一步骤中实现污染物的去除和转化。例如，光催化膜利用太阳光作为能源，通过光催化剂分解水中的有机污染物（如染料和药物残留物）。最近的研究表明，通过设计具有特定纳米结构的光催化剂，可以显著提高光催化效率和稳定性。此外，电催化膜也在重金属离子和硝酸盐的去除中展现了巨大潜力。这类膜材料通常由导电聚合物或金属氧化物制成，能通过电化学反应将有害物质转化为无害或可回收的形式，从而实现资源的有效利用。

复合膜材料是未来膜技术发展的另一个重要方向。通过将不同类型的材料组合在一起，复合膜能兼具多种优异性能，如高选择性、高通量和良好的机械强度。例如，聚酰胺/陶瓷复合膜结合了聚合物膜的选择性和陶瓷膜的耐久性，适用于极端环境下的气体分离和水处理。此外，石墨烯基复合膜因其独特的二维结构和优异的物理化学性质，在提高膜分离效率和抗污染性能方面显示了巨大潜力。

未来，随着新材料的不断涌现和制造技术的进步，膜技术将在污染控制领域发挥更加重要的作用，尤其是在应对新兴污染物和资源回收方面。研发更加环保、高效的膜材料及其集成系统将是未来的主要发展方向。

6.5 表面能驱动环境功能材料存在的问题与展望

在环境学领域，界面现象对污染物的捕获和转化具有至关重要的作用。吸附、离子交换及膜分离技术作为表面能驱动环境功能材料的核心机制，不仅为环境污染控制提供了高效解决方案，还推动了水资源保护与污染治理技术的进步。吸附技术通过物理化学作用力将污染物从溶液中去除，其优势在于高容量和广泛的适用性。然而，现有吸附材料的选择性和再生效率仍存在瓶颈。未来的研究应致力于开发多功能基团修饰的纳米结构吸附剂，以提高选择性和吸附效率。此外，利用大数据分析和机器学习优化吸附材料的设计，有望实现定制化吸附剂的快速开发。这些创新不仅能提升吸附技术的性能，还能显著降低成本、促进大规模应用。

离子交换技术以其高选择性和可再生性，在处理重金属离子和特定有机污染物方面表现出色。尽管如此，该技术在实际应用中面临的主要挑战包括再生能耗高、选择性受限以及成本问题。为了解决这些问题，未来的研发方向应聚焦于开发新型高性能离子交换树脂，并探索低能耗的再生方法。例如，电化学再生和膜辅助再生技术可以有效减少再生过程中的试剂消耗和废液排放。此外，通过分子模拟和计算化学手段，深入理解离子交换过程中的分子间相互作用，有助于设计更高效的离子交换材料。这些进展将极大地提升离子交换技术的应用范围和经济可行性，使其在复杂废水处理中发挥更大作用。

膜分离技术凭借其高效、节能和环保的特点，在水处理和气体分离等领域展现了巨大潜力。不同类型的膜分离技术（如 RO 技术、NF 技术、UF 技术）因其独特的孔径分布和截留机制，适用于多种污染物的去除。然而，膜污染和膜溶胀问题是限制其广泛应用的主要障碍。未来的发展趋势将集中在开发抗污染能力强且耐用的复合膜材料，以及优化膜分离工艺以减轻膜污染和溶胀现象。此外，随着纳米技术和智能材料的发展，自修复膜和响应型膜等新型膜材料将成为研究热点。这些材料能在检测到污染时自动调整其结构，从而延长使用寿命并提高分离效率。同时，推动膜分离技术的产业化进程，降低生产成本，提高技术普及率，将是未来的重要目标。通过这些努力，膜分离技术将在全球环境保护和资源回收中扮演更加重要的角色。

综上所述，吸附、离子交换及膜分离技术作为表面能驱动环境功能材料的核心机制，在环境治理中发挥了重要作用。面对现有技术的局限性和未来的需求，研究人员需不断探索新材料、新工艺和新技术，以应对日益复杂的环境污染挑战。这不仅需要跨学科的合作，还需要政策制定者、工业界和学术界的共同努力，共同推动这些前沿技术的发展和应用，为实现可持续发展目标贡献力量。未来，随着科技的进步和创新的涌现，将在更广泛的环境中找到这些技术新的应用场景。

参考文献

[1] Tabak A，Sevimli K，Kaya M，et al. Preparation and characterization of a novel activated carbon component via chemical activation of tea woody stem[J]. Journal of Thermal Analysis and Calorimetry，2019，138（6）：3885-3895.

[2] Zhao Y X，Ding M Y，Chen D P. Adsorption properties of mesoporous silicas for organic pollutants in water[J]. Analytica Chimica Acta，2005，542（2）：193-198.

[3] Saha B，Gill R J，Bailey D G，et al. Sorption of Cr（VI） from aqueous solution by Amberlite XAD-7 resin impregnated with Aliquat 336[J]. Reactive and Functional Polymers，2004，60：223-244.

[4] Gámez S，Garcés K，Torre E，et al. Precious metals recovery from waste printed circuit boards using thiosulfate leaching and ion exchange resin[J]. Hydrometallurgy，2019，186：1-11.

[5] Wu J，Li Q M，Li W T，et al. Efficient removal of acid dyes using permanent magnetic resin and its preliminary investigation for advanced treatment of dyeing effluents[J]. Journal of Cleaner Production，2020，251：119694.

[6] Li N，Wei Y，Li X M，et al. Optimization of deacidification for concentrated grape juice[J]. Food Science & Nutrition，2019，7（6）：2050-2058.

[7] Wang T Y，Pan X，Ben W W，et al. Adsorptive removal of antibiotics from water using magnetic ion exchange resin[J]. Journal of Environmental Sciences，2016，52：111-117.

[8] Li J，Koner S，German M，et al. Aluminum-cycle ion exchange process for hardness removal：A new approach for sustainable softening[J]. Environmental Science & Technology，2016，50（21）：11943-11950.

[9] Cao Q Q，Ding X L，Zhao H Y，et al. Improving gas permeation performance of PDMS by incorporating hollow polyimide nanoparticles with microporous shells and preparing defect-free composite membranes for gas separation[J]. Journal of Membrane Science，2021，635：119508.

[10] Zhao D，Wu Y D，Ren J Z，et al. Improved CO_2 separation performance of composite membrane with the aids of low-temperature plasma treatment[J]. Journal of Membrane Science，2018，570-571：184-193.

思考题

概念题

1．阐述表面能的定义。

2．区分物理吸附和化学吸附并给出定义。

3．阐述离子交换的基本原理。

4．阐述膜分离技术的定义。

判断题

1．表面能主要来源于表面未饱和或不稳定的化学键。（　　）

2．物理吸附是基于化学键的强烈作用，通常形成单层分子吸附。（　　）

3．离子交换树脂的交换容量通常用单位质量干树脂所能交换的离子当量表示。（　　）

4．膜分离技术中的反渗透膜主要用于去除水中的大分子有机物和胶体颗粒。（　　）

5．吸附材料的再生过程通常能耗较高，尤其是在处理高浓度或难降解污染物时。（　　）

选择题

1．以下哪种材料常用于吸附重金属离子？（　　）

A. 活性炭　　B. 硅胶　　C. 离子交换树脂　　D. 以上都是

2．关于离子交换树脂，以下哪项描述是正确的？（　　）

A. 离子交换树脂的交换容量与树脂的交联度无关

B. 离子交换树脂的再生过程通常不需要使用酸碱试剂

C. 离子交换树脂的选择性主要取决于其功能基团的种类和分布

D. 离子交换树脂的交换速率与树脂的粒度无关

3．膜分离技术中，以下哪种膜主要用于去除水中的小分子有机物和一价离子？（　　）

A. 微滤膜　　B. 超滤膜　　C. 纳滤膜　　D. 反渗透膜

简答题

1．吸附材料的选择性吸附是如何实现的？请结合具体材料说明其吸附机理。

2．离子交换树脂的再生过程有哪些关键步骤？请简要描述其再生原理。

3．膜分离技术中的膜污染问题是如何产生的？有哪些方法可以减轻膜污染？

4．请简述活性炭的制备方法及其在环境治理中的应用。

论述题

1．结合当前环境污染问题，论述吸附材料在重金属污染治理中的应用前景及挑战。

2．离子交换技术在工业废水处理中的应用广泛，请结合具体实例，论述其在去除重金属离子和有机污染物中的优势与局限性。

3．膜分离技术在水处理中的应用日益广泛，请结合近年来的研究进展，论述其在海水淡化和废水处理中的发展趋势及未来挑战。

第 7 章　环境功能材料新进展

7.1　引言

环境功能材料作为连接材料学与环境保护的关键纽带，应对当前全球环境污染挑战，并承担社会生产可持续发展的重任，通过巧妙利用光能、电能、热能、化学能及表面能等多种能量形式，展现了卓越的环境治理能力和资源回收潜力，为构建绿色、低碳和循环生态系统提供了坚实的技术支持。

回顾过去几十年的研究进展，我们可以看到环境功能材料在多个领域取得了显著成就。例如，光催化材料通过吸收并转化太阳光能，有效地降解空气和水体中的有机污染物，并抑制有害微生物的生长，从而在环保技术革新中发挥了重要作用。电能驱动环境功能材料则基于电物理和电化学原理，实现了对复杂污染物的有效分离和净化，特别是在水资源再利用方面展示了巨大潜力。与此同时，热能驱动环境功能材料通过高效的热电转换和催化过程，不仅能回收工业废热，还能有效地分解难降解的有机污染物，进一步减少环境污染的风险。化学功能驱动环境功能材料凭借其独特的反应活性和选择性，在重金属污染修复和有毒气体转化等领域展现了不可替代的作用。而表面能驱动环境功能材料通过对材料表面特性的精细调控，实现了对特定污染物的高效分离，成为一种极具前景的环境净化策略。

尽管已经在实践中证明了这些材料的有效性，但面对日益复杂的环境问题，仍有许多挑战亟待解决。例如，如何提高材料的选择性和稳定性、降低制备成本以及实现大规模工业化生产等都是目前研究的重点方向。近年来，CNTs 和 Gr 等新型二维材料因其优异的物理化学性质，在净化和储能领域展现了巨大的应用潜力。此外，单原子催化剂由于其极高的活性和选择性，正在成为环境治理领域的新宠，有望大幅提高现有处理工艺的效率和效果。

随着新材料的不断涌现和技术的持续进步，环境功能材料不仅丰富了现有的材料种类，还极大地推动了材料学的整体发展。展望未来，我们有理由相信，基于这些前沿材料和技术的发展，将催生更加绿色、高效且经济可行的环境解决方案，助力全球实现可持续发展目标。这不仅是对科学研究的深刻洞察，也是对未来发展方向的精准把握。通过跨学科合作和技术创新，环境功能材料将继续引领环境保护领域的变革，为人类社会的长远发展提供坚实的保障。

7.2　前沿环境功能材料

7.2.1　碳纳米管

碳纳米管（CNTs）是由碳原子按特定晶格排列模式构筑的纳米尺度管状结构（如图 7-1 所示）。SWCNTs 源于单层石墨片的卷曲形态，而 MWCNTs 展现为多层石墨片层紧密嵌套的结构特征，两者均彰显了由六角形碳晶格构筑的卓越结构稳固性。CNTs 的直径为 0.4～100 nm，其独特的纳米维度与细长几何形态赋予了非凡的比表面积以及优异的导电、导热和机械性能，从而使其在污染物处理领域（涵盖吸附、分离、光催化等）中脱颖而出，成为备受瞩目的材料。

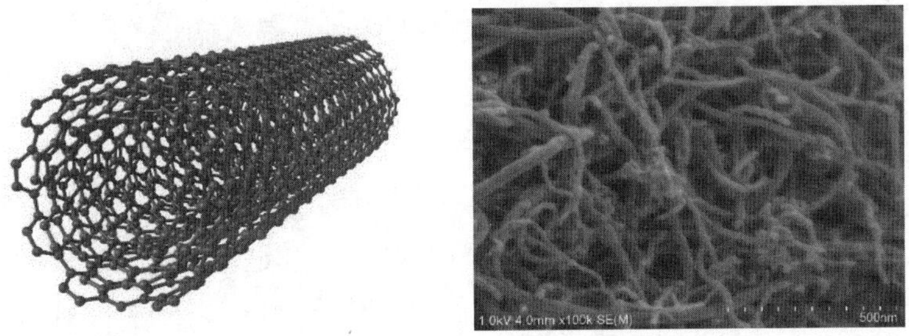

图 7-1　多壁 CNTs 的几何结构和扫描电镜图

CNTs 在应对水资源短缺与污染挑战方面展现了巨大应用前景。其吸附效能根植于表面官能团与重金属离子间复杂的相互作用机制，而氧化处理技术的引入能显著增强这一性能，通过增加反应性位点的数量来加速污染物的固定过程。在光催化领域，CNTs 作为复合催化剂的关键组分，不仅优化了电子传输的通道，促进了光生电子与空穴的有效分离，还通过其表面反应生成的活性氧自由基，对污染物进行了高效降解，进一步彰显了其在环境治理中的多功能性。

然而，CNTs 潜在的毒性及长远影响（包括对生物体细胞结构的物理性破坏与功能损伤）成为科研界亟待深入探究的课题。因此，在确保 CNTs 技术创新与应用拓展的同时，必须同步开展详尽的毒理学研究，制定并实施严格的安全规范与预防措施。

7.2.2 石墨烯

石墨烯（Gr）作为一种由 sp^2 杂化的碳原子构成的二维蜂窝状单原子层材料（如图 7-2 所示），其独特结构使其展现了非凡的力、热、电、光、磁等特性，这些特性使 Gr 成为材料学研究中的焦点，并在诸多应用领域中占据重要地位。在废水处理过程中，Gr 基材料作为高效的吸附剂和电极材料，展现了对重金属离子、抗生素残留物以及复杂有机染料等污染物的强大处理能力。在空气净化方面，Gr 基催化剂能有效分解挥发性有机化合物；在土壤修复中，Gr 也能作为载体或活性成分参与复杂的化学反应，促进污染物的降解或固定。通过不断的研究和技术进步，Gr 基材料有望在未来解决更为复杂的环境问题，为环境保护提供更加科学和可持续的解决方案。

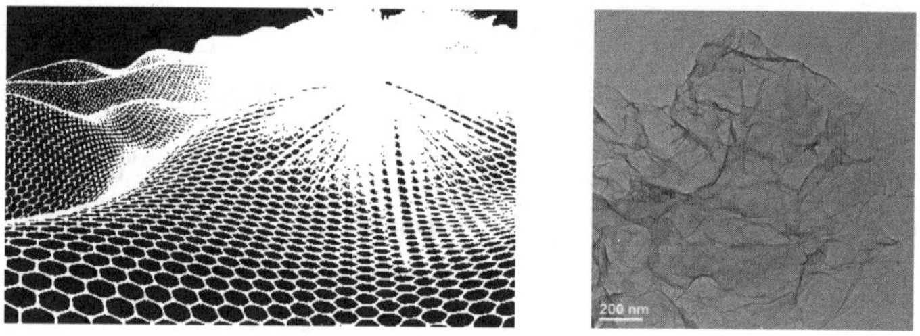

图 7-2 Gr 的理论模型和透射电子显微镜图

7.2.3 MXenes 材料

MXenes 材料作为一类由 n+1 层过渡金属 M（涵盖 Cr、Nb、Ti、V 等Ⅲ族、Ⅳ族或Ⅴ族元素）与 n 层 X 元素（C 元素或 N 元素）交替堆叠形成的二维材料（如图 7-3 所示），其通用化学表达式为 $M_{n+1}X_nT_x$（T 为表面官能团，如—OH、—O、—F；x 为官能团数量），不仅揭示了其多层次且复杂的结构特性，还展现了其化学组成的多样性。这些独特的物理化学性质，特别是卓越的导电性、优异的亲水性、高化学稳定性以及巨大的比表面积，使 MXenes 成为废水处理及污染物吸附领域的优选材料，能够高效捕获并固定农药、染料以及重金属（Cr、Hg、Cu 等）离子等环境污染物。

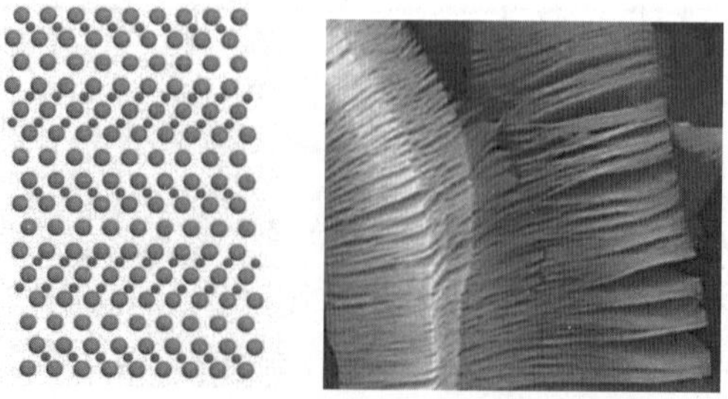

图 7-3 MXenes 理论模型和扫描电子显微镜图

在光催化应用中，MXenes 不仅因其良好的导电性和光学吸收能力而有助于提高光生电子和空穴的分离效率，还能通过形成异质结与其他半导体材料（如 TiO_2、CdS 等）结合，从而增强整体的光催化性能。在电催化领域，MXenes 同样展现了优异的活性和稳定性。由于其高电导率和丰富的表面化学性质，MXenes 被广泛应用于电解水制氢（hydrogen evolution reaction，HER）、氧还原反应（oxygen reduction reaction，ORR）、二氧化碳还原反应（CO_2 reduction reaction，CO_2RR）等重要电化学过程。MXenes 还能通过表面官能团锚定金属阳离子，形成单原子催化剂，这种策略不仅提高了催化活性位点的利用率，也增强了对特定反应的选择性。此外，通过与其他材料（如非贵金属助催化剂）的复合，MXenes 还可以进一步优化其在电催化过程中的性能。

7.2.4 单原子催化剂

在环境催化科学的尖端探索中，单原子催化剂（single-atom catalysts，SACs）通过将金属活性组分分散至单原子级别，成为追求催化剂尺寸最小化以最大化活性位点暴露率的典范。SACs 的独特架构是单个金属原子牢固锚定在载体基质上（如图 7-4 所示）。理论上 SACs 可实现金属原子利用率的最大化，确保活性位点的充分暴露；其次，通过金属与基底间微妙的电子与结构相互作用，可以实现催化活性与选择性的双重跃升，同时其卓越的稳定性兼顾了成本效益与环境友好性。

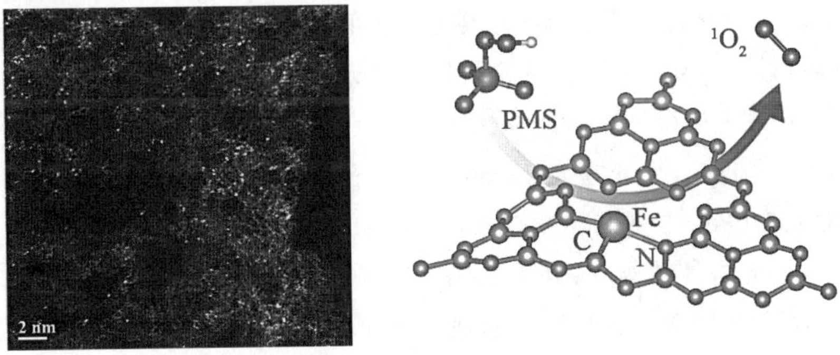

图 7-4　球差电子显微镜中的单原子催化剂（左）和理论模型（右）

SACs 的应用范畴广而深远，跨越贵金属（如 Ag、Pt）及非贵金属体系（包括 Fe、Cu、Co、Mo、Mn 等），通过精细调控金属离子的价态演变，激活氧化剂生成高活性氧自由基，从而高效降解水体中的染料分子、顽固有机污染物及抗生素残留。在芬顿反应体系中，铁基 SACs 不仅大幅削减了铁原料的使用量，还有效遏制了污泥副产物的生成，规避了潜在的二次污染威胁。而在光催化领域，SACs 的引入加速了电子传输速率，优化了能带结构配置，进而增强了光能的捕获与转化效率。

7.2.5 金属及金属氧化物纳米颗粒

近年来，零价金属纳米颗粒（zero-valent metal nanoparticles，ZVNPs）展现了杰出的潜力。其中，nZVI凭借其微小的粒径、高比表面积及卓越的还原性能，在污染物降解领域脱颖而出。纳米零价铜（nZVC）在过氧乙酸活化过程中展现了更快的启动响应与持久的催化活性。双金属掺杂技术，典型的如nZVIC，通过整合铜元素，有效遏制了nZVI在中性及碱性环境中的钝化现象，显著提升了催化效能。纳米零价锌（nZVZ）则凭借更强的还原性，在污染物降解特别是脱卤反应中表现卓越。

ZrO_2 纳米颗粒作为一种多功能材料，不仅在水处理膜构建中扮演关键角色，还作为催化剂的支撑体与活性成分，其纳米化处理显著增强了催化反应活性。TiO_2 纳米颗粒则凭借高稳定性与卓越的光催化性能，在环境治理中占据重要地位，而金属掺杂策略进一步强化了其光催化效率与选择性。在重金属去除领域，铁氧化物纳米颗粒（诸如磁铁矿与赤铁矿）凭借其磁性特性，便于回收再利用，表现出色。为确保其稳定性与分散性，表面涂层技术成为研究的重要方向。

7.2.6 金属有机框架

金属有机框架（metal-organic frameworks，MOFs）是一类由金属离子或簇与有机配体通过配位键自组装形成的具有周期性网络结构的晶态多孔材料，结合了无机材料的刚性和有机材料的柔性，展现了高比表面积和可调节的孔隙结构，适用于气体存储、分离、催化等多种应用。尤为值得关注的是MOFs家族中的拉瓦锡尔框架材料（Materials Institute Lavoisier，MILs）与沸石咪唑框架（zeolite-like imidazolate frameworks，ZIFs）。MILs系列，诸如MIL-101（Fe）与MIL-88A（Fe），以独特的八面体与棒状结构而闻名；而ZIFs系列，如ZIF-9的立方体结构及ZIF-8、ZIF-67的十二面体结构，则凭借其四面体配位阳离子（Zn^{2+}、Co^{2+}等）与咪唑配体桥联的强键结合，展现了卓越的化学稳定性与热稳定性（如图7-5所示）。

图7-5 MOFs材料的理论模型（左）和扫描电子显微镜图（右）

MOFs 因其高比表面积、可调控的孔径结构和丰富的表面化学性质，在环境污染控制领域展现了广泛的应用潜力。在气体吸附方面，MOFs 能有效捕捉和分离 CO_2、CH_4 等温室气体及 VOCs，实现空气净化。对于水污染治理，MOFs 不仅对重金属离子和放射性元素表现了优异的吸附能力，还能通过光催化或电催化作用降解水中难处理的有机污染物。此外，MOFs 基复合材料和膜技术的进步进一步提升了其在污水处理中的选择性和效率，例如用于去除染料、抗生素及其他有害物质。综上所述，MOFs 为解决复杂的环境污染问题提供了创新且高效的解决方案。

然而，水热稳定性问题仍是 MOFs 实际应用中的一大挑战。鉴于传统 MOFs 配位键较弱，易在水环境中结构解体，研究人员发展了配体改性、金属掺杂、惰性金属簇引入及表面疏水化等技术手段，以增强 MOFs 的水稳定性。

7.3　环境功能材料表征新方法

材料表征技术不仅推动了材料学的发展，也为环境功能新材料的研发和应用提供了重要支持。如电子显微镜，特别是球差矫正透射电子显微镜（spherical aberration corrected transmission electron microscope，AC-TEM）的高角环形暗场（high-angle annular dark-field，HAADF）探测器的出现，极大地提高了材料研究对原子相的观察能力。同步辐射光源则提供了更纯净的高亮度光源，进一步提高了光谱技术的解析能力。其他诸如原子力显微镜（atomic force microscopy，AFM）、小角 X 射线散射（small-angle X-ray scattering，SAXS）、原位拉曼光谱和红外光谱技术的应用也为相关材料及其催化过程的原理解析提供了助力。因篇幅限制，以下仅对部分材料表征新方法予以介绍。

7.3.1　冷冻电子显微镜

冷冻电子显微镜（Cryo-EM）是一种高性能的电子显微镜，其核心在于能在极低的温度（通常接近液氮温度，即－196℃）下观察和分析样品。基于低温下电子束穿透样品，通过电子显微镜成像系统捕捉样品的结构和形态信息。首先，样品被迅速冷冻至极低温度，以固定其形态并防止在电子束照射下发生损伤或化学反应。随后，高能电子束穿透样品，与样品中的原子和分子相互作用，产生散射、吸收和透过等现象。这些相互作用产生的信号被检测器记录并转换为电信号，重建出样品的二维或三维图像。

冷冻电镜技术的主要应用场景包括观察材料的微观结构和性质，如晶体结构、表面形貌及界面特性，尤其适用于对电子束敏感的材料。通过冷冻技术，样品可在纳米尺度上保持凝固状态，从而揭示材料的真实结构和动态过程，为材料的设计和改进提供关键参考。冷冻电镜技术显著减少了样品需求量，仅需微量样品即可进行分析。该技术还避免了制备过程导致的结构变化。更重要的是，该技术能直接获取并统计分析样品的微观图像，实现对不均一样品的高分辨率结构解析，从而深入揭示材料的分子机制和性能表现。这些优势使冷冻电镜技术在环境功能材料分析领域具有不可替代的地位。

7.3.2 高角度环形暗场扫描透射电子显微镜

高角度环形暗场扫描透射电子显微镜（HAADF-STEM）结合了扫描透射电子显微镜（scanning transmission electron microscopy，STEM）和高角环形暗场（high-angle annular dark-field，HAADF）探测器的优势，提供高分辨率的微观结构观察能力。HAADF-STEM的表征机理基于电子束与样品中的原子相互作用产生的散射电子。当高能电子束聚焦并扫描样品表面时，电子与样品中的原子发生碰撞，产生弹性散射和非弹性散射。其中，高角度非相干散射电子被HAADF探测器捕获，形成图像。这种成像方式具有非相干性，使图像衬度不随样品厚度及物镜聚焦的变化而发生显著变化，且像点的强度与原子序数的平方成正比，因此被称为Z衬度像。HAADF-STEM的优势在于其成像质量高、受样品厚度与仪器干涉小、可达到原子分辨率，并且结果分析简单直观。非相干HAADF像显示强的原子序数衬度像，无须对试验结果进行大量仿真，辅助简单的计算机模拟即可直接与晶体结构模型建立联系，从而实现对原子在纳米尺度上的精确定位。

在环境功能材料的表征中，HAADF-STEM同样发挥了重要作用。环境功能材料通常涉及复杂的微观结构和化学成分，需要高精度的表征手段来揭示其性能与结构之间的关系。HAADF-STEM凭借其高分辨率和对重元素的敏感性，成为研究这类材料的有力工具。HAADF-STEM结合能量色散光谱（energy-dispersive spectroscopy，EDS）和电子能量损失谱（electron energy-loss spectroscopy，EELS）分析技术，可以用于考察催化剂表面的精细元素分布和化学状态。此外，还有研究人员利用HAADF-STEM观察了环境功能材料中的纳米颗粒、晶界、位错等缺陷结构，揭示了这些缺陷对材料性能的影响机制。

7.3.3 球差矫正电子显微镜

球差矫正电子显微镜（AC-TEM）是一种通过引入球差矫正装置来提高TEM分辨率的高端分析仪器。球差是影响TEM分辨率的主要像差之一。电磁透镜边缘会聚能力强于中心会聚能力，电子无法会聚到一个焦点上，产生较强的相位差，导致TEM的分辨率下降。在光学透镜系统中，可以通过凸透镜和凹透镜的组合来减少球差，但电磁透镜只有凸透镜，因此球差成为限制TEM分辨率的主要因素。AC-TEM通过多极子矫正装置抵消电磁透镜的球差。自1992年德国科学家Harald Rose等研发了多极子矫正装置以来，AC-TEM的分辨率实现了质的飞跃，从纳米级提升至埃级甚至亚埃级。

相比传统 TEM，通过 AC-TEM 能更深入地观察材料的微观结构，揭示原子尺度的精细信息。AC-TEM 在多个科学领域有着广泛的应用，包括但不限于材料学、物理学、化学及生命科学等。在材料学中，AC-TEM 被用于观测晶体内部结构、原子排布以及位错、孪晶等精细结构，为新型材料的研发和性能优化提供了重要依据。在物理学领域，AC-TEM 被用于研究物质的微观物理性质，如电子结构、能带结构及量子效应等。通过高分辨率的成像和能谱分析，AC-TEM 能揭示物质在原子尺度上的物理行为，为物理理论的验证和发展提供实验支持。在化学领域，AC-TEM 被用于研究催化剂的活性中心、反应机理及表面化学性质等。通过观测催化剂在原子尺度上的结构变化和化学状态变化，AC-TEM 能揭示催化剂的催化机理和性能提升途径，为新型催化剂的设计和开发提供指导。

7.3.4 同步辐射光源

同步辐射光源是一种利用相对论性电子（或正电子）在磁场中偏转时产生同步辐射的高性能新型强光源。其作用机理主要基于电子在磁场中的高速运动。当电子束被加速到接近光速时，电子在磁场中发生偏转，从而释放宽谱段的电磁辐射，即同步辐射。这种辐射覆盖了从远红外、可见光、紫外到 X 射线等广泛的波长范围，具有独特的物理性质和广泛的应用潜力。

同步辐射光源产生的辐射亮度极高，第三代同步辐射光源的 X 射线亮度可达 X 光机的上千亿倍，这使其能在极短的时间内获得高质量的信号，提高实验效率和分辨率。此外，同步辐射光的波长覆盖面广，具有从远红外到 X 射线的连续光谱，这种宽波段特性使其能满足不同实验对特定波长光的需求。同步辐射光是在超高真空中产生的，杂质污染极低，是一种非常纯净的光源，而且这种辐射光具有优良的脉冲时间结构，可以实现非常短的时间尺度（如亚纳秒级别）的测量，这对于研究快速过程具有重要意义。在环境功能材料的表征中，以同步辐射光源为基础的多种表征手段都对揭示材料的本质起到重要的辅助作用。例如，同步辐射 X 射线衍射（synchrotron radiation X-ray diffraction，SR-XRD）技术具有高精度和高分辨率的特点，能够揭示材料在极端条件（如高压、高温环境）下的结构变化，这对开发新型环境功能材料具有重要意义。

7.4 机器学习赋能环境功能材料设计

7.4.1 环境功能材料设计研究体系

环境功能材料研究方法按技术范式可分为 4 个阶段（如图 7-6 所示）：一是传统的实

验导向试错法，根植于实验实践，通过不断的尝试与错误积累直接经验，作为材料学发展的原始驱动力；二是纯粹的理论计算模拟预测法，得益于理论研究的深入与计算机技术的飞跃，典型的如密度泛函理论（density functional theory，DFT）、分子动力学（molecular dynamics，MD）模拟、蒙特卡洛模拟及连续介质模型等，为材料性能预测开辟了新路径；三是实验与理论计算模拟的协同研究法，该方法强调实验与理论计算的相辅相成，利用理论模拟指导实验设计，加速材料性能的探索与优化；四是机器学习（machine learning，ML）赋能的实验与理论计算模拟法，通过运用回归分析、聚类分析、深度学习模型等机器学习算法，深度挖掘实验与计算数据中蕴含的复杂关联与潜在规律，实现对海量数据的深度挖掘，引领科研向智能化、精准化迈进。

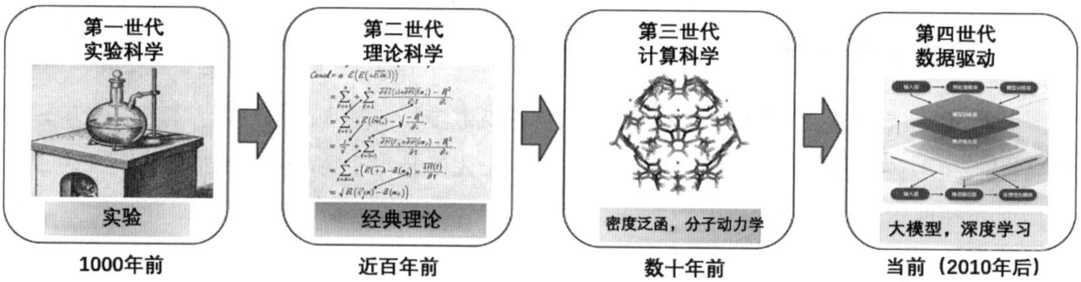

图 7-6　科学的 4 种范式：实证、理论、计算和数据驱动

7.4.2　材料数据库与大数据驱动

当前，结合 Python 的 DFT 计算与 ML 技术，凭借其高效、低成本的显著优势，正引领环境功能材料研究迈向新纪元，广受科研工作者的青睐与深入研究。ML 算法，旨在通过学习任务积累经验，优化性能。其流程涵盖数据收集、预处理、模型训练、评估及结果预测五大环节。数据收集需确保准确性与可靠性，涵盖实验数据、DFT 计算数据、数据库信息及文献资料等。预处理阶段则通过归一化、独热编码等方法提升数据质量，运用特征工程解决高维数据带来的挑战。模型训练采用训练集与测试集划分策略，常辅以 K 折交叉验证优化超参数选择。评估阶段依据准确率、皮尔逊相关系数等标准筛选最佳模型，最终用于未知数据的预测。ML 算法分为无监督学习（如聚类）、监督学习（如回归）和强化学习三大类。无监督学习如聚类算法、主成分分析（principal component analysis，PCA）等，适用于无明确目标的数据分析；监督学习则广泛应用于回归与分类问题，涵盖线性回归、支持向量机（support vector machine，SVM）、深度学习（deep learning，DL）等算法；强化学习则聚焦于智能体在环境交互中的策略学习，以实现目标最大化，代表算法有 Q 学习（Q-learning）、策略梯度（Policy Gradients）等。这些算法共同构成了环境功能

材料研究中不可或缺的分析工具，推动着材料科学的创新发展。

有研究人员将 ML 中的人工神经网络模型应用于催化剂组分与性能关系的解析，并融合混合遗传算法，优化了多组分催化剂设计，彰显了 ML 在高效催化剂发现中的巨大潜力。也有研究人员聚焦于 CO_2 还原催化剂的筛选，通过构建 ML 模型，从海量候选材料中精准识别具有最佳空隙空间与空腔尺寸的沸石催化剂，为 CO_2 转化技术的发展提供了科学依据。针对混合金属氧化物催化剂，筛选高效双金属氧化物，展示了 ML 在复杂催化体系中的预测与验证能力。纳米材料催化剂方面，科学家揭示了 ML 在预测纳米颗粒催化活性中的独特价值，利用局部相似性内核方案，解决 AuNPs 活性位点预测的难题。

7.4.3 ML 与 DFT 算法的结合与材料设计

ML 与 DFT 计算相结合的方法显著缩短了新材料发现与性能预测的周期，并降低了计算成本，其核心在于 ML 的高效数据处理与分析能力。DFT 计算的必要性取决于特征描述符是否可通过现有数据库获取。Materials Project 等开源数据库提供了丰富的 DFT 计算数据，通过 API 接口便捷访问；同时，Scikit-learn 与 Matminer 等工具促进了 ML 在材料学中的应用。面对复杂计算体系，如双金属位催化剂设计，单纯 DFT 计算成本高且耗时长。因此，结合 ML 成为必要解决方案。

有研究人员率先将材料基因组学方法应用于纳米颗粒填充聚合物的优化设计，展现了 ML 在纳米复合材料设计中的前瞻性与实用性。还通过构建 ML 模型，实现了对具有高折射率等理想特性的新型聚合物材料的快速筛选。在 MOF 材料领域，科学家首次对 MOF 的 CH_4 储存能力进行了定量构效关系（quantitative structure-property relationship，QSPR）分析，显著提升了 ML 模型在预测 MOF 气体吸附性能方面的精度。通过多线性回归、决策树、核函数 SVM 等多种 ML 技术的综合应用，成功揭示了影响 MOF 气体储存能力的关键因素，并预测了具有极高 CH_4 和 CO_2 储存潜力的新材料。其他科学家则利用高斯过程回归模型，成功预测了性能优于训练集的新型 MOF，展现了 ML 在 MOF 性能优化中的巨大潜力。还有学者聚焦于 MOF 的气体分离性能。通过决策树和 SVM 方法，揭示了孔径、空隙度和表面积等几何描述符对 MOF 的 CO_2 吸收能力和 CO_2/CH_4 分离选择性的重要影响，为 MOF 膜在气体分离领域的应用提供了有力支持。

7.5 环境功能材料研究的新策略

在科技日新月异的今天，环境功能材料研究正朝着智能化设计与多功能集成方向快速发展，预示着一个充满希望与挑战的新时代的到来。展望未来，这一领域将呈现以下几个鲜明的发展趋势。

一是材料设计的智能化与精准化。随着人工智能、大数据等先进技术的不断融入，环境功能材料的设计将更加注重智能化与精准化。科学家将利用先进的计算模拟手段，对材料的性能进行精确预测和优化，从而大大缩短新材料从研发到应用的周期。这种智能化的设计理念不仅提高了材料的性能，还降低了研发成本，为环境功能材料的广泛应用奠定了坚实基础。

二是材料制备的绿色化与可持续化。在环保成为全球共识的今天，环境功能材料的制备工艺正朝着绿色化与可持续化的方向迈进。环保型溶剂、生物基原料及可回收再利用的生产工艺将成为研究的主流方向，这些创新性的制备技术不仅减少了生产过程中的环境污染，还提高了资源的利用效率，为环境功能材料产业的绿色转型提供了有力支撑。

三是材料应用的多元化与集成化。随着科技的不断进步，环境功能材料的应用领域也在不断拓展。从传统的污染治理到新能源的开发利用，再到智能环保系统的构建，环境功能材料正以其独特的性能在多个领域发挥着重要作用。同时，材料的集成化应用也成为一个新的发展趋势，通过不同材料的组合与优化，实现功能的互补与增强，为解决复杂环境问题提供了更加有效的手段。

环境功能材料的研究不仅关乎技术的创新与进步，更关乎人类社会的可持续发展与生态文明建设。在这个过程中，我们需要深刻认识人与自然和谐共生的重要性，坚持绿色发展理念，推动形成绿色生产方式和生活方式。这要求我们不仅要关注材料本身的性能提升，还要注重其在全生命周期内的环境影响，确保材料的研发与应用能真正促进生态环境的改善。

综上所述，环境功能材料的研究正处于一个充满机遇与挑战并存的关键时期。面对未来，我们应以更加开放的心态、更加严谨的态度、更加创新的思维，深入探索这一领域的未知边界。通过加强国际合作与交流，推动跨学科研究与合作，不断推动环境功能材料的科技进步与产业升级。相信在不久的将来，环境功能材料将以其独特的魅力和无限的潜力，为全球的生态环境保护事业贡献更加辉煌的篇章，为构建人与自然和谐共生的美好未来贡献力量。

思考题

概念题

1. 阐述单原子催化剂的定义。
2. 概述金属有机框架（MOFs）的结构特点。

判断题

1．MXenes 材料的化学组成通常由过渡金属 M 与 X 元素（如 C 元素或 N 元素）交替堆叠形成，其通用化学式为 $M_{n+1}X_nT_x$，其中 T 代表表面官能团。（　　）

2．DFT（密度泛函理论）计算主要用于材料表面能的测定，无法预测材料的电子结构和反应能量。（　　）

选择题

1．以下哪种材料在光催化降解抗生素磺胺甲基嘧啶（SMZ）中表现了显著的活性？（　　）

A. 碳纳米管（CNTs）　　B. $CuFe_2O_4$/MXene 异质结

C. 石墨烯纳米片（GNS）　　D. 纳米零价铁（nZVI）

2．机器学习在材料学中的主要优势是（　　）。

A. 完全替代传统实验方法　　B. 提高数据处理的效率和预测准确性

C. 降低材料制备的物理成本　　D. 仅适用于理论计算模拟

简答题

1．石墨烯基材料在废水处理中如何实现对重金属离子的高效吸附？请从多个角度阐明其基本原理。

2．MOFs 材料在废水处理中面临的主要挑战是什么？

论述题

1．结合文献案例，论述机器学习与 DFT 计算相结合的方法在环境功能材料设计中的优势，并分析其在催化剂开发领域的未来潜力。